固体废物处理、处置与利用

GUTI FEIWU CHULI CHUZHI YU LIYONG

李灿华　黄贞益　朱书景　李权辉　编著

《固体废物处理、处置与利用》

编委会

主　编：李灿华　黄贞益　朱书景　李权辉

编　委：邓爱军　王昭然　于巧娣

唐卫军　宋运涛

前 言

2017年我国固体废物产生量为29.41亿t。固体废物的不断堆积将侵占大量土地，污染水体、土壤和大气，危害人体健康和生态环境。如何解决固体废物堆放所带来的环境污染和资源浪费问题成为人们关注的焦点，而将固体废物资源化利用是一种经济有效的手段。我国固体废物的处置与资源化利用工作一直在艰难推进，真正产业化的成果非常缺乏，这需要从固体废物的性能、安全处置、利用途径、尾矿库管理与工业园区建设等方面进行系统研究。

笔者对固体废物处置与利用技术和相关理论进行了长期广泛的研究，积累了较为丰富的经验。本书较全面而系统地介绍了固体废物的定义、性质、来源及分类，详细总结了我国固体废物的管理制度、法规及标准，重点介绍了矿山固体废物中有价金属的回收技术，固体废物在建材中的应用技术，矿山固体废物在充填采矿方法中的应用技术以及土地复垦技术，还介绍了固体废物的生态工业园技术等最新的研究成果。在具体技术介绍上，本书侧重固体废物开发产品的应用，整个内容组织安排上，力求少而精，通俗易懂，理论联系实际，切合生产实际的需要，突出了固体废物行业的特点。

本书的内容涉及多个学科。因此，本书不仅有深度和广度，而且力求将研究成果由实验室研究拓展到工业应用，为实现固体废物生态安全处置与制备安全、节能、低成本的新材料提供新的思路与解决途径，而且可为广大从事固体废物利用研究的无机材料、冶金、建材等专业技术人员提供固体废物利用的信息和有益帮助，对提高我国固体废物综合利用水平具有一定的指导意义。

参与编写的有李灿华、黄贞益、朱书景、于巧娣、王昭然等。感谢中国地质大学出版社为本书的出版所付出的辛勤工作，没有他们的指导和帮助，本书的出版不可能如此顺利。本书参考了大量的文献资料，在此对这些专家、学者表示衷心的感谢！

由于编著者的水平有限，再加上时间仓促，书中难免存在疏漏之处，敬请读者不吝指正，以便尽快修正。

编著者

2019年5月

目　录

1 绪 论

1.1 固体废物的定义

固体废物(或废物)的概念,内涵和外延决定了固体废物环境管理的范畴,是固体废物环境管理的基础。

各国关于固体废物的定义均是一个法律概念,与日常生活中所理解的废物有所不同。美国《固体废物处置法》所称的“固体废物”,包括了固态、液态、半固态甚至气态物质的概念,具有范围很广的外延,包括《固体废物处置法》和联邦环保局的条例排除的几类物质以外的所有垃圾、废物和其他被遗弃的物质。德国《废物避免、综合利用和处置法》所称的“废物”是指持有者丢弃或有意向或必须丢弃的所有动产,包括不合格产品,过期产品,不能用的部件(如废电池、废催化剂),不再能发挥令人满意的功能的物质(如被污染的酸、溶剂等),工业过程产生的残余物(残渣等),污染减排过程中产生的残余物(洗涤塔产生的污泥,布袋除尘器收集的灰尘等),被污染的材料(如被多氯联苯 PCBs 污染的油),被法律禁止使用的任何材料、物质或产品,持有者不再用的产品(如农业、家庭、办公室、商业和商店的丢弃物品)等。

《中华人民共和国固体废物污染环境防治法》明确指出:固体废物,是指在生产、生活和其他活动中产生的丧失原有利用价值或者虽未丧失利用价值但被抛弃或者放弃的固态、半固态和置于容器中的气态的物品、物质以及法律、行政法规规定纳入固体废物管理的物品、物质。

这里所指的生产包括基本建设、工农业,以及矿山、交通运输等各种工矿企业的生产建设活动;所指的生活包括居民的日常生活活动,以及为保障居民生活所提供的各种社会服务及设施,如商业、医疗、园林等;其他活动则指国家各级事业及管理机关、各级学校、各种研究机构等非生产性单位的日常活动。

从广义而言,废物按其形态有气、液、固三态,如果废物是以液态或者气态存在,且污染成分主要是混入一定量(通常浓度很低)的水或气体(大气或气态物质)时,分别看作废水或废气,一般应纳入水环境或者大气环境管理体系,并分别有专项法规作为执法依据。而固体废物包括所有经过使用而被弃置的固态或半固态物质，甚至还包括具有一定毒害性的液态或气态物质。

1.2 固体废物的性质及特征

固体废物的“废”具有时间和空间的相对性。在此生产过程或此方面可能是暂时无使用价值的，但是并非在其他生产过程或其他方面无使用价值。在经济技术落后国家或地区被抛弃的废物，在经济技术发达的国家或地区可能是宝贵的资源。在当前经济技术条件下暂时无使用价值的废物，在发展了循环利用技术后可能就是资源。因此，固体废物常被看作是“放错地点的原料”。

此外，固体废物还具有一些特性，如产生量大、种类繁多、性质复杂、来源分布广泛等，并且一旦发生了由固体废物所导致的环境污染，其危害具有潜在性、长期性和不易恢复性。

1.3 固体废物的来源

固体废物主要来源于人类的生产和生活，而且随着经济社会发展水平的提高其来源更广泛、更复杂。从原始人类活动开始，就有固体废物的产生，那时的固体废物主要是粪便、动植物残渣。随着人类社会的进步，生产逐渐发展，同时也产生了许许多多新的废渣。17—18世纪的工业生产主要是对自然物进行机械加工，多为改变物体的物理性质，这时主要产生一些简单的屑末。随着化学工业的发展，19世纪末到20世纪初，产生了许多含有有毒、有害元素和人工合成物质的废渣，特别是含有汞、铅、砷、氰化物等的有毒、有害废渣。20世纪以来，人们的视野深入到了原子核的层次，实现了人工重核裂变和轻核聚变，产生了原子能工业，这就有了放射性废渣，并随着能源利用范围的扩大，又增加了许多新的废渣。人类发展到今天，对自然界的认识及改造向纵深发展，人类需求的多样化、高质化，生产高效率、分工细化、工业产品多样化，无数个生产环节排出无数种废渣，另外人类任何消费和使用过的物品也变成了废物，这些庞杂的废渣组成了一个“废渣大家族”。

1.4 固体废物的分类

固体废物的种类繁多，性质各异。为便于处理、处置及管理，需要对固体废物加以分类。固体废物的分类方法很多。按化学性质分为有机固体废物和无机固体废物。按照污染特性可将固体废物分为一般固体废物、危险废物以及放射性固体废物。一般固体废物是指不具有危险特性的固体废物。危险废物是指列入国家危险废物名录或者国家规定的危险废物鉴别标准和鉴别方法认定的、具有危险特性,即具有毒性、腐蚀性、传染性、反应性、浸出毒性、易燃性、易爆性等独特性质,对环境和人体会带来危害,须加以特殊管理的固体废物。我国2016年8月1日实施的新版《国家危险废物名录》中规定了47类危险废物,既包括固态废物,也包括液态以及具有外包装的气态废物。此外,由于放射性废物在管理方法和处置技术等方面与其他废物有着明显的差异,许多国家都不将其包含在危险废物范围内。《中华人民共和国固体废物污染环境防治法》中也没有涉及放射性废物的污染控制问题。关于放射性固体废物的管理在国家《电离辐射防护与辐射源安全基本标准》(GB 18871—2002)中规定,凡放射性核素含量超过国家规定限值的固体、液体和气体废物,统称放射性废物。放射性固体废物包括核燃料生产、加工、同位素应用、核电站、核研究机构、医疗单位、放射性废物处理设施产生的废物(如尾矿),污染的废旧设备、仪器、防护用品、废树脂、水处理污泥以及蒸发残渣等。

根据固体废物的来源可将其分为工业固体废物、生活垃圾和其他固体废物三类。各种工矿企业生产或原料加工过程中所产生或排出的废物,统称工业固体废物。工业固体废物又可细分为矿冶、能源、钢铁、化学、有色金属等。

各种固体废物的组成与其来源和产品生产工艺有密切关系。此外,由于原材料种类和性质的差异,不同的生产过程所排出的固体废物量必然有很大的区别。表1-1中列举了若干主要工业的生产技术所产生的固体废物种类。

表1-1 主要工业类型生产技术及所产生的固体废物种类

序号	工业类型	主要固体废物种类	备注
1	金属冶炼业	下脚料、炉渣、尾矿、金属碎料等	
2	金属制品加工业	金属碎屑、废涂料、炉渣、废溶剂等	
3	机械制造业	金属碎屑、废模具、废砂芯、废涂料等	
4	电器制造业	金属碎屑、废橡胶、废陶瓷品等	
5	运输设备制造业	废轮胎、废纤维、废塑料、废溶剂等	
6	化学试剂业	废溶剂、废酸碱、废药剂、废“三泥”等	
7	石油化工工业	沥青、焦油、废纤维丝、废塑料等	
8	橡胶及塑料产业	废塑料、废橡胶、废纤维、废金属等	
9	皮革及其制品业	边角料、废化学染料、废油脂等	
10	编织品产业	过滤残渣、边角料、废染色剂等	
11	服装产业	废纤维织品、边角料、废线头等	
12	木材及其制品业	碎木屑、下脚料、金属、废胶合剂等	

续表 1-1

序号	工业类型	主要固体废物种类	备注
13	金属、木质家具业	边角料、金属、衬垫残料、残胶料等	
14	纸类及制品类	废木质素、废纸、废塑料、废纸浆等	
15	印刷及出版业	废金属、废化学试剂、废油墨等	
16	食品加工业	烂肉食、菜蔬、果品、下水、骨架等	
17	军事工业	废金属、化学药剂、废木、废塑料等	
18	建筑材料工业	建筑垃圾、废胶合剂、废金属等	

1.5 固体废物的危害

固体废物特别是有害固体废物，如处理处置不当，能通过不同途径危害人体健康。固体废物露天存放或置于处置场，弃置的有害成分可通过环境介质——大气、土壤、地表或地下水等间接传至人体，对人体健康造成极大的危害。通常，工矿业固体废物所含化学成分能形成化学物质型污染；人畜粪便和生活垃圾是各种病原微生物的滋生地和繁殖场，能形成病原体型污染。固体废物污染途径如图 1-1 所示。

固体废物污染与废水、废气和噪声污染不同，其呆滞性大、扩散性小，对环境的污染主要是通过水、气和土壤进行的。气态污染物在净化过程中被富集成粉尘或废渣，水污染物在净化过程中以污泥的状态分离出，即以固体废物的状态存在。这些“最终物”中的有害成分，在长期的自然因素作用下，又会转入大气、水体和土壤，故又成为大气、水体和土壤环境的污染“源头”。因此，固体废物既是污染“源头”，也是污染“终态物”。固体废物这一污染“源头”和“终态”特性说明：控制“源头”，处理好“终态物”是固体废物污染控制的关键。

1.5.1 占用土地、损伤地表

固体废物特别是矿山固体废物产生量巨大，其堆存占用大量土地，并对土地产生破坏作用。俄罗斯的露天矿，仅仅用于排废石所占用的土地面积就以每年 2 万～2.5 万 hm^2 的速度在增加；美国露天开采所破坏的土地面积，每年以大约 6 万 hm^2 的速度增加。地下开采破坏的土地面积同样相当惊人，据统计，在美国矿山破坏土地的总面积中，约 59％是由于采矿挖成的采空区；20％被露天废石堆占据；13％被选厂尾矿库占据；5％被地下采出的废石堆所占用；3％处于塌陷危险区。为此，一些国家专门制定了相关的法律、法令及规章条例，对矿山企业占用和破坏土地严格加以控制。

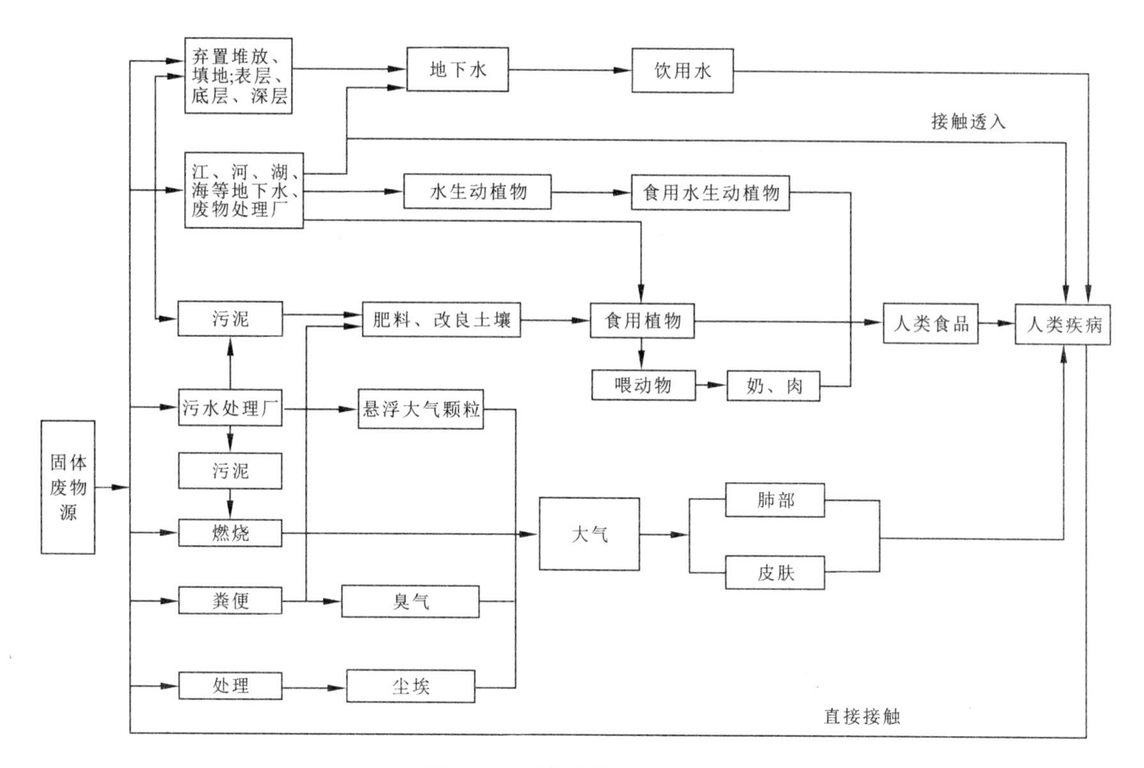

图 1-1 固体废物的污染途径

我国不少矿山地处城市和风景区,占用和破坏的土地面积不容忽视。如河北某煤炭企业,煤矸石的堆积总量约 3600 万 t,占用土地 $60hm^2$;辽宁某露天煤矿,自 1914 年开采以来,共堆积废石量达 11.59 亿 m^3,如以每亿吨废石和废渣占地 $100hm^2$ 计,该矿山固体废物所占用的土地面积可达 11 $000hm^2$ 以上,且还有不断扩大的趋势。因此,国家在矿山占用土地及地面环境保护方面,公布了一系列的法律和规定,提出了十分严格的要求。

1.5.2 污染水质和土壤,危害生物并影响农业生产

由于固体废物如矿山固体废物中一般含有多种有毒、有害物质,如重金属元素及一些放射性的物质,这些固体废物在露天场所长期堆放,会与空气发生氧化、分解以及溶滤等作用,使其中的有毒、有害物质随着雨水流失,另外还有有毒的残留浮选药剂以及剥离废石中含硫矿物引发的酸性废水,一起污染水体和土壤,并被植物的根部所吸收,影响农作物生长,造成农业减产。更可怕的是,这些有毒、有害物质会通过食物链进入人体,危及到人体健康。如江苏某硫铁矿,由于废石堆中含有硫化物,在空气、水以及细菌的综合作用下生成硫酸。每逢降雨,便从废石堆中流出酸性水,进而流入附近的农田和太湖中,致使农业减产,鱼类死亡,同时还污染和破坏了风景区。

矿山废石和尾矿的长期堆积，还会导致固体废物的大量流失，造成水溪、河流堵塞，使水体受到严重污染，危害农业生产。如广东某露天矿，在开采初期，将每年排放的 100 多万 t 尾矿和 3000 多万 m^3 的泥浆水全部灌入附近的农田与河道，致使良田严重砂化，河水泥沙含量急剧增高，最后导致河流淤塞，河床升高，水体严重污染。

固体废物中的重金属元素，由于各种作用渗入到土壤之后，会导致土壤毒化，严重破坏土质，使土壤中的微生物大量死亡，土壤逐渐失去腐解能力，最终土壤越发贫瘠，最后砂化变成"死土"。

1.5.3 引发重大地质与工程灾害

固体废物长期堆放，不仅在经济上带来巨大的损失，还会诱发重大的地质与工程灾害，如排土场滑坡、泥石流、尾矿库溃坝等，给社会带来极大的损失。在过去的 30 多年里，全世界几乎每年都会发生尾矿存储设施破坏的事故。表 1-2 所列为近年来比较典型的尾矿库溃坝事故。

表 1-2 近年来比较典型的尾矿库溃坝事故

时间	发生地点	泄出物种类及数量
2000 年 9 月	瑞典阿尔蒂克矿	180 万 m^3 水
2000 年 3 月	罗马尼亚博尔沙	2.2 万 t 尾矿
2000 年 1 月	罗马尼亚巴亚马雷	10 万 m^3 水、尾矿
1999 年 4 月	菲律宾北苏里高省	70 万 t 尾矿
1998 年 12 月	匈牙利海尔瓦	5 万 m^3 酸性水、矿浆
1998 年 4 月	西班牙阿斯纳科利亚尔	400 万～500 万 m^3 水、泥浆
1997 年 10 月	阿里佐纳平托峡谷	23 万 m^3 尾矿和废石
1996 年 3 月	菲律宾马尔科珀	150 万 t 尾矿
1995 年 8 月	圭亚那奥马尔	420 万 m^3 氰化物矿浆

据对我国规模较大的 2000 多座排土场和 1500 多座尾矿库的统计表明，20 世纪 80 年代以来，发生泥石流和溃坝事故近百起。如 1986 年 4 月 30 日黄梅山铁矿尾矿库溃坝，冲倒了尾矿库下游 3km^2 以内的所有建筑，掩埋了几百亩(1 亩≈666.7m^2)的土地，19 人在此次事故中死亡，95 人受伤；2000 年广西南丹县大厂镇鸿图选矿厂发生尾矿坝溃坝，殃及附近住宅区，造成 70 人伤亡，其中死亡人数 28 人，几十人失踪；1962 年 9 月 26 日云南锡业公司火谷都尾矿库的溃坝事故，368 万 t 尾矿和泥浆向下游倾泻，掩埋了上万亩的农田和村庄，死亡 171 人，伤 92 人，导致选矿厂停产达 3 年之久；1999 年 7 月，酒钢黑沟铁矿排土场发生泥石

流，堵塞了酒泉、嘉峪关两市唯一的水源——北大河，造成多处厂房被毁，直接经济损失4000多万元；1995—1999年本钢歪头山铁矿排土场多次发生滑坡，直接威胁着沈丹铁路的安全。

1.5.4 污染环境，破坏生态平衡

长期堆放于地表的固体废物，由于终年暴露在大气中，往往会因风化作用而变成粉状，干旱季节，在一定的风速作用下扬起大量粉尘而污染矿区的大气环境。根据对河南几个有色金属矿山的调查实测表明，由废石尾矿扬起的粉尘导致矿区采场和生活区空气中的粉尘含量超标10～14倍，矿区的大气污染相当严重。鞍钢几十年的铁矿开发带来明显的负面效应，其中最为典型的是在鞍山周边形成了30多平方千米的排土场和6个尾矿库。这里几乎寸草不生，就像一个人工造就的巨大戈壁和沙漠，同时也成为鞍山最大的粉尘污染源。

有些矿山固体废物中含有硫铁矿、碳素等可燃性的物质，在大气供氧充分的条件下，有可能会导致自热和自燃，从而生成大量的SO_2等有毒、有害的气体，严重污染矿区的大气环境，危害矿区植物以及附近农作物的生长，导致生态失调。如含有FeS的煤矸石，由于FeS的燃点低，在煤矸石中易氧化并产生大量的热能，随着热能的积累使其温度不断升高，逐步引起含碳物质的燃烧并蔓延扩大，最后导致整个煤矸石的自燃并释放出大量的SO_2。据国内外的统计资料显示，美国现有500多座煤矸石或含有硫化物的废石堆发生自燃，已造成巨大的损失。而我国现有1/3的矿山煤矸石发生过自燃。

另外，不少金属矿山的固体废物中还含有放射性物质。据实测资料统计，在非铀金属矿山当中，含铀30%以上矿山的矿岩中含有放射性物质。由于放射性元素对人体健康的主要危害是引起各种癌症，因此，含放射性元素的矿山固体废物不但不宜作建筑材料使用，而且还必须进行严格的处理，否则会使矿区环境污染的范围扩大，引起严重的后果。

1.5.4.1 对土壤环境的污染

土壤是许多细菌、真菌等微生物聚居的场所。这些微生物形成了一个生态系统，在大自然的物质循环中，担负着碳循环和氮循环的部分重要任务。工业固体废物，特别是有害固体废物，经过风化、雨雪淋溶、地表径流的侵蚀，产生各种化学反应，生成高温或毒水，能杀灭土壤中的微生物，使土壤丧失腐解能力，导致草木不生。例如，我国内蒙古包头市的某尾矿堆积量已达1500万t，使尾矿坝下游的一个乡的大片土地被污染，居民被迫搬迁。

固体废物中的有害物质进入土壤后，还可能在土壤中发生积累。我国西南某市郊因农田长期施用垃圾，土壤中的汞浓度已超过本底值8倍，铜、铅浓度分别增加87%和55%，给作物的生长等带来危害。来自大气层核爆试验产生的散落物，以及来自工业或科研单位的放射性固体废物，也能在土壤中积累，并被植物吸收，进而通过食物进入人体。20世纪70年代，美国密苏里州为了控制道路粉尘，曾把混有四氯二苯二噁英(2,3,7,8－TCDD)的淤泥废渣当作沥青铺路面，造成多处污染。土壤中TCDD浓度高达300μg/L，污染深度达60cm，导

致牲畜大批死亡，人们备受多种疾病折磨。在居民的强烈要求下，美国环保局同意全市居民搬迁，并花3300万美元买下该城镇的全部地产，还赔偿了市民的一切损失。

1.5.4.2 对大气环境的污染

堆放的固体废物中的细微颗粒、粉尘等可随风飞扬，从而对大气环境造成污染。据研究表明：当风力在4级以上时，在粉煤灰或尾矿堆表层的粒径小于1.5cm的粉末将出现剥离，其飘扬的高度可达20～50m，在风季期间可使平均视程降低30%～70%。而且堆积的废物中某些物质的化学反应，可以不同程度上产生毒气或恶臭，造成地区性空气污染。例如，辽宁、山东、江苏三省的112座矸石堆中，发生过自燃起火的有42座。美国有3/4的垃圾堆散发臭气造成大气污染。

废物填埋场中逸出的沼气也会对大气环境造成影响，它在一定程度上会消耗填埋场上层空间的氧，从而使种植物衰败。此外，固体废物在运输和处理过程中，也能产生有害气体和粉尘。

1.5.4.3 对水环境的影响

在世界范围内，有不少国家直接将固体废物倾倒于河流、湖泊或海洋。应当指出，这是有违国际公约，理应严加管制的。固体废物随天然降水或地表径流进入河流、湖泊，或随风飘迁落入河流、湖泊，污染地面水，并随渗滤液渗透到土壤中，进入地下水，使地下水污染；废渣直接排入河流、湖泊或海洋，能造成更大的水体污染。

即使无害的固体废物排入河流、湖泊，也会造成水体污染，河床淤塞，水面减小，甚至导致水利工程设施的效益减少或废弃。我国沿河流、湖泊、海岸建立的许多企业，每年向附近水域排放大量的灰渣，仅燃煤电厂每年向长江、黄河等水系排放灰渣就达500万t以上，有些电厂排污口的灰堆甚至已延伸到航道中心，灰渣在河道中大量淤积，从长远来看对其下游的大型水利工程是一种潜在的威胁。

生活垃圾未经无害化处理就任意堆放，也已造成许多城市地下水污染。哈尔滨市韩家洼子垃圾填埋场的地下水色度和锰、铁、酚、汞含量及细菌总数、大肠杆菌数等都严重超标，锰含量超标3倍多，汞含量超标20多倍，细菌总数超标4.3倍，大肠杆菌数超标11倍以上。

1.5.5 严重浪费资源

矿山的固体废物中常含有多种金属元素，如果长期堆放和流失，不及时进行回收和综合利用，不仅污染环境，而且对于国家矿产资源来说，也是一种极大的浪费。我国矿产资源利用率很低，其总回收率比发达国家低20%，铁、锰等黑色金属矿山采选平均回收率仅为65%，国内有色金属矿山采选综合回收率只有60%～70%。以铁矿为例，我国资源共(伴)生组分很丰富，大约有30种，但目前能够回收的仅20余种。因此，大量有价金属元素及可利用的非金属矿物遗留在固体废物中，造成每年矿产资源开发损失总值约1000亿元。特别是老尾矿，由于受当时条件的限制，尾矿中损失的有价组分会更多。1997年全国黄金矿山采矿量2540万t，金的总回收率为86.46%，有18～20t的金损失于尾矿中；云南锡业公司有28个尾矿库、35座尾矿坝，积存尾矿1.3亿t，平均含锡0.15%，仅金属锡损失就在20万t以上；大冶有色金属公司5个铜矿山，排出的尾矿中，含铜6.3万t、金3373kg、银56 175kg、铁276.8万t；陕西双王金矿，选金尾矿中含有纯度很高的钠长石，储量达数亿吨，成为仅次于湖南衡山的第二大钠长石基地，若加工成半成品钠长石粉，其价值可达200亿元。

1.5.6 影响环境卫生，危害人体健康

据全国300个城市的统计，城市垃圾的清运量仅占产生量的40%～50%，无害化处理不到10%，50%以上的垃圾堆存于城市的一些死角，严重影响人们的居住环境和卫生状况。已清运的城市垃圾因未进行无害化处理，继续危害和污染着环境。

20世纪30—70年代，国内外因工业固体废物处置不当，毒性物质在环境中扩散而引起公害事件时有发生，如日本富山县含铬废渣倾倒引起“痛痛病”事件，美国纽约州拉夫运河河谷土壤污染事件，中国锦州镉铬渣污染井水事件等，这些事件已给人们带来了灾难性的后果。

1.6 国内外固体废物处理的必要性和利用现状

1.6.1 固体废物处理、处置的必要性和意义

1）矿山固体废物的处理、处置是解决我国资源短缺的需要

我国是世界上矿业生产大国，矿产资源总量比较丰富，但人均占有量不足世界平均水平的一半。人口增长和经济发展与矿产资源供给之间的矛盾日益突出。在45种主要矿产资源中，我国人均储量仅为世界平均水平的58%。关系到国计民生支柱性大宗金属矿产（铁、锰、铜、铝、镍、钴、金、银、铂、钾等10种）资源相对不足或短缺，致使我国矿产品供给对国际市场依赖程度已高达20%，其中铁矿石对国际市场的依赖程度已超过50%。根据《全国矿产资源规划》（2016—2020年），到2020年，我国资源需求总量仍将维持在高位运行，铁矿石需7.5亿t标矿，精炼铜1350万t，原铝3500万t，我国矿产资源安全将面临严峻的挑战。

矿山固体废物具有危害和可利用的双重性，是一种宝贵的二次资源。我国矿产固体废物的一个显著特点是量大、矿物伴生成分多。这主要是我国在开发矿物资源方面存在着“单打一”“主弃副”等诸多问题，将许多伴生组分矿物作为废物弃置。因此，构成了我国矿产固体废物具有再资源化和能源化的巨大潜力。例如，我国铁矿尾矿平均含铁15%以上，每年铁

矿山排放尾矿约1.5亿t，如从中选出品位63%的铁精矿，回收率按40%计，可选出铁精矿1400多万吨，相当于建4个年处理1000万t原矿的选矿厂。

开展矿山固体废物的二次资源利用，扩大资源利用总量，补充资源短缺，实现固体废物资源化，将是解决资源短缺矛盾的有效途径。

2)大宗工业固体废物的处理与处置是保护环境、节约土地的需要

大宗工业固体废物特别是矿山固体废物的排放或堆存，给环境增加了严重的压力，打破了原始的生态平衡，既给人类环境带来了不同程度的污染，也对地球环境、生态环境、人类健康及生命财产安全造成极大的危害和潜在的威胁，直接或间接地给国民经济造成的损失十分巨大。通过大宗工业固体废物的污染防治、灾害控制和治理，遏制矿山环境继续恶化的趋势，改善生态环境，提高人们的生活质量，将有助于促进人口—资源—环境的协调发展，实现"绿水青山就是金山银山"的发展理念。

保护土地、节约土地，是我国国民经济发展的基本国策。目前，我国仅有耕地0.968亿hm^2，人均不足0.08hm^2，仅为世界人均数的1/4。我国同时又是矿业开发大国，因为开发矿藏不可避免地对耕地造成破坏，据统计全国因各种人为因素造成废弃地1333万hm^2，预计今后每年因工矿废弃地将增加4万多公顷。目前，全国矿山开发占用土地面积为581.71万hm^2。以我国露天矿为例，排土场、尾矿库占地面积占矿山用地面积的30%～60%。全国固体矿产采选业排出的尾矿、废石破坏土地和堆存占地约200万hm^2。因此，做好矿山废弃地土地开发整理规划，开展废弃地土地复垦工作，实现"占补平衡"或"补大于占"，对于我国这样一个人口众多、人均占地面积很少的农业大国，意义深远。

3)固体废物的处理与处置是实现企业转型升级的需要

巨量固体废物堆存，需要花费大量征地及管理费用，已成为企业的巨大负担。对于矿山企业，仅尾矿库基建费用就占整个采选企业费用的10%左右，最高达40%。全国现有的400多个大中型尾矿库，每年的运营费用就达7.5亿元。另外，由矿山固体废物而引起的环境污染及其引起的直接经济损失也高达十余亿元，间接损失则难以估量。

许多事例表明，开展工业固体废物的有效利用与合理处置，经济效益十分显著。早在1995年，我国工业"三废"综合利用实现利润就达47亿元，矿山固体废物处理与处置取得显著效益的例子也很多，例如本钢歪头山铁矿、南芬铁矿每年从尾矿中选出TFe 65.5%～67.0%的铁精矿7万余吨，年创经济效益1700余万元。鞍钢弓长岭矿业公司采用大块矿石预先抛废工艺，既增加了矿山生产能力，降低了能耗，又减少了细粒尾矿的产生量，年实现经济效益近5000万元。江西铜业公司永平铜矿系露天开采的大型矿山，设计总剥离量3.0亿t，主要排往西北部、西部、东部和南部排土场。该矿在20世纪七八十年代曾发生过多次泥石流灾害，冲毁大量农田，并严重威胁该选矿厂的安全。经过现场试验、观测、分析研究后，提出并实施了引排地表汇水，实行平台反坡，改善岩、土的流向，并对排土平台及时植被，在排土场下游建立分拦挡坝等综合措施后，避免了泥石流灾害的进一步发生，经济效益巨大，在减少污染赔偿、减少占地等方面取得经济效益5000万元。

对钢渣、粉煤灰、高炉渣等大宗固体废物的资源化利用，将这些大宗废物加工成新型建筑材料、高等级道路材料、高附加值环保材料等，实现了废物利用，创造出企业新的经济增长点，有利于钢铁、煤炭等企业的转型升级和行业内部产业结构调整。

1.6.2 国内外固体废物综合利用现状

目前对固体废物的处理方法有许多种，其中最常见的有三种，分别是卫生填埋、焚烧和堆肥。卫生填埋的应用最广，所占收运量的比例也最高，可达81.8%；焚烧则通常限定在沿海地区，占收运量比例的14.5%；堆肥的效果很好，但只有个别地区选择性地使用，局限性较大，在收运量的比例中也只占3.7%。

1)国外固体废物处理处置产业发展现状

欧美等发达国家固体废物处理领域制度建设始于20世纪70年代。20世纪50—70年代，伴随着欧美日等西方发达国家经济的迅速发展，大量的城市垃圾和工业废弃物随之产生，造成了对环境的严重污染以及资源的日趋稀缺。石油危机以后，各国政府为了积极鼓励和引导对固体废物的回收与资源利用，相继颁布了引导和规范固体废物处理的行业法律法规，在政策和法律层面上对固体废物处理给予保障。

固体废物处理产业是美国环保产业核心之一。截至2010年，美国环保产业年产值达到3163亿美元，直接创造16.57万个就业机会，其中废水处理工程与水资源、固体废物与危废管理占比分别为28%、20%，是美国环保领域中最为重要的两个子行业。美国固体废物处理产业包括生活垃圾和有害废弃物处理，除2009年受金融危机影响出现衰退外，其余年份均处于增长态势。

美国城市固体废物产生量在2007年达到峰值25.5亿t，2008年开始下降。从处理方式来看，资源回收利用的比例逐年提高，从1980年的9.56%提高到2009年的33.74%，而填埋方式处理比例则明显下降。由此可见，随着美国环保投入的不断增加，城市固体废物产生量已趋于减少，同时，处理方式逐渐优化。

高循环利用率是日本固体废物处理产业发达的重要表现。日本政府对资源与环境非常重视，城市固体废物处理行业属于资源与环境产业的重要组成部分，近年来在日本得到快速发展，废物循环利用比例逐年提高。2008年日本城市固体废物循环利用率已达到60%以上。由于日本在固体废物处理方面拥有完善的法规体系、先进的技术工艺、严格的管理模式，使得日本在城市固体废物处理领域处于世界领先水平。

欧盟固体废物处理方式呈现多样化趋势。欧盟是世界上一体化程度最高的经济区域，其协调一致性的行为在城市固体废物处理产业得到了充分体现。在欧盟统一指导与各成员国积极努力下，从1995—2009年间，欧盟城市固体废物填埋量从1.41亿t下降到9600万t，填埋比例下降了32%，而焚烧、堆肥和回收利用率则不断提高。

2)我国固体废物处置行业现状

随着工业生产的发展,工业废物数量日益增加,尤其是冶金、火力发电等工业排放量最大。工业废物数量庞大,种类繁多,成分复杂,处理较困难,如图 1-2 所示。

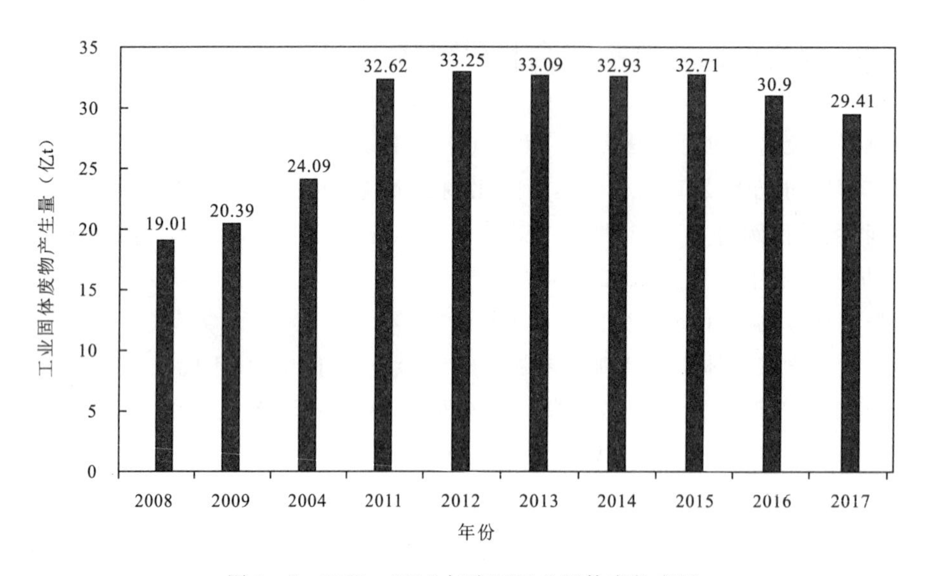

图 1-2 2003—2017 年我国工业固体废物产量

由图 1-2 可知,2008—2017 年,我国工业固体废物产生量呈现增长趋势,尤其是自 2011 年后由于统计口径发生变化,统计数据大幅提升,达到 32.62 亿 t,同比增长高达 40%。此后一直高居不下,截至 2017 年,我国工业固体废物产生量达 29.41 亿 t。由环保部发布的《2017 年全国大、中城市固体废物污染环境防治年报》数据显示,2016 年,214 个大、中城市一般工业固体废物产生量达 14.8 亿 t,综合利用量 8.6 亿 t,处置量 3.8 亿 t,储存量 5.5 亿 t,倾倒丢弃量 11.7 万 t。一般工业固体废物综合利用量占利用处置总量的 48.0%,处置和储存分别占比 21.2%、30.7%,综合利用仍然是处理一般工业固体废物的主要途径,部分城市对历史堆存的固体废物进行了有效的利用和处置。

我国固体废物处置行业发展与发达国家比较相对滞后,处于发展初步阶段。鉴于固体废物对环境影响的迟缓性,长期以来固体废物处理并未受到足够的重视,污染治理的重点在于水污染和大气污染,导致固体废物处理行业在环保领域各子行业的发展中相对滞后。目前,我国固体废物处理行业还处于发展初期,“十五”“十一五”期间的固体废物投资占环保行业整体投入的比例仅分别为 11.4%和 13.7%,而在西方发达国家,固体废物处理则是环保领域投资和产值占比均超过 50%的最大子行业。工业固体废物处置与利用的投资潜力十分可观。

环保税法出台后,开始对尾矿、冶炼渣收取环保税。2016 年 12 月 25 日出台的税法规定:对尾矿征收 15 元/t,冶炼渣、粉煤灰炉渣等征收 25 元/t,对危废物征收 1000 元/t 的环境保护税，倒逼钢铁有色冶炼企业进行尾矿尾渣处理。

尾矿尾渣价值高。目前钢铁和有色金属行业，从采选到最后冶炼，中国现存已有5亿t废渣，同时每年还新增1.8亿t（钢铁渣8000万t，炼铝的渣7000万t，炼铜的渣1600万t，还有镍渣、锡渣、铅锌渣等）。1.8亿t的废渣中储存了7000万t的铁，160万t的锌，80万t的铅，480t的银，还有130t的铟，具有很好的再回收利用价值。

钢铁冶炼年产生废渣高达4亿t。2014年国家发改委对我国各领域、各行业资源综合利用工作情况开展了详细的调查，并发布了《中国资源综合利用年度报告(2014)》。报告显示2013年我国钢铁行业冶炼废渣产生量约为4.16亿t，其中高炉渣2.41亿t、钢渣1.01亿t、含铁尘泥5960万t、铁合金渣1390万t。近几年我国粗钢产量变化不大，均维持在8亿t左右，钢铁冶炼废渣也大约维持同等水平。

钢铁冶炼废渣处理尚不充分。2013年，我国冶金渣综合利用量为2.28亿t，综合利用率为67%，同比增长6%。其中高炉渣综合利用率为82%，同比增长4%，钢渣综合利用率为30%，同比增长8%。钢铁行业冶炼废渣目前主要用于水泥、混凝土掺和料、路基料以及钢渣砖、透水砖、免烧砖、砌块等各种建材制品的生产。

钢铁废渣综合利用市场空间可达1574亿元。以沙钢30万t/年固体废物综合处理、资源循环利用项目为例，30万t固体废物综合处理总投资额2.5亿元，折合单吨投资额约为833元。我国每年产生的4.16亿t钢铁冶炼废渣中有1.89亿t尚未得到有效的处理利用（尤其是含铁尘泥与钢渣，具有很高的提取利用价值），若将此部分冶炼废渣全部进行循环利用，总市场空间高达1574亿元（表1-3）。

表1-3 钢铁冶炼废渣综合利用市场空间

种类	年产量(亿t)	利用率(%)	待处理量(亿t)	单吨投资额(元)	市场空间(亿元)
钢渣	1.01	30	0.71	833(以沙钢项目为例)	—
高炉渣	2.41	82	0.43	—	—
铁合金渣	0.14	0	0.14	—	1574
含铁尘泥	0.60	0	0.60	—	—
合计	4.16	67	1.88	—	—

数据来源：公开资料整理。

有色金属冶炼废渣年产生量大，利用率低。2013年，有色行业冶炼废渣产生量1.28亿t，综合利用量2240万t，综合利用率17.5%。赤泥产生量约7300万t，利用量约290万t，利用率为4%左右。铜渣、铅锌渣产生量分别为1240万t、708万t，基本得到综合利用，有色金属冶炼渣的市场空间总计高达2520亿元（表1-4）。

表 1-4　有色金属冶炼废渣综合利用市场空间

种类	年产量(万 t)	利用率(%)	可改造处理(万 t)	单吨投资额(元)	市场空间(亿元)
赤泥(铝渣)	7300	4	7008	2733	1915
铜渣	1240	100	1240	1350	167
铅锌渣	708	100	708	1167	83
其他(含镍渣等)	3552	0	3552	1000	355
合计	12 800	17.5	10 560	—	2520

数据来源:公开资料整理。

我国尾矿产生和堆存量巨大,投资市场空间需近万亿元。根据国家发改委关于中国资源综合利用报告显示:2013 年,我国尾矿产生量 16.49 亿 t,其中铁尾矿 8.39 亿 t,铜尾矿 3.19 亿 t,黄金尾矿 2.14 亿 t,其他有色及稀贵金属尾矿 1.38 亿 t,非金属矿尾矿 1.39 亿 t。截至 2013 年底,我国尾矿累积堆存量达 146 亿 t,废石堆存量达 438 亿 t。

尾矿综合利用率低。统计信息显示,我国尾矿综合利用率为 18.9%,从尾矿中回收有价组分仅占尾矿利用总量的 3%,绝大多数尾矿被置于矿山空场直接充填。国土资源部 2013 年颁布了《关于铁、铜、铅、锌、稀土、钾盐和萤石等矿产资源合理开发利用,“三率”最低指标要求(试行)的公告》,要求铁尾矿综合利用率不低于 20%。将每年堆埋填充的矿山空场的 53%尾矿进行综合处理利用,总投资空间可达近万亿元。

2 固体废物管理

解决固体废物污染控制的首要问题是建立和健全固体废物的管理体系、法律法规制度和技术标准。自20世纪70年代以来，人们逐渐加深了对固体废物的环境管理的重要性认识，逐步完善了固体废物的管理法律法规制度，不断加强对固体废物的科学管理，形成了固体废物处理项目的立项、运营、管理的制度体系，构建了多行业资源化利用固体废物的标准体系和技术规范，实现了"绿水青山就是金山银山"的生态治理理念。

2.1 固体废物的管理原则

《中华人民共和国固体废物污染环境防治法》(以下简称《固废法》)确立了固体废物管理必须遵循的基本原则是废物污染防治的减量化、资源化、无害化(以下简称"三化")原则和全过程管理原则，同时固体废物的管理需要结合企业发展的实际。

2.1.1 减量化、资源化、无害化原则

《固废法》中，首先确立了固体废物污染防治的"三化"原则。固体废物污染防治的减量化是指减少固体废物的产生量和排放量。目前我国固体废物的排放量十分巨大，如果能采取措施，最小限度地产生和排放固体废物，就可以从源头上直接减少或减轻固体废物对环境和人体健康的危害，可以最大限度地合理开发利用资源和能源。减量化的要求不只是减少固体废物的数量和减少其体积，还包括尽可能地减少其种类，降低危险废物的有害成分的浓度，减轻或清除其危害特性等。减量化是对固体废物的数量、体积、种类、有害性质的全面管理。因此，减量化是防止固体废物污染环境的优先措施，应当改变粗放经营的发展模式，鼓励和支持开展清洁生产，开发和推广先进的采选工艺和设备，保证矿山资源的充分利用。

资源化是指采取管理和工艺措施从固体废物中回收物质和能源，加速物质和能量活动循环，创造经济价值的广泛的技术方法，就是要通过物质回收和物质转换对固体废物进行资源化利用。

无害化是指对已产生又无法或暂时尚不能综合利用的固体废物，经过物理、化学或生物方法，进行对环境无害或低危害的安全处理、处置，达到废物的消毒、解毒或稳定化，以防止并减少固体废物的污染危害。

2.1.2 全过程管理原则

由于固体废物本身往往是其他污染的“源头”，故需要对其产生—收集—运输—综合利用—处理—储存—处置实行全过程管理，在每一个环节都将其作为污染源进行严格的控制。因此，解决固体废物污染控制问题的基本对策是避免产生、综合利用和妥善处置的“3C 原则”。近年来，随着循环经济、生态工业园及清洁生产和绿色制造理论、实践的发展，可以通过对固体废物实施减少产生、再利用、再循环策略实现节约资源、降低环境污染及资源永续循环利用的理想目标。

2.1.3 环境保护同经济协调发展原则

经济发展尤其是工业生产是人类生活的物资基础，保障和改善人民的生活需要是经济发展的主要目标。而环境问题的解决，也需要通过发展经济来为其提供资金和技术。但是，经济的发展，意味着取自环境的矿产资源和排向环境的废弃物都要增加，因而受到矿产资源可供量和环境容量的限制，正确处理企业发展与环境保护的关系，必须衡量企业发展与环境保护相互制约的临界线，把企业发展带来的环境问题限制在一定的限度内，在不降低环境质量的要求下使经济能够持续稳定发展、环境保护与经济协调发展，就是把环境保护纳入企业发展规划中，把环境污染和矿产资源破坏解决于生产过程之中。

2.1.4 预防为主、防治结合原则

西方国家在矿业发展过程中，大体都走了一条“先污染后治理”的道路，但是，以牺牲环境为代价发展工业，其后果是使社会和经济为之付出更大的代价。从这一历史教训中，我们认识到在处理固体废物环境问题上，采取“预防为主”的原则是最为重要的。

预防为主是指在环境管理中，通过经济规划及各种管理手段，采取防范性措施，防止工业固体废物破坏环境问题的发生。我国是一个发展中国家，在项目建设过程中，由于资金、技术方面的限制，采取预防为主、防治结合的原则，可以尽量避免环境破坏或者将污染消除于生产过程中，做到防患于未然。面对不可避免的污染和破坏，则通过各种恢复治理措施，达到环境保护的要求，这无疑是一种投资少、收获大的指导思想。

2.1.5 国家宏观调控和市场调节的有机配合原则

对固体废物的管理一定要尊重经济规律，充分利用市场竞争机制，因为环境管理是一项政府职能，属于上层建筑范畴。因此，要适应经济基础，同时政府也要适度地实施一些国家干预和宏观调控措施，以弥补市场缺陷与不足，市场调节与国家调控的有机配合，相辅相成，才能有效地保护环境。

随着市场经济体制的建立及经济全球化和全球经济市场化，市场调节在经济活动中起着越来越重要的作用，市场经济的灵敏性、灵活性很好地补充了宏观政策的相对滞后性。在环境保护中，市场机制可以很好地解决固体废物治理的资金瓶颈问题和技术成果的转化问题。因此，在实行固体废物管理时，要充分利用市场机制，但要摒弃以前的宏观调控手段而单纯依靠市场调控手段也不行，市场的缺陷和失灵呼吁国家的宏观调控，国家介入市场可以为市场提供必要的规则和制度框架。

2.2 固体废物管理的相关法律法规

1995 年 10 月，我国颁布了第一部有关固体废物的法律——《中华人民共和国固体废物污染环境防治法》，并于 2016 年 11 月 7 日在第十二届全国人民代表大会常务委员会第二十四次会议上作了第四次修订。同时，我国地方政府和相关部门对固体废物管理出台了许多相关的法律、法规和规章制度。我国现行的固体废物环境污染防治法规体系可分为以下三个层次。

2.2.1 国家固体废物管理法律

1978 年宪法首次提出了“国家保护环境和自然资源，防止污染和其他公害”的规定。1979 年颁布的《中华人民共和国环境保护法（试行）》和 1989 年通过的《中华人民共和国环境保护法》是我国环境保护的基本法，对我国环境保护工作起着重要的指导作用。1995 年颁布的《中华人民共和国固体废物污染环境防治法》是一部关于固体废物管理的指导思想、基本原则、制度和主要措施的综合性法律，几经修订和完善，成为我国固体废物污染环境防治及管理的法律依据。

除了《固废法》外，该层次还包括其他相关法律，如《中华人民共和国矿产资源法》《中华人民共和国水污染防治法》《中华人民共和国大气污染防治法》等法律中与固体废物管理直接或间接相关的条款，还有刑法、民法、刑事诉讼法、民事诉讼法等。

2.2.2 部门规章规范性文件

目前已经颁布的和固体废物管理相关的专项部门规章或规范性文件有：国土资源部门制定的《矿产资源规划管理暂行办法》《矿山生态环境保护与污染环境技术政策》等；冶金部门制定的《关于建立健全环境保护机构的通知》《冶金工业环境管理若干规定》《冶金环境指标考核实施办法》《冶金企业环境设计若干规定》《冶金企事业单位环境职责规定》《钢铁企业环境保护设施纠纷范围暂行规定》等；建材部门制定的《建筑材料工业环境保护工作条例》；核工业部门制定的《铀矿放射性废物管理规定》《铀水冶厂尾矿库安全培训规定》《铀尾矿库安全运行管理规定》等。

2.2.3 地方性法规、规章

有些地方性的法规中，部分条文与固体废物管理有关，如 2015 年 10 月 12 日印发的《云南省环境保护厅关于进一步加强危险废物规范化管理工作的通知》，2015 年 8 月 1 日施行的《深圳市生活垃圾分类和减量管理办法》，2016 年 1 月 1 日施行的《广东省城乡生活垃圾管理条件》，2015 年 12 月 1 日实施的《杭州市生活垃圾管理条例》，2017 年 7 月 1 日施行的《浙江省餐厨垃圾管理办法》，2016 年 4 月 1 日实施的《陕西省固体废物污染环境防治条例》，2018 年 1 月湖南省出台的《湖南省实施〈中华人民共和国固体废物污染环境防治法〉办法》等，这些地方性法规和条文为固体废物的管理提供了法律保障和实施条件。

2.3 有关固体废物管理方面的标准

与固体废物管理相关的标准见表 2－1。

表 2－1 固体废物管理相关标准

序号	标准号	标准名称
1	HJ/T 2.1—2016	环境影响评价技术导则 总纲
2	HJ/T 2.2—2018	环境影响评价技术导则 大气环境
3	HJ/T 1.9—1997	环境影响评价技术导则 非污染生态评价
4	HJ/T 2.3—2018	环境影响评价技术导则 地面水环境
5	GB 3095—2012	环境空气质量标准
6	GB 8978—2017	污水综合排放标准

续表 2-1

序号	标准号	标准名称
7	GB 16297—2017	大气污染物综合排放标准
8	GB 3838—2012	地表水环境质量标准
9	GB 5085.1—2007	危险废物鉴别标准——腐蚀性鉴别
10	GB 5085.2—2007	危险废物鉴别标准——急性毒性初筛
11	GB 5085.3—2007	危险废物鉴别标准——浸出毒性鉴别
12	GB 9133—1995	放射性废物分类标准
13	GB 676.3—1986	建筑材料用工业废渣放射性物质限制标准
14	GB/T 14848—2017	地下水质量标准
15	GB 18597—2001	危险废物储存污染控制标准
16	GB 18598—2001	危险废物填埋污染控制标准
17	GB 18599—2001	一般工业固体废物储存、处置场污染控制标准
18	GB 14500—2002	放射性废物管理规定
19	GB 14585—1993	铀、钍矿冶放射性废物安全管理技术规定
20	GB 14586—1993	铀矿冶设施退役环境管理技术规定
21	HJ/T 294—2006	清洁生产标准 铁矿采选业

2.4 固体废物管理制度

根据《固废法》及固体废物的特点，固体废物的管理可以建立以下几种重要管理制度。

2.4.1 分类管理制度

固体废物具有量多面广、成分复杂的特点，因此《固废法》确立了对城市生活垃圾、工业固体废物和危险废物分别管理的原则，明确规定了主管部门和处置原则。在《固废法》中明确规定“禁止混合收集、贮存、运输、处置性质不相容的未经安全性处理的危险废物，禁止将危险废物混入非危险废物中贮存”。

2.4.2 工业固体废物申报登记制度

为了使环境保护主管部门掌握工业废物和危险废物的种类、产生量、流向以及对环境的影响等情况，进而有效地防治工业固体废物和危险废物对环境的污染，《固废法》要求实施工业固体废物和危险废物申报登记制度。

2.4.3 固体废物污染环境影响评价和“三同时”制度

固体废物污染环境影响评价和“三同时”制度是我国环境保护的基本制度，《固废法》进一步重申了这一制度。我国《环境保护法》第26条规定：“建设项目中防治污染的措施，必须与主体工程同时设计、同时施工、同时投产使用。防治污染的设施经原审批环境影响报告书的环保部门验收合格后，该建设项目方可投入生产或使用。”这一规定在我国环境立法中通称为“三同时”制度。

2.4.4 排污收费制度

排污收费制度也是我国环境保护的基本制度，但是，固体废物的排放与废水、废气有着本质的不同。废水、废气排放进入环境后，可以在自然当中通过物理、化学、生物等多种途径进行稀释、降解，并有着明确的环境容量。而固体废物进入环境后，并没有被其形态相同的环境体接纳。固体废物对环境的污染是通过释放出水和大气污染物进行的，而这一过程是长期的和复杂的，并且难以控制。因此，从严格意义上来讲，固体废物是严禁不经任何处理处置排入环境当中的。《固废法》规定：“企业事业单位对其产生的不能利用或者暂时不利用的工业固体废物，必须按照国务院环境保护主管部门的规定建设储存或者处置的设施、场所”，这样，任何单位都被禁止向环境排放固体废物。因此，固体废物排污费的交纳，是对那些在按照规定和环境保护标准建成固体废物储存或者处置的设施、场所，或者经改造这些设施、场所达到环境保护标准之前产生的固体废物而言的。

2.4.5 限期整理制度

《固废法》规定，没有建设工业固体废物储存或者处置设施、场所，或者已建设但不符合环境保护规定的单位，必须限期建成或者改造。实行限期治理制度是为了解决重点污染源污染环境问题。对于排放或处置不当的固体废物造成环境污染的企业和责任者，实行限期治理，是有效防治固体废物污染环境的措施。限期治理就是抓住重点污染源，集中有限的人力和物力，解决最突出的问题。如果限期内不能达到标准，就要采取经济手段基至停产的手段进行制裁。

2.4.6 环境恢复治理保证金制度

对矿山企业来说，矿山环境恢复治理保证金制度是一项结合矿山环境特点新增加的制度，通过启动矿山企业缴纳的保证金来开展矿山环境的恢复治理的工作，一旦矿山企业没有履行应尽的义务,没有恢复治理或者恢复治理不达标,就可以启动矿山企业缴纳的保证金来开展矿山固体废物复垦等环境恢复治理工作。如果矿山企业很好地履行了其应尽的义务,较好地完成了矿山环境恢复治理的工作,那么该矿山企业缴纳的矿山环境治理恢复的保证金在规定的时限内本息全部返还给矿山企业。

2.4.7 危险废物行政代执行制度

由于危险废物的有害特性,其产生后如不进行适当的处理而任由产生者向环境排放,则可能造成严重危害,因此必须采取一切措施保证危险废物得到妥善的处理处置。《固废法》规定:"产生危险废物的单位,必须按照国家有关规定,不处置的,由所在地县以上地方人民政府环境保护行政管理部门责令限期改正,逾期不处理或者不符合国家有关规定的,由所在地县以上地方人民政府环境保护行政主管部门指定单位按照国家有关规定代为处置,处置费由产生危险废物单位承担。"行政代执行制度是一种行政强制执行措施,这一措施保证了危险废物能得到妥善、适当的处置,而处置费由危险废物产生者承担,也符合我国"谁污染谁治理"的原则。

2.4.8 危险废物经营单位许可证制度

危险废物的危险特性决定了并非任何单位和个人都能从事危险废物的收集、储存、处理、处置等经营活动,必须既具备达到一定要求的设施、设备,又要有相应的技术能力等条件,必须对从事这方面工作的企业、个人进行审批和培训,建立专门的管理制度和配套的管理程序,因此,对从事这一行的单位的资质进行审查是非常必要的。《固废法》规定:"从事收集、储存、处置危险废物经营活动的单位,必须向县级以上人民政府环境保护行政主管部门申请领取经营许可证。"许可证制度将有助于我国危险废物管理和技术水平的提高,保证危险废物的严格控制,防止危险废物污染环境的事故发生。

2.4.9 危险废物转移报告单制度

危险废物转移报告单制度的建立,是为了保证危险废物的运输安全,以及防止危险废物的非法转移和非法处置,保证危险废物的安全监控,防止危险废物污染事故的发生。

2.4.10 限期治理制度

为了解决重点污染源污染环境问题,对没有建设工业固体废物贮存或处理处置设施、场所或已建设施、场所不符合环境保护规定的企业和责任者,实施限期治理、限期建成或改造。

限期内不达标的，可采取经济手段甚至停产的手段进行制裁。

2.5 环境影响评价制度

环境影响评价制度是源头控制环境污染和生态破坏的法律手段。1998 年，中国政府颁布实施《建设项目环境保护管理条例》，明确提出环境影响评价制度，以及建设项目环境保护设施同时设计、同时施工、同时生产使用的“三同时”制度。2003 年开始实施的《中华人民共和国环境影响评价法》，将环境影响评价制度从建设项目扩展到各类开发建设规划。国家实行环境影响评价工程师职业资格制度，建立了由专业技术人员组成的评估队伍。

环境影响评价是对未来环境影响的一种预测分析，属于预测科学范畴，其主要作用有：可以明确开发建设者的环境责任及应采取的行为；可为建设项目的过程设计提出环保要求和建议；可为环境管理部门提供科学依据。《中华人民共和国环境评价法》规定，环境影响评价是指规划和建设项目实施后对可能造成的环境影响进行分析、预测和评估，提出预防或者减轻不良环境影响的对策和措施，进行跟踪监测的方法和制度。

环境影响评价是建设项目立项的三项依据(即国家实施的建设项目可行性研究、环境影响评价和建设项目评估)之一，具有一票否决权。《中华人民共和国环境保护法》明确规定，凡是对环境有影响的建设项目，都必须执行环境影响评价制度。建设项目的环境影响评价制度只有经项目主管部门预审并依照规定的程序报环境保护行政主管部门批准后，计划部门方可批准建设项目设计任务书。

《中华人民共和国环境影响评价法》第七条规定，国务院有关部门、设区的市级以上地方人民政府及其有关部门，对其组织编制的土地利用和有关规划，区域、流域、海域的建设、开发利用规划，应当在规划编制过程中，组织进行环境保护评价，编写该规划有关环境影响的篇章或者说明，应当对规划实施后可能造成的环境影响做出预测、评估，并提出预防和减轻环境影响的对策和措施。

该法第八条规定，国务院有关部门、设区的市级以上地方人民政府及其有关部门对其组织编制的工业、农业、畜牧业、林业、能源、水利、交通城市建设、旅游、自然资源开发的有关专项规定，应当在该专项规定的草案上报审批前组织进行环境影响评价。

该法第十六条规定，国家根据建设项目对环境影响程度，对建设项目环境影响评价实施分类管理，建设单位应当按照规定组织编制环境影响报告书、环境影响报告表或填报环境影响登记表。

2.5.1 环境影响评价概述

固体废物处置、处理与利用项目的环境影响评价是在建设项目可行性研究阶段进行的一项工作。它通过评价拟建设项目所在地区的环境质量现状，针对拟建设项目的过程特性和污染特征，预测项目开发过程可能产生的环境影响，评估项目建设后对当地可能造成的不良环境范围和程度，提出避免或减少污染、防止破坏或改善环境的方案和对策，为建设项目选址、合理布局、最终设计和决策提供科学依据，实现经济效益、社会效益和环境效益的协调统一，促进企业的可持续发展。

在项目环境影响评价中，通过明确项目责任人的责任，要求拟建单位提供必要的项目开发信息，从开采、运营直至关闭，包括矿山复垦和生态重建计划在内的全程规划和计划；在项目环境影响评价中，通过实施公众参与和社区磋商的机制，减少或解决项目开发可能产生的社会矛盾，加强企业的生态环保意识，在计划决策者、地质工作者、工程设计者、环境管理和环境评价者之间达成一种共识，实现对于矿产资源的保护和合理开发；在项目环境影响评价中，通过对项目开发活动可能产生的影响进行费用与效益分析，寻求避免污染、减少污染的最佳途径，为提高生产效率，降低环境成本，科学地进行生态重建提供决策依据。

2.5.2 环境影响评价制度的管理程序

环境影响评价管理程序是保护环境影响评价工作顺利进行和实施的管理程序，是管理部门的监督手段，我国基本建设程序与环境管理程序的工作关系如图 2-1 所示。根据《中华人民共和国环境影响评价法》和《建设项目环境保护管理条例》的有关规定，固体废物资源化利用建设项目的环境影响评价审批程序如图 2-2 所示。

2.5.2.1 建设项目环境影响评价分级、分类管理

按《中华人民共和国环境影响评价法》的规定，凡新建、改建或扩建过程，要根据《建设项目环境影响评价分类管理名录》(2018)确定应编制的环境影响报告书、环境影响报告表或填报环境影响登记表。

(1)编写环境影响报告书的项目。新建或扩建过程对环境可能造成重大的不利影响，这些影响可能是敏感的、不可逆的、综合的或以往尚未有过的，这类项目需要编写环境影响报告书。

(2)编写环境影响报告表的项目。新建或扩建过程对环境可能产生有限的不利影响，这些影响是较小的或者减缓影响的补救措施是很容易找到的，通过规定控制或补救措施可以减缓对环境的影响。这类项目可直接编写环境影响报告表，对其中个别环境要素或污染因子需要进一步的分析，可附单项环境影响专题。

2.5.2.2 建设项目环境影响评价的监督管理

各级主管部门和环境部门在审批项目环境报告书时应贯彻下述原则：

(1)审查该项目是否符合经济效益、社会效益和环境效益相统一的原则。

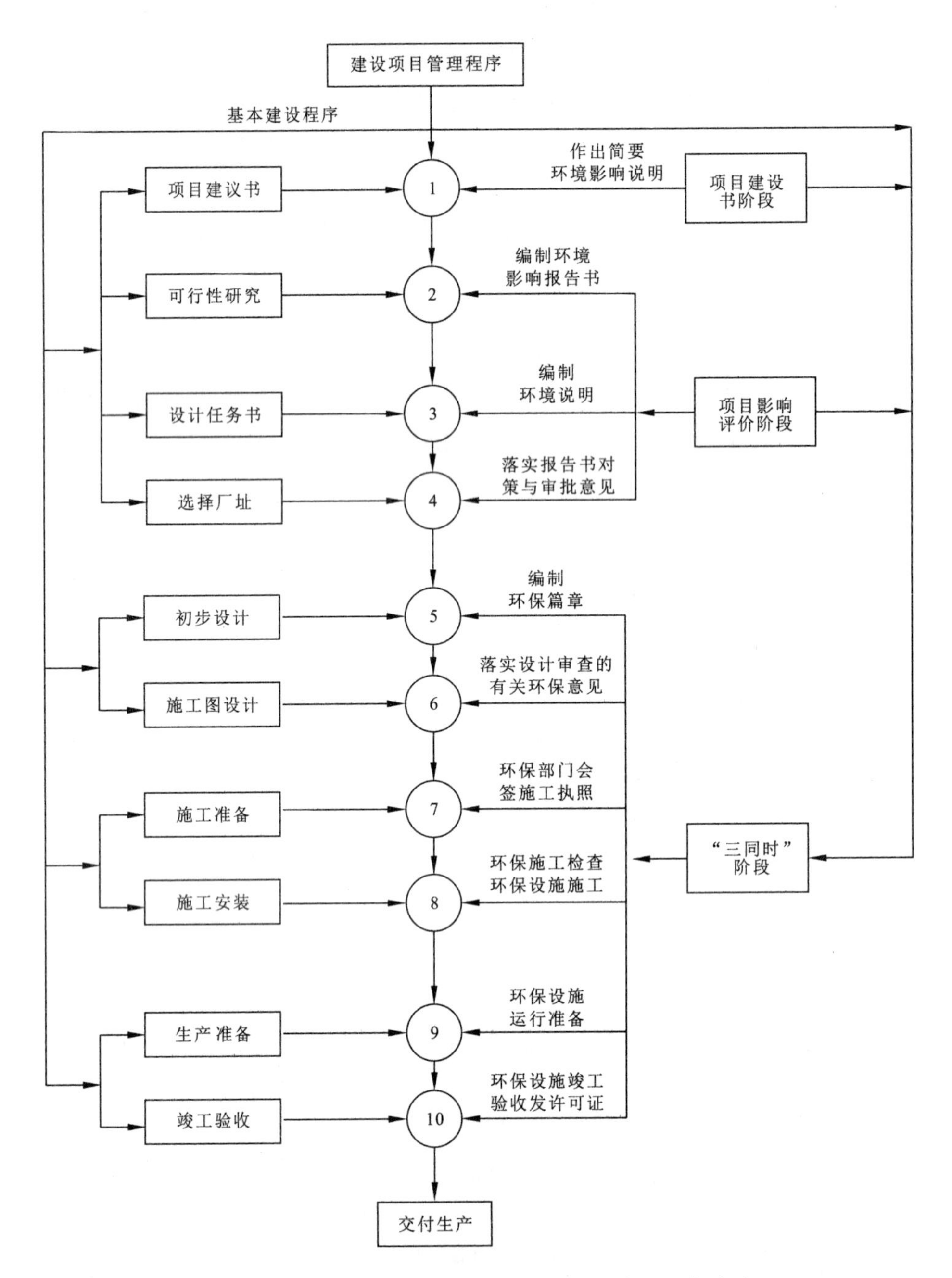

图 2-1 我国基本建设程序与环境管理程序的工作关系

(2)审核该项目是否贯彻了“预防为主”“谁污染谁治理““谁开发谁保护”“谁利用谁补偿”的原则,特别是贯彻“污染者承担”和“环境本能化”原则应是审查的重中之重。

(3)审查该项目环境影响评价过程中是否贯彻了在污染控制上从单一浓度控制逐步过

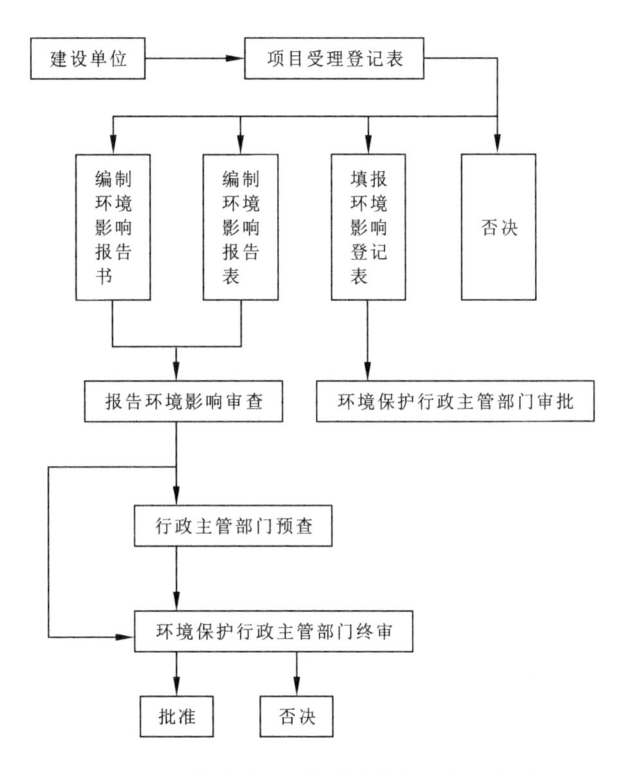

图 2-2 建设项目环境影响审批程序示意图

渡到“总量控制”，在污染治理上，从单纯的末端治理逐步过渡到对生产全过程的管理。

(4)应重视景观生态、产业生态、人文生态等在规划布局、结构功能、运行机制等诸多方面是否符合物能良性循环和新型工业化的原则，应着眼于实现循环经济，以促进可持续发展。

环境影响报告书的审查以技术审查为基础，审查方式是专家评审会还是其他形式，由负责审批的环境保护行政主管部门根据具体情况而定。

2.5.2.3 环境影响评价程序

环境影响评价工作大体分为三个阶段。第一阶段为准备阶段，主要工作为研究有关文件，进行初步的过程分析和环境现状调查，筛选重点评价项目，确定各单项环境影响评价的工作等级，编制评价大纲；第二阶段为正式工作阶段，主要工作为进一步作过程分析和环境现状调查，并进行环境影响预测和评价环境影响；第三阶段为报告书编制阶段，主要工作为汇总，分析第二阶段工作所得的各种资料、数据，给出结论，完成环境影响报告书的编制。

2.5.3 环境影响评价方法

2.5.3.1 环境信息资料的收集

项目环境信息资料的收集需要项目开发建设单位、环评单位共同协作完成。

1)建设单位的协作

建设项目的建设单位需要提供建设项目相应的基本资料，如建设位置、规模、拟建工艺、主要设备、主体工程、辅助工程、公用工程、“三废”产生与处理工作等。如果是技术改造项目，尚需收集现有过程上述概况及运行数据。同时，环境与生态数据和资料，项目在勘探阶段获得的基础数据以及早期资料也需收集。

2)其他收集途径

除项目开发建设单位提供的基本资料外，项目环境信息的收集途径还包括：从资料管理部门或专业研究机构及环保部门收集生态资源及污染状况资料、数据；通过现场调查、访问、采样及测试和遥感等，取得实际的资料和数据。

3)公众参与

公众参与的主体一般有两种，一是一般公众，受工程建设项目影响的公众个人或社会团体；二是没有直接受到拟建项目的影响，但可能对潜在的环境影响的性质、范围、特点有所了解的专家或专业人士。

在环境影响评价的资料调研阶段，应进行社会调查，包括印发各种调查表，召开各种类型座谈会收集意见和数据，广泛展开社区磋商与公众参与。

2.5.3.2 调查范围

确定调查范围，有助于分析项目开发引起的主要环境问题，确定环评工作量、帮助建设企业认识项目影响环境的大致范围。

调查范围的划分，针对拟建项目的专业类别、生产规模、排污种类、数量、方式，以及所处地区的地理环境、气象、水文等条件区别对待。

2.5.3.3 环境评价标准

我国现行的环境标准体系包括国家制定的环境质量标准、污染物排放质量标准、污染物排放标准等，还包括地方性(含部门)环境质量标准和污染物排放标准。环境影响评价必须按照有关环境标准进行。

2.5.3.4 项目开发的污染源评价

进行污染源的评价要根据污染源释放的各污染因子的物理、化学及生物特性，及对环境的影响程度，选择主要调查因子，评价出主要污染源，确定主要污染物，为确定项目环境现状监测因子和环境影响评价因子提供依据。

2.5.3.5 环境影响评价

项目环境影响评价包括污染性环境影响评价和非污染性的影响评价，按照《环境影响评价技术导则》要求开展工作。项目污染性环境影响评价要求综合考虑大气、地面水、地下水、土壤和噪声环境影响评价。生态环境影响评价应按照《环境影响评价技术导则、非污染生态影响》(HU/T1.9—1997)进行。

2.5.3.6 环境经济损益分析

项目环境经济损益分析就是对建设项目可预见的生态环境问题，通过补偿原则，提出预防、恢复的若干方案，并对各方案的费用与效益进行评价，通过比较，从中选出净效益最大的方案。

1)环境经济损益分析的作用

进行环境经济损益分析，以选择保护环境的最优工程方案和对策，可以减少建设单位在项目开发期和运行期为保护环境所带来的额外费用支付，从而取得最佳经济效益和环境效益。

2)矿山环境经济损益分析的内容

项目开发的环境费用包括外部费用和内部费用。外部费用是指项目开发和加工过程对自然资源、环境质量的损害费用，主要包括：项目开发过程中因占压土地和塌陷造成的损失费用；污染损害费用；因污染所造成的人群疾病和伤亡等所需付出的费用；环境及其他资源损害费用。内部费用是防止环境恶化和污染而付出的环境保护费用，主要包括：土建、安装、培训等基建费用；污染控制及废物处理、生态环境治理等运行费用。

项目开发环境保护项目带来的效益包括环境保护设施直接经济效益和间接经济效益。环境保护的直接经济效益主要是物料流失的减少，资源、能源利用率的提高，废物综合利用率的提高等；间接经济效益是环境污染或破坏的减少造成经济损失的减少。

2.5.3.7 总量控制分析

总量控制是在污染严重、污染源集中的区域或重点保护的区域范围内，通过采取有效的措施，把排入这一区域的污染总量控制在一定的数量之内，使其达到预定环境目标的一种控制手段。

在我国目前环境影响评价的总量控制分析中，一般多采用目标总量控制，即把允许排放的污染物总量控制在管理目标所规定的范围内。这里的“总量”指污染源排放的污染物不超过管理上人为规定能达到的允许限额。它是用行政干预的办法，在弄清工程建设前后污染物排放总量的前提下，提出工程应采取的污染物削减方案和建议，并说明其可行性。

2.6 固体废物的环境监测

2.6.1 固体废物环境监测的目的和任务

为了控制环境污染和生态破坏，必须要寻求导致环境恶化的原因和规律，环境监测就是为解决人类面临的环境问题的重要认识工具之一。环境监测是环境保护工作的重要技术支持，它通过一系列的技术活动，测定表征环境因素质量的代表值，为环境管理和环境污染与生态破坏的治理提供科学依据。

作为环境监测的一个重要组成部分，固体废物环境监测的根本目的、任务是为了有针对性地采取预防和治理措施，有效地控制固体废物污染源对环境可能造成的不利影响，同时也是企业检查自己是否符合国家和地方环境法规与标准，指导环境保护措施和清洁生产运行情况，改进环境保护工作的直接手段。

2.6.2 固体废物环境监测的对象和项目

固体废物对环境的影响主要在于诱发地质灾害、侵占土地、植被破坏、土地退化、沙漠化以及粉尘污染、水体污染等。因此，固体废物的环境监测对象和项目主要有以下几点。

2.6.2.1 固体废物污染源监测

(1)固体废物中的有用价值元素和资源监测。对尾矿、废石等固体废物中的有用价值元素和资源进行分析监测，以便结合经济技术的发展及时进行综合回收利用。

(2)固体废物有害特性监测。根据《危险废物鉴别标准》(GB 5085—2007)，对固体废物的腐蚀性、急性毒性初筛和浸出毒性的鉴别监测。

(3)固体废物处理场粉尘监测。

(4)固体废物处理场地下、地表水监测。

监测项目包括水温、pH 值、溶解氧、COD、BOD、氨氮、总磷、总氮、铜、锌、氟化物、汞、镉、六价铬、铅、总氰化物、挥发分、石油类等。

2.6.2.2 固体废物水土保持和植被监测

按照有关建设项目水土保持法规及技术规范，需对固体废物处理场等项目水土流失防治责任区进行水土保持监测。

水土保持监测内容有水土流失因子监测、水土流失量监测、水土保持设施效益监测。主要项目有：降雨、面蚀、沟蚀、重力侵蚀、防治区林草覆盖度、土壤侵蚀模数以及水土保持工程措施的运行状况、损害程度等。

2.6.2.3 固体废物处理场地质安全监测

对固体废物处理场的地质沉降、地下水水位进行长期观测，随时掌握地面沉降情况，建立地质监测档案和预警、预报机制，为安全生产积累资料。

2.6.3 环境监测方法标准及质量管理

2.6.3.1 环境监测方法标准

环境监测的基本要求之一是可比性，为满足这一要求就需要各个监测单位执行同样的技术规范，使用同样的监测方法，达到同样的技术水平。监测方法标准就是为满足这一要求而制定的，项目环境监测站从建站设计、仪器设备配置计划到日常工作规范都必须遵循环境监测方法标准。由于环境监测项目多，都要制定相应的标准监测方法，有时同一项目还有多种方法供选择，因此环境监测方法标准是我国环境标准中数量最多的一个分支，在已颁布的环境标准中占60%以上。由于环境监测方法具有普及意义，为使各个单位都能采用具有权威性、可比性的环境统一监测方法，标准规定的监测方法并不追求高、新、难，而是强调方法的可行性要强，稳定性和可靠性要高，易于普及推广。

环境监测方法标准属于推荐性标准，但是由于某种原因采用非标准监测方法时，必须与标准方法进行比对、验证，证明所用非标准方法的可比性和准确性。

2.6.3.2 环境监测质量管理

环境监测质量管理是对环境监测全过程的质量管理。环境监测是一项科学性较强的工作，其直接产品是监测数据，环境监测质量的好坏集中反映在数据上。环境监测数据的准确与否关系到判断企业是否遵守环境法规，关系到企业的切身利益和形象，因此环境监测工作的质量就是环境监测的关键。

环境监测质量管理是提高监测质量、保证监测数据和成果具有代表性、准确性、精密性、可比性和完整性的有效措施，是环境监测全过程的全面质量管理。要在保证监测数据有效性的前提下，采取一系列有效措施，把监测误差控制在一定的允许误差之内。

监测质量是监测站综合素质和管理水平的体现，我们只有严格地执行监测质量管理的程序，认真地检查并解决好上述各个问题，监测成果的质量才是有保证的。

2.6.4 固体废物环境监测方法

2.6.4.1 固体废物污染源监测方法

固体废物处置场地下、地表水监测的监测方法按照《地表水和污水监测技术规范》

(HJ/T 91—2002)执行;固体废物的腐蚀性、急性毒性初筛和浸出毒性的鉴别监测按照《危险废物鉴别标准》(GB 5085—2007)执行;固体废物处置场粉尘监测可根据《环境空气质量监测规范(试行)》或《环境空气质量手工监测技术规范》(HJ/T 194—2005)执行。

2.6.4.2 固体废物水土保持监测方法

根据项目区水土流失特点,可拟定监测方法与监测技术,监测点布设方式、监测频率、监测时间、步骤、所需设备等具体内容由监控单位按审批的水土保持方案,依据《水土保持监测技术规范》,在编制监测细则中确定并实施。

2.6.4.3 固体废物处置场植被状况监测

主要指标包括植物种类、植被类型、林草生长量、林草植被覆盖度、郁闭度(乔木)等,采用典型样方进行调查,样方大小视具体情况而定,每一样方重复 2 次,一般情况下草本样方为 1m×1m,灌木样方为 5m×5m,乔木样方为 20m×20m。

3 矿山固体废物中有价金属的回收

我国共生、伴生矿产多，矿物嵌布粒度细，以采选回收率计，铁矿、有色金属矿、非金属矿分别为60%～67%、30%～40%、25%～40%，尾矿中往往含有铜、铅、锌、铁、硫、钨、锡等，以及钪、镓、钼等稀有元素及金、银等贵金属。尽管这些金属的含量甚微、提取难度大、成本高，但由于废物产量大，从总体上来看这些有价金属的数量相当可观。尾矿一般是选矿厂将矿石磨细，选取有用组分后排放的尾矿浆经过自然脱水后形成的固体废物，具有数量大、成本低、可利用性好等特点。尾矿含有价金属品位较低，在常规选冶工艺中无法回收或不具有回收价值，一些新型提取方法对规模处理极低品位的矿石或尾砂具有十分可观的经济效益。此外，在尾矿中，由于技术、经济原因，不能回收利用或没有认识到的稀有贵重金属，如镓、铟、铌、钽等，均造成大量的浪费。

一般情况下，最有价值的各种金属必须首先提取出来，这是矿山固体废物资源化的重要途径。目前我国有色金属矿山和冶炼企业综合回收的伴生黄金占全国黄金产量的10%以上，伴生白银占白银产量的90%，伴生硫占硫产量的47%，铂族金属全部是冶炼厂回收的。例如，金川有色金属公司是我国共生、伴生矿产资源综合利用的三大基地之一，十多年来依靠科技进步和资源综合利用，使镍的产量增长了4.1倍，伴生铜和钴的冶炼回收率达88%，铂、钯、金的冶炼回收率达70%，资源综合利用取得的经济效益达25亿元。

3.1 铁矿山固体废物中有价金属的回收

3.1.1 铁尾矿的种类

铁尾矿成分复杂，种类繁多，作为一种复合矿物原料，除了含少量金属组分外，其主要矿物组分为脉石矿物，包括石英、辉石、长石、石榴石、角闪石等，化学成分以铁、硅、镁、钙、铝的氧化物为主，表3－1列举了几种铁尾矿的化学成分。

表 3-1　几种铁尾矿化学成分

尾矿类型	SiO_2 (%)	CaO (%)	Al_2O_3 (%)	MgO (%)	Na_2O (%)	Fe_2O_3 (%)	TiO_2 (%)	SO_2 (%)	P_2O_5 (%)	MnO (%)	Loss (%)
鞍山型	73.27	3.04	4.07	4.22	0.41	11.60	0.15	0.25	0.19	0.315	2.18
火山岩型	34.86	8.51	7.42	3.68	2.15	29.51	0.64	12.46	4.58	0.13	5.52
矽卡岩型	35.66	23.95	5.06	6.79	0.65	16.55	—	7.175	—	—	6.54

我国铁尾矿资源按伴生元素的含量可分为单金属类铁尾矿和多金属类铁尾矿两大类。分别如表 3-2 和表 3-3 所示。

表 3-2　单金属类铁尾矿种类、特点及代表矿山

单金属类铁尾矿种类	特点	代表矿山
高硅鞍山型铁尾矿	含硅高，有的含 SiO_2 高达 83%。一般不含有价伴生元素，平均粒度 0.04～0.2mm	本钢南芬、歪头山；鞍钢东鞍山、齐大山、弓长岭、大孤山；首钢大石河、密云、水厂；太钢峨口；唐钢石人沟等
高铝马钢型铁尾矿	Al_2O_3 含量较高，多数不含有伴生元素和组分，个别尾矿含有伴生硫、磷，小于 0.074mm 粒级含量占 30%～60%	江苏吉山铁矿，马钢姑山铁矿、南山铁矿及黄梅山铁矿等
高钙、镁邯郸型铁尾矿	主要伴生元素为 S、Co，极微量的 Cu、Ni、Zn、Pb、As、Au 和 Ag 等，小于 0.074mm 粒级含量占 50%～70%	河北邯郸地区的铁矿
低钙、镁、铝、硅钢型铁尾矿	该类尾矿中主要非金属矿物是重晶石、碧玉，伴生元素有 Co、Ni、Ge、Ga 和 Cu 等，小于 0.074mm 粒级含量占 73.2%	

相对单金属类铁尾矿，我国的多金属类铁尾矿主要分布在四川攀西地区、内蒙古包头地区和长江中下游的武钢地区。该类铁尾矿总的特点是矿物成分复杂，伴生元素多。除含丰富的有色金属外，还含一定量的稀有金属、贵金属及稀散金属。从价值上来看，回收这类铁尾矿中的伴生元素，已远远超过主体金属铁的回收价值。

表 3-3 多金属类铁尾矿种类、特点

多金属类铁尾矿种类	特点
大冶型铁尾矿	铁含量高，还含有 Cu、Co、S、Ni、Au、Ag、Se 等元素
攀钢型铁尾矿	除含数量可观的 V、Ti 外，还含有 Co、Ni、Ga、S 等
白云鄂博型铁尾矿	铁矿物含量 22.9%、稀土矿物含量 8.6%、萤石含量 15.0%

3.1.2 铁尾矿中铁矿石的再选

我国铁矿选矿厂尾矿具有数量大、粒度细、类型多、性质复杂的特点。铁矿选厂主要采用高梯度磁选机，从弱磁选、重选和浮选尾矿中回收细粒赤铁矿。全国重点铁矿选矿厂入选原矿量约为 1.1 亿 t，排出的尾矿量达 5 802.6 万 t，占入选矿石量的 52.75%。目前我国堆存的铁尾矿量高达十几亿吨，占全部尾矿堆存总量的近 1/3。因此，铁尾矿再选已引起钢铁企业的重视，并已采用磁选、浮选、酸浸、絮凝等工艺从铁尾矿中再回收铁，有的还补充回收金、铜等有色金属，经济效益更高。

目前我国尾矿的综合利用率仅为 7%。从我国尾矿资源的实际出发，大力开展尾矿资源综合利用，实现资源开发与节约并举，提高资源利用效率，有着十分重要的经济价值和社会意义。

3.1.2.1 歪头山铁尾矿再选

该尾矿属于高硅鞍山型铁尾矿，尾矿中主要金属矿物为磁铁矿，脉石主要包括石英、阳起石、角闪石以及绿帘石。表 3-4 为该尾矿多元素化学分析结果。

选厂利用 HS-F 1600mm×8 盘式磁选机粗选尾矿，再选后的粗精矿经弱磁选—球磨—磁力脱水槽—双筒弱磁选工艺，得到产品为优质的铁精矿，其铁品位由再选前的 7%～8%提高到 65.76%，回收效率可达 21.23%，工艺流程如图 3-1 所示。

表 3-4 歪头山铁尾矿多元素化学分析结果

成分	TFe	SFe	FeO	SiO_2	Al_2O_3	CaO	MgO	S	P	K_2O	Na_2O	烧碱
质量分数(%)	7.91	5.96	4.63	72.42	3.32	3.93	4.67	0.09	0.09	0.73	0.66	2.36

3.1.2.2 本钢南芬铁尾矿再选

该尾矿同样属于高硅鞍山型铁尾矿，尾矿中主要金属矿物依次为磁铁矿、黄铁矿、赤铁矿，脉石主要包括石英、透闪石、角闪石、绿帘石、云母，方解石。表 3-5 为该尾矿物相分析结果。

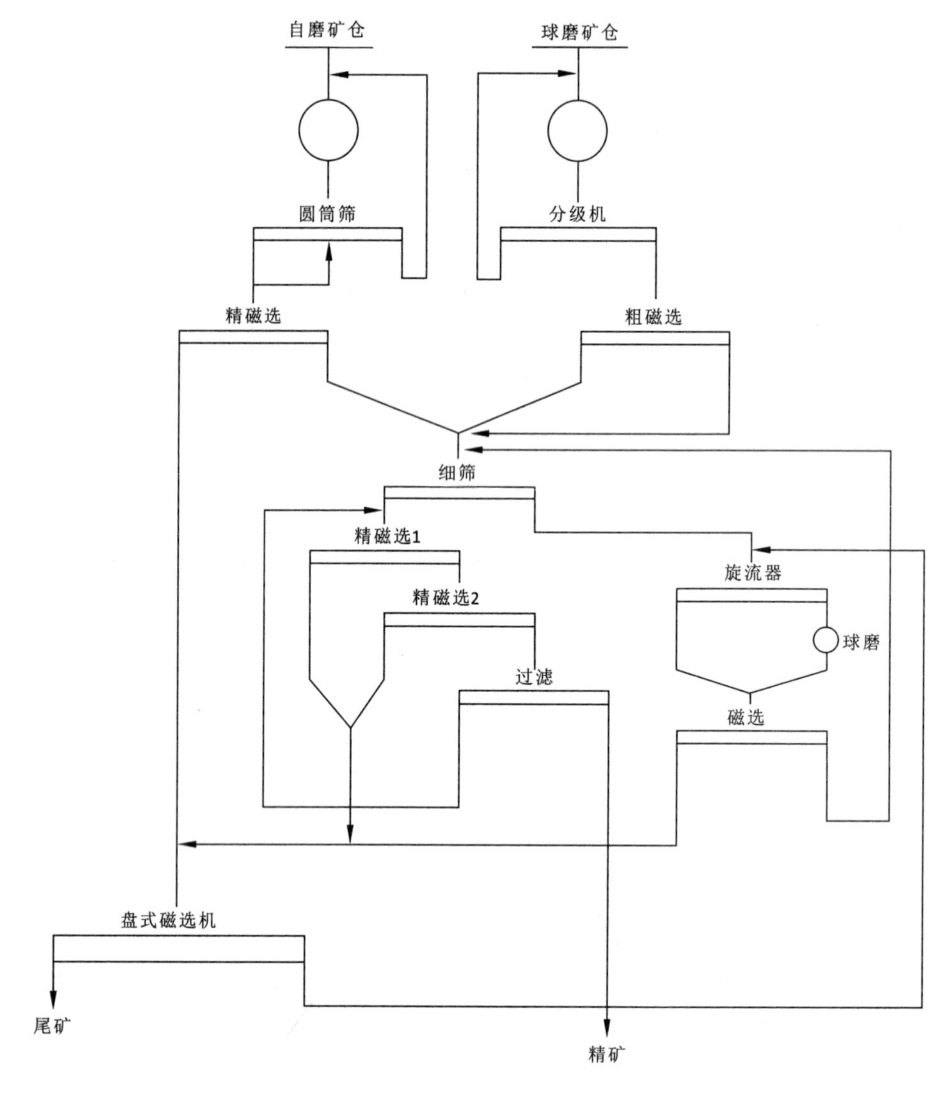

图 3-1 歪头山铁尾矿再选工艺流程图

表 3-5 本钢南芬铁尾矿物相分析结果

相态	黄铁矿	磁铁矿	赤铁矿	全铁
质量分数(%)	0.61	7.41	0.58	8.60
分布率(%)	7.10	86.16	6.74	100.00

该选矿厂再选工艺利用HS回收磁选机以及再磨再选加细筛自循环弱磁选流程回收铁矿物，得到产品为低硫低磷的铁精矿，其铁品位由再选前的7%～9%提高到64.53%，回收效率可达7.56%，工艺流程如图3-2所示。

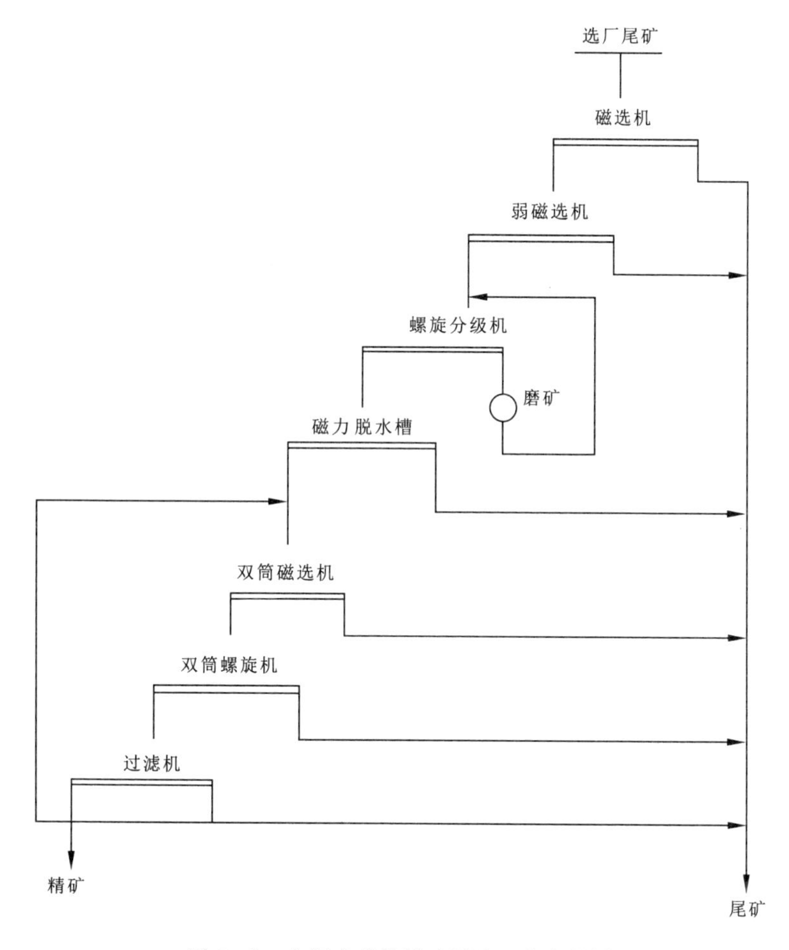

图3-2 本钢南芬铁尾矿再选工艺流程图

3.1.2.3 威海铁尾矿再选

该尾矿中主要金属矿物依次为磁铁矿、黄铁矿、磁黄铁矿、赤铁矿、褐铁矿、闪锌矿、黄铜矿、辉铜矿，脉石主要包括透辉石、透闪石、蛇纹石等。表3-6为该尾矿物相分析结果。

表3-6 威海铁尾矿物相分析结果

项目	非磁性矿物	弱磁性矿物	精矿场流失	工艺设备不正常	合计
质量分数(%)	2.64	1.82	1.40	0.06	5.92
比例(%)	44.59	30.74	23.56	1.02	99.91

该选矿厂再选工艺通过在最终尾矿输送前增加一台尾矿再选回收设备来回收尾矿中的铁,同时精矿场回水同样经返矿泵打回至再选装置,整个改造后的金属回收率可以提高5.63%,工艺流程如图3-3所示。

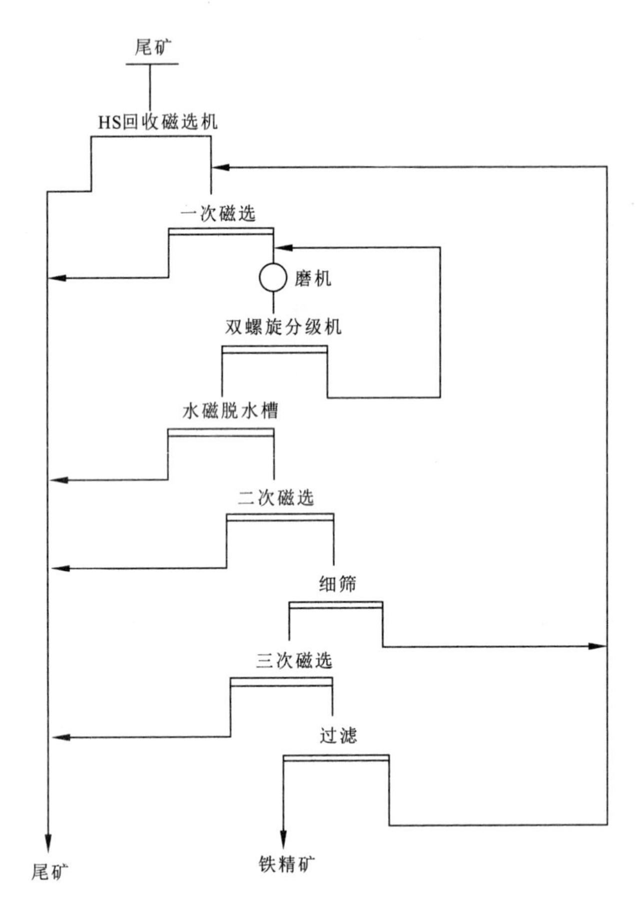

图3-3 威海铁尾矿再选工艺流程图

3.1.2.4 昆钢上厂铁尾矿再选

该尾矿中主要金属矿物为赤铁矿和褐铁矿,其次包括少量的磁铁矿、碳酸铁、硫化铁以及硅酸铁,矿泥含量也很大。表3-7为该尾矿物相分析结果。

表3-7 昆钢上厂铁尾矿物相分析结果

相态	碳酸铁	磁铁矿	硫化铁	赤褐铁矿	硅酸铁	合计
质量分数(%)	0.58	0.87	0.87	15.98	4.48	22.78
分布率(%)	2.23	3.34	3.34	73.86	17.23	100.00

该选矿厂采用 Slon－1500 立环脉动高梯度磁选机一次粗选、一次精选的全磁选流程对尾矿进行再选，整个改造后的铁精矿品位由含 Fe 22％的给矿提高到品位超过 55％，回收率则可达 34％。其工艺流程如图 3－4 所示。

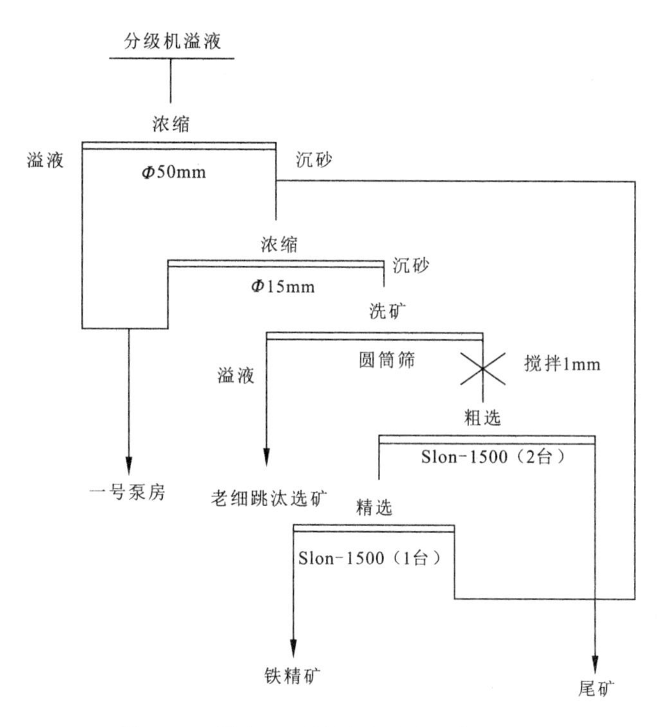

图 3－4　昆钢上厂铁尾矿再选工艺流程图

3.1.2.5　刘岭铁尾矿再选

该尾矿属于鞍山式贫磁铁矿，主要金属矿物为磁铁矿，其次包括石英、铁闪石、褐铁矿、角闪石、云母等，物相分析结果如表 3－8 所示。

表 3－8　刘岭铁尾矿物相分析结果

名称	磁铁矿	褐铁矿	石英	角闪石	铁闪石	石榴石	碳酸盐	磷酸盐	其他
质量分数(％)	2.70	16.0	15.6	29.4	8.1	4.0	2～4	3.0	少量

该选矿厂对尾矿过 0.5mm 筛，筛上物脱水另存，筛下物利用 Φ1000mm 螺旋选矿机进行再选。尾矿中含铁量大于 22％，含铁物料平均回收率为 11.21％，整个过程全铁的综合回收率可达 84.62％，有将近 30％的尾矿得到合理利用。

3.1.2.6 太钢峨口铁尾矿再选

该尾矿属于鞍山式贫磁铁矿，主要金属矿物为磁铁矿，另外还含有占全铁20%左右的碳酸铁矿。物相分析结果如表3-9所示。

表3-9 太钢峨口铁尾矿物相分析结果

名称	碳酸铁	赤(褐)铁	磁铁矿	硅酸铁	硫化铁	全铁
质量分数(%)	5.93	4.96	0.78	2.94	0.19	14.80
占有率(%)	40.07	33.51	5.27	19.87	1.28	100.00

利用细筛—强磁—浮选工艺回收尾矿中大量的碳酸铁等弱磁性物质，铁回收率达60%。图3-5为该厂回收尾矿的工艺流程。该工艺解决了含铁碳酸盐矿物的分离这一回收技术关键问题，铁品位可以达到35%以上，而总铁的回收率提高了15%，每年利用尾矿再选技术可以增加含铁35.3%的超高碱度的铁精矿53万t。

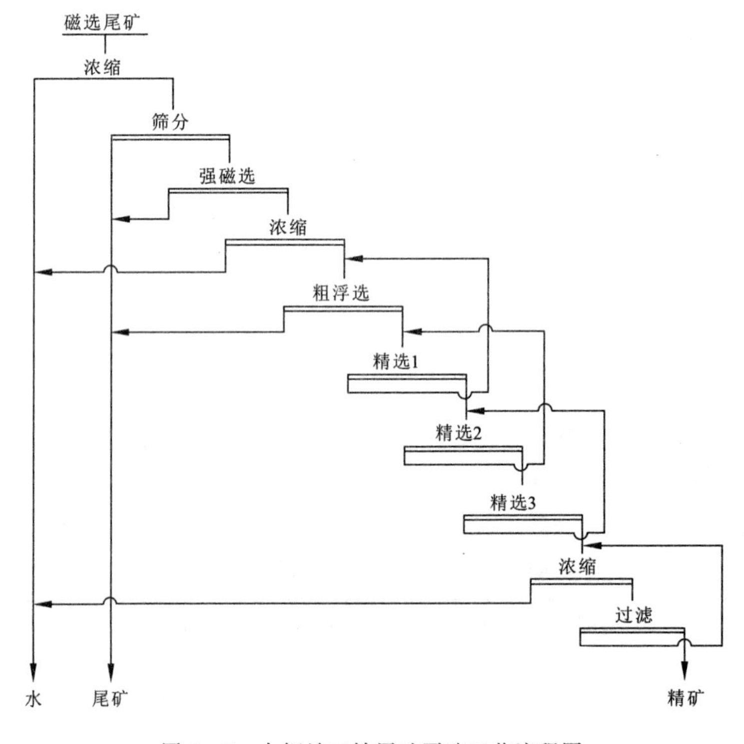

图3-5 太钢峨口铁尾矿再选工艺流程图

3.1.3 铁尾矿中其他有价金属矿物的回收

除从尾矿中回收铁精矿外，还可回收其他有用成分。我国攀枝花铁矿年产铁矿1350万t，又从其尾矿中回收了钒、钴、钪等多种有色金属和稀有金属。

内蒙古包头铁矿富含铁、稀土、铌、萤石等多种有价成分，特别是稀土矿。为了加强尾矿中的稀土矿物回收，包钢稀土三厂近年来采用混合浮选和分离浮选生产工艺回收稀土精矿，稀土精矿产率平均提高 2%～3%，回收率提高 15%～20%。

攀钢采用粗选—隔渣筛分、水力分级、重选、浮选、弱磁选、脱水过滤和精选—干燥分级、粗粒电选、细粒电选等技术，回收磁选尾矿中的钛铁和硫钴，年产钛精矿 5 万 t，硫钴精矿 6400t。

山东莱芜矽卡岩型铁矿利用终选—浮选联合流程对磁选尾矿进行再选，获得金、铜精矿，年处理铁尾矿 22 万 t。

广西北部湾地区的小型选矿厂，针对海滨钛铁矿利用重选—浮选—磁选联合工艺对钛尾矿进行再选，得到合格的锆英石精矿，且回收率高。

河南济钢铁山河铁矿利用重磁重联合再选工艺，回收磁选尾矿中的含钴黄铁矿，按年处理 4.5 万 t 尾矿计算，年产含钴大于 0.5%的硫钴精矿 2500t，含钴金属 12.5t。

3.2 有色金属矿山固体废物中有价金属的回收

3.2.1 铜矿山固体废物的再选

铜矿石品位日益降低，每生产 1t 矿产铜就有 400t 废石和尾矿的产生。从选铜尾矿中回收铜及其他物质，由于铜品位极低，回收困难较大。根据尾矿成分，从铜尾矿中，一般可以选出金、银、铜、铁、硫、萤石、硅灰石、重晶石等多种有用的成分。如江铜银山铅锌矿从铜硫尾矿中回收绢云母；安庆铜矿从铜尾矿中综合回收铜和铁。铜尾矿综合利用研发实例如表3-10所示。

表 3-10 铜尾矿综合利用研发实例

工艺	主要内容	单位
再选回收铁	采用一粗一细磁选流程，最终产物为 63.00%的精铁矿	安庆铜矿
再选回收硫精矿	原矿以次生硫化铜为主，采用重选回收浮选尾矿中的硫铁矿	武山铜矿
再选回收金、银、铜、铁	采用重选—浮选—磁选工艺回收金、银、铜、铁，回收率分别为 79.33%、69.34%、70.56%、56.68%	铜录山铜矿
再选回收绢云母	利用浮选技术，从铅锌尾矿、铜硫尾矿中回收绢云母，两者回收率可分别达 58.12% 和 63.79%，分级浮选后的绢云母品位分别为 96.2%和 62.5%	江铜银山铅锌矿

续表 3-10

工艺	主要内容	单位
再选回收重晶石	采用强磁选回收菱铁矿，浮选回收重晶石，最终产物为优质的含 $BaSO_4$ 95.3%的重晶石，回收率 77.48%	江苏溧水观山铜矿
再选回收多种精矿	对尾矿采用重选—浮选—重选—重选联合工艺，得含铜 20.5%的铜精矿，含硫 43.61%的硫精矿，含铁 55.61%的铁精矿，含 $WO_3$82.7%的钨粗精矿	丰山铜矿

国外采取多种再选铜尾矿技术。印度从浮选铜的尾矿中先采用摇床重选，再利用湿法回收铀。日本赤金铜矿则在铜尾矿中再选回收铋和钨。哈萨克斯坦巴尔哈什选厂经浮选、再磨、精洗过程从贫斑铜矿的尾矿中回收了钼和铜。俄罗斯阿尔马累克用粒度 74μm 的尾矿浮选，回收率达到 80%。美国采用类似炭浸提金的工艺，在尾矿回收过程中，加入浸渍有廉价萃取剂的炭粒，提高浸取效率；犹他州阿尔丘尔和马格纳铜选厂处理堆积的尾矿，日处理矿量 10.8 万 t，可得到含铜 20%及少量钼的精矿。俄罗斯、西班牙甚至利用细菌浸出从铜尾矿中回收铜。

3.2.2 钨矿山固体废物的再选

钨经常与许多金属矿和非金属矿共生，因此，选钨尾矿再选可以回收某些金属矿或非金属矿。我国作为主要的产钨国，已有 8 个钨选厂从钨尾矿中回收钼，如漂塘钨矿、湘东钨矿、荡平钨矿等，其综合利用研发实例如表 3-11 所示。

表 3-11 钨尾矿综合利用研发实例

项目	主要内容	单位
再选回收铜	含 0.18%Cu 的钨尾矿，浮选获取含 14%～15%的铜精矿	湘东钨矿
再选回收钼、铋	钨尾矿磨后浮选获取含 47.83%MoO_3 的钼精矿，回收率 83%；再选铋的回收率为 34.46%	漂塘钨矿
再选回收萤石	含 17.5%CaF_2 的白钨尾矿，浮选获取的萤石精矿含萤石 95.67%，回收率 64.93%	荡平钨矿
再选回收铍	含 BeO 0.05%的黑钨矿重选尾矿，再选得含 BeO 8.23%、回收率 63.34%的绿柱石精矿	九龙脑钨矿
选冶联合回收铋、钨	利用重选—浮选—水冶联合流程处理磁选钨尾矿，Be 回收率 95%，含 WO_3 36%的钨粗精矿回收率 90%	棉土窝钨矿
再选回收银	对硫化矿的钨尾矿浮选回收得含银 808g/t 的含铋银精矿，经过 $FeCl_3$ 酸浸，最终得到海绵铋和富银渣	铁山垅钨矿

3.2.3 锡矿山固体废物的再选

锡是人类历史上最早发现和使用的金属之一。近年来，随着科学技术的发展，锡的用途日益广泛，对锡的需求也在不断增长。我国锡矿资源丰富、分布区城广，特别是云南地区。云南锡业集团公司（以下简称云锡公司）是中国最大的锡出口基地，拥有世界先进的锡选矿、冶炼技术。云锡公司拥有大小尾矿库 28 个。截至 2018 年底共堆存尾矿 3.3 亿 t，锡品位 0.149%。总计锡金属量 49 万 t。云锡公司通过试验研究，相继研制出振摆螺旋选矿机、转盘选矿机、Y1－CA 型粗砂摇床等一批重选设备，并用这些新设备开展了锡尾矿再选新工艺研究。1985 年云锡研究所、昆明冶金研究所、北京矿冶研究院、长沙矿冶研究院 4 家科研院所共同利用个旧选厂 50t/d 中试流程进行尾矿攻关试验，对黄茅山背阴山冲尾矿分别进行了 3 个流程方案的试验，共处理尾矿 1009t，给矿品位 0.184%～0195%，综合产品品位 2.3%～2.65%，回收率 57.52%～60.3%。试验结果如表 3－12 所示。

表 3－12 云南个旧 50t/d 中试指标

试验流程	给矿品位(%)	产品品位(%)	回收率(%)
重选	0.195	0.195	58.14
重选—絮浮(油酸)	0.184	2.650	57.52
重选—浮选(胂酸)	0.184	2.283	60.30

1994 年，云龙锡矿采用的重选—浮选流程，最终确定其生产工艺如图 3－6 所示。

1997—1998 年，云锡研究设计院采取丢细、弃贫、选择性回采、预选抛尾、富集入选、高效低耗回收二次资源的原则，利用重选预选抛尾设备振摆螺旋选矿机，细泥重选设备转盘选矿机、YT—CF 型细泥摇床组成的再选技术，对卡房选厂犀牛塘尾矿库尾矿再选进行多种组合方案、不同流程的对比试验，达到给矿品位 0.35%、锡精矿品位 10%、锡富中矿品位 4%、锡综合回收率 39%的技术指标。

振摆螺旋选矿机是利用水平偏心惯性力产生的轨道运动和上下振动的复合作用而研制成功的一种重选新型设备，用于尾矿和低品位砂锡矿粗粒的预选。YT—CF 型细泥摇床则是一种有效的细泥重选设备，其采用流线型复合床条槽沟，及在床条槽沟表面和精选区制作能保护和引导细粒锡石前进的小浅沟及小浅沟群的设计，提高了捕集重矿物、淘汰轻矿物的能力，使不同比重的矿物在床面上分带更为清晰，从而改善了分选效果。两者结合，为经济合理利用老尾矿资源提供了新的途径。

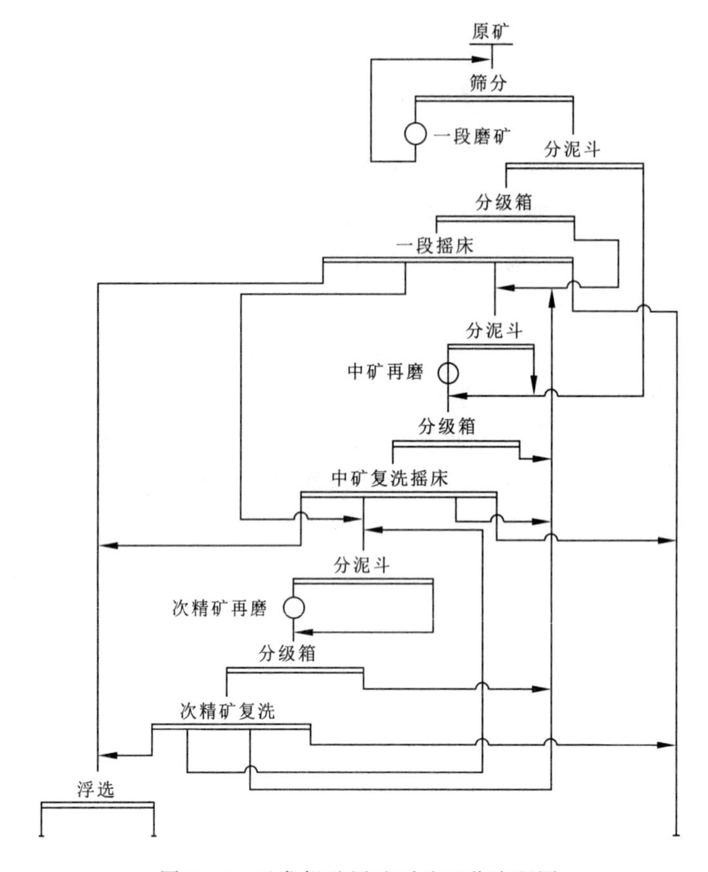

图 3－6 云龙锡矿尾矿再选工艺流程图

3.2.4 钼矿山固体废物的再选

钼尾矿综合利用研发实例如表 3－13 所示，河南栾川钼尾矿中回收钨的工艺流程如图 3－7所示，金堆城钼、铜、铁、硫生产工艺流程如图 3－8 所示。

表 3－13 钼尾矿综合利用研发实例

项目	主要内容	单位
再选回收钨	用磁—重选流程再选，回收钨精矿。其品位 71.25%，回收率高达 98.47%，选钨后的尾矿再回收长石精矿和石英精矿	河南栾川某钼矿
再选回收铁	采用磁选—再磨—细筛选矿工艺成功回收了尾矿中的磁铁矿	金堆城钼业集团
再选回收铜	对钼、铜分离后的尾矿采用“钼精尾清洗、浓密、CuSo 活化及少量黄药、2 号油浮选工艺”，解决了钼精尾矿中低品位 Cu 的综合回收问题	金堆城钼业集团
再选回收钨	通过螺旋选矿机预富集得到精矿再经浮选脱硫，摇床精选，得到两种钨精矿，含 WO_3 分别为 10%～50%和 72%	美国克莱马克斯钼矿

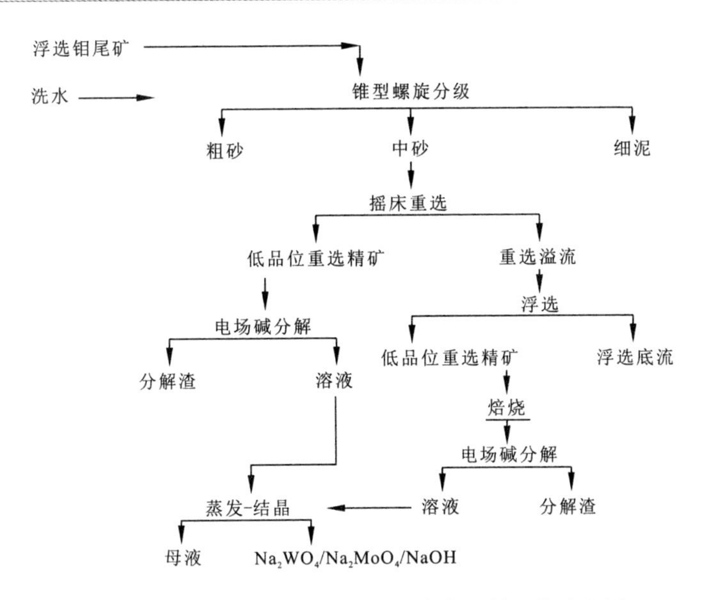

图 3-7　河南栾川钼尾矿中回收白钨矿的工艺流程图

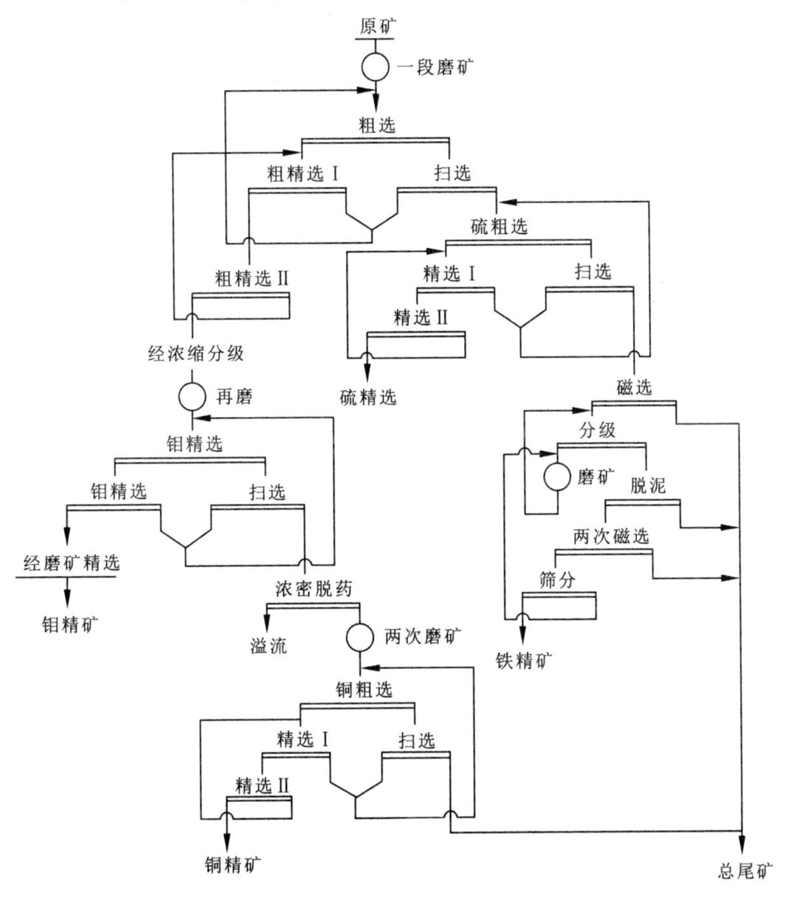

图 3-8　金堆城钼、铜、铁、硫生产工艺流程图

3.2.5 铅锌矿山固体废物的再选

我国铅锌多金属矿产资源丰富，矿石常伴生有铜、银、金、铋、锑、硒、碲、钨、钼、锗、镓、铊、硫、铁及萤石等。我国银产量的70%来自铅锌矿石，因此铅锌多金属矿石的综合回收工作意义特别重大。从铅锌尾矿中综合回收多种有价金属和有用矿物，是提高铅锌多金属矿综合回收水平的重要举措。如湖南邵东铅锌矿从尾矿中成功回收萤石；宝山铅锌矿从尾矿中回收重晶石(图 3-9)；八家子铅锌矿对尾矿中浮选回收银，每年回收银 8.92t。其综合利用研发实例如表 3-14 所示。

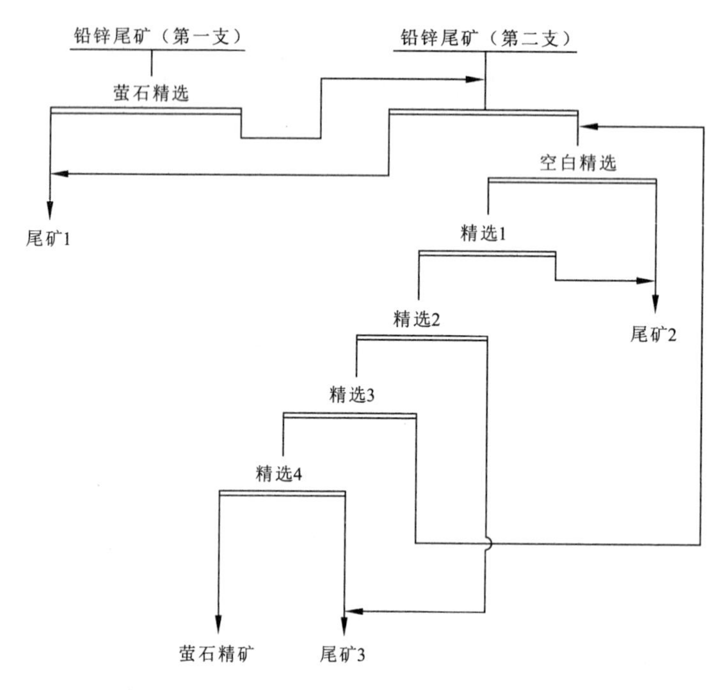

图 3-9 分支浮选工艺流程图

表 3-14 铅锌尾矿综合利用研发实例

项目	主要内容	单位
再选回收萤石	采用分支浮选工艺(图 3-9)，得到的 CaF_2 品位为 98.78%，年回收萤石 4500 多吨	湖南邵东铅锌矿
再选回收银	尾矿银含量高达 69.94%，通过加入调整剂、捕收剂、起泡剂和抑制剂，浮选得到品位 1 193.85g/t、回收率 63.74%的银精矿	八家子铅锌矿
再选回收钨	利用旋流器、螺旋溜槽和摇床富集浮选工艺回收尾矿中的黑钨矿和白钨矿，可以减少白钨矿浮选药剂用量，获得 WO_3 含量 47.29%～50.56%、回收率 18.62%～20.18%的精矿	宝山铅锌银矿

澳大利亚北布罗肯希尔公司从堆存60多年的老尾矿中回收锌，可得品位为44.7%的锌精矿，回收率达87.7%。

江西银山铅锌矿从尾矿中回收绢云母，采用工艺为：原料—旋流分级作业—脱硫——一粗二扫选—浓缩压滤干燥—绢云母产品，年利润1 135.58万元。

3.2.6 钽铌矿山固体废物的再选

宜春钽铌矿选矿尾矿在锂云母浮选技术改造实践中，将重选钽铌后的矿石经分级脱泥进入浮选作业，整个过程处理能力提高50%，回收率提高8.5%，产品质量更加稳定，取得了良好的经济效益。宜春钽铌矿选矿尾矿经浮选回收锂云母，重选回收长石，成为我国最大的锂云母产地。

3.3 金矿山固体废物中有价金属的回收

由于金的特殊作用，从选金尾矿中再选金受到较多重视。实践证明，由于过去的采金以及选冶技术落后，致使相当一部分金、银等有价元素丢失在尾矿中了。据有关资料报道，我国每生产1t黄金，大约要消耗2t的金储量，回收率只有50%左右，即还有大约一半的金储量留在尾矿、尾渣中。黄金价值高，但在地壳中含量很低，所以从金矿尾矿中回收金就显得更为重要。

传统的黄金矿山选矿工艺，包括浮选、重选、混汞、混汞＋浮选以及重选＋浮选等，要求矿石品位比较高，一般在6～7g/t以上，而现在资源缺乏，金矿品位一般在3.8～4.2g/t之间，由于生产技术水平不高，回收率偏低，在黄金尾矿中金品位多在1g/t以上。随着全泥氰化—炭浆提金等工艺推广之后，一部分老尾矿再次成为开发利用的重要资源。我国湘西金矿对老尾矿采用浮选—尾矿氰化选冶联合流程，金总回收率达到74%。河南银洞坡金矿采用上述工艺后，老尾矿中的金浸出率达到86.5%，银浸出率达48%，金、银选冶总回收率分别为80.4%、38.2%。图3-10为尾矿炭浆法提金选冶工艺流程，尾矿通过采砂船调浆后泵送至炭浆厂，再经球磨机和螺旋分级机磨矿，溢流出的物料进入下一级磨矿，分级溢流至浓缩池浓缩后边浸出边吸附。为了提高处理能力，整个过程采用负氧机代替传统的真空泵提供氧气，产出的载金炭被送至解析电解得到最终产品——金。根据实际生产，处理此类尾矿的直接成本不高，当品位大于1g/t则可盈利。

在我国陕西潼关地区，对低品位的金矿进行生物氧化和提浸技术处理，取得的经济效益相当于新建几个中型矿山。

三门峡市安底金矿对混汞—浮选尾矿进行小型堆浸试验，共堆浸1640t尾矿，尾矿含金品位为4～5g/t，堆浸后取得的最终尾渣含金品位0.7g/t，浸出率80.56%。

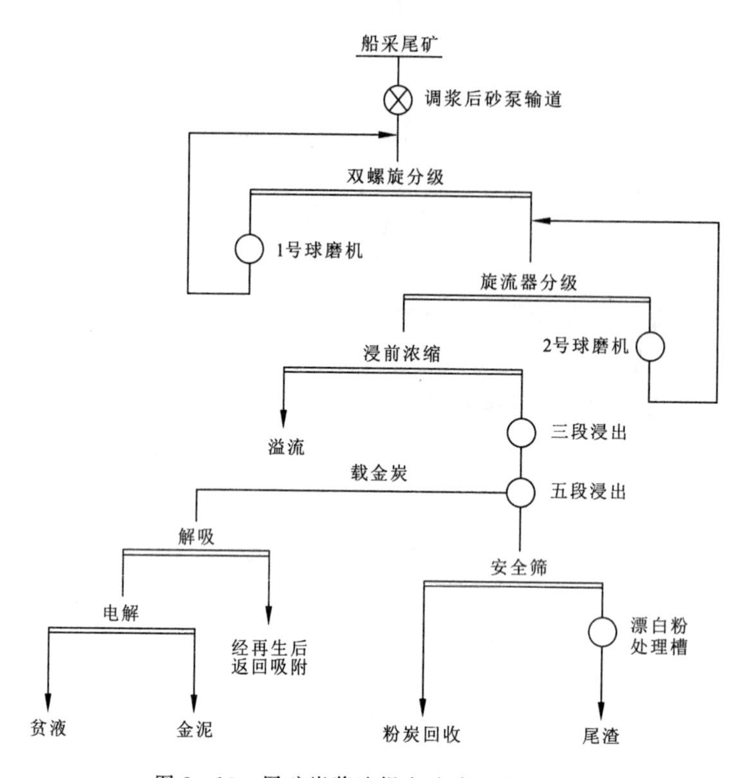

图 3-10 尾矿炭浆法提金选冶工艺流程图

黑龙江老榨山金矿采用浮选法从氰化尾矿中回收铜，回收率达 89.01%。我国南方某金矿采用浮选—尾矿氰化—浸渣浮选的工艺，从老尾矿中回收金、锑、钨，回收率分别达到 81.18%、20.17%、61.00%。

山东省七宝山金矿为金铜硫共生矿，工艺流程采用一段磨矿、优先浮选，一次获得金铜精矿产品；1995 年以来，采用浮选工艺从金尾矿中选硫，该工艺不用硫酸，使选硫精矿成本降低，获得的硫精矿品位达 37.6%，回收率 82.46%。

国外在金尾矿再选方面已经走在了前面。南非作为全世界最大的利用尾矿回收黄金的国家，早在 1985 年就建立了月处理尾矿 200 万 t 生产能力的尾矿再处理工程（Anglo-Americangs 公司的 Ergo 尾矿处理厂）。其他国家，如美国、加拿大、澳大利亚同样在进行有关尾矿回收金的研究。澳大利亚新庆金矿选厂，从 1990 年起建立尾矿处理厂，对尾矿首先经脱泥旋流器回收含金硫化矿粗颗粒，然后用圆锥选矿机和螺旋选矿机分选，所得精矿磨碎后再浸出，大大提高了金的总回收率。

4 矿山固体废物在建材工业中的应用

建筑工业在国民经济中占有重要地位。纵观各工业，能耗大、浪费严重、节约潜力最大的工业当属建筑工业。近年来，大规模利用固体废物生产的新型建材，一方面解决了固体废物出路问题，另一方面随着新型建材的广泛应用，在节能、节地、利废和环境保护等方面都取得了成功，受到人们的普遍欢迎。

金属矿山尾矿的物质组成虽然千差万别，但其中基本的组分及开发利用途径是有规律可循的。矿物成分、化学成分及其工艺性能这三大要素构成了尾矿利用可行性基础。磨细的尾矿构成了一种复合矿物原料，加上其中微量元素的作用，具有许多工艺特点。目前，我国建筑业仍处于不断发展之中，对建材的需求量有增无减，这无疑为利用尾矿生产建材提供了一个良好的契机。

4.1 矿山固体废物在制砖生产中的应用

国家在墙改政策中提出“禁止毁田制砖，保护土地资源，保护生态环境”口号的同时，特别明确地指出从 2003 年 6 月 30 日起，在 170 个城市禁止生产和使用黏土实心砖，这样使得传统的墙体材料面临一场深刻的革命。

4.1.1 研究现状

长期以来，我国墙体材料一直以黏土烧结为主，而取土烧砖占用了大量的农田，这已经引起社会各界的高度重视。随着工业化程度的提高，各种工业废渣日益增多，以粉煤灰、煤矸石、铁尾矿等生产墙体材料的研究在我国陆续开展起来，目前研究较多的是蒸养砖、烧结砖和免蒸砖 3 个类型。

4.1.1.1 利用尾矿研制生产蒸养砖

鞍钢矿山公司大孤山选矿厂，自 1979 年就开始以尾矿为主要原料进行尾矿砖的试验研究，于1980年生产出第一批尾矿砖，该砖原料以含铁的尾矿为主，加入适量CaO活性材料，经一定工艺制得。

尾矿砖反应机理如下：尾矿粉、生石灰、水混合搅拌后，生石灰遇水消解成$Ca(OH)_2$，砖在蒸压处理时，$Ca(OH)_2$在高压饱和蒸汽条件下与SiO_2进行硬化反应，生成含水硅酸即硬硅酸钙石及透闪石，使尾矿砖产生强度。

这类砖与普通黏土砖相比较，表面平整光洁，因而增大了砌体中的有效承压面，减少了局部应力集中，对提高砌体强度有利；但也因其表面光洁，影响了其与砂浆的黏结力，因而降低了砌体的抗拉、抗剪强度，使砌体抵抗横向变形能力减小。实验结果表明，尾矿砖砌体的轴心抗压极限强度都高于同条件下普通黏土砖砌体的强度，而且粉煤灰砖砌体的压缩变形小于黏土砖砌体。因此这项技术也受到了许多铁矿山的青睐。

4.1.1.2 利用尾矿研制生产烧结砖

烧结砖瓦产品是现代建筑不可缺少的一种建筑材料，但是现在的烧结砖瓦产品的生产存在着影响可持续发展的社会问题，怎样有效、合理使用工业废渣替代黏土原料生产绕结砖瓦产品，成为当务之急。抚顺石油化工公司热电厂为保护环境，减少粉煤灰外排与贮存费用，2000年初决定建设每年6000万块的、粉煤灰烧结砖生产线，总投资2530万元，于2001年3月建成投产。工艺流程大致为：原料混匀、沉化、对辊破碎、成型、烧结等。生产出来的烧结砖块具有耐久性好、装饰功能强、永不褪色等特点。

齐大山铁矿以千枚岩和绿泥石作为主要原料，用煤矸石或矿山烧结厂烧结炉渣、水淬渣、选矿尾矿作为添加物，以适当的比例混合制成砖坯，通过对烧成砖的质量、添加物种类和添加物比例进行研究，选取适当配料，掺配一定的内燃料，采用合适的生产工艺、设备，经原料制备和陈化处理，可以满足半硬塑挤出成型、一次码烧和超内燃焙烧的现代化制砖工艺要求，烧成温度控制在970～1140℃，生产出的优质烧结多孔砖的物理性能完全达到砖块要求。

4.1.1.3 利用尾矿研制生产免烧砖

尾矿免烧砖具有生产工艺简单、投资少、见收快的特点。一般工艺过程是：以细尾矿为主要原料，配入少量的骨料、钙质胶凝材料及外加剂，加入适量的水，均匀搅拌后在压力机上模压成型，脱模后标准养护，即成尾矿免烧砖成品。某铁矿厂投资30万元采用选矿后的尾矿为主要原料，并配以钢渣粉及少量的水泥，生产出尾矿免烧砖。该砖外观色彩比较鲜艳，装饰效果好，其各项生产技术指标也均能达到普通黏土红砖的技术指标要求。

通过对镁质卡岩型铁矿尾矿成分、组成、性质等进行分析，并对尾矿免烧砖工艺中几个影响因素进行研究，有人探讨出配比量为：尾矿25%、水泥10%、水12%、外加剂3%(占水泥用量)时生产出来的免烧砖最好，性能指标满足国家标准，为类似矿山尾矿利用提供了理论依据和实践经验。

这类砖在经过配料和均化之后，通过挤压成型、养护的工序即可出厂，能够广泛用于广场、道路建设。此技术克服了传统的建窑焙烧破坏耕地、耗时费力、污染环境的缺点,值得推广应用。

4.1.2 尾矿在彩色地面砖等方面的应用

随我国经济的发展,居民收入的日益提高与居住环境的不断改善,城市公园化、农村城镇化建筑模式的推广,对市政建设中的路面装饰提出了更高的要求,急需各种新型的广场砖、路面砖以代替目前城市中普遍采用的灰色水泥砖。根据测算,一个城市空闲地面的25%~35%可以铺设彩色地面砖。利用尾矿作为骨料制备的彩色地面砖,是一种绿色建筑材料,生产过程符合高效节能和清洁生产的环保要求,同时又可大量消耗尾矿,可减轻尾矿造成的严重污染。

安徽黄梅山铁矿以其铁尾矿作为主要原料,采用反打振动工艺和压制工艺制备彩色地面砖,并对这两种技术方案进行了分析,结果表明,反打振动工艺和压制工艺制备的彩色地面砖,抗压强度均高于国家标准20MPa,符合道路建设要求。更重要的是充分利用矿山废弃物,化废为宝,减少对环境的污染,延长矿山尾矿库的服务年限,具有显著的经济效益和社会效益。若采用反打振动工艺,年产5万m^2,利润32.6万元,投资回收期为0.93年,年利用0.22万t尾矿、碎石,适用于投资小、见效快、利用尾矿量不大、规模不大的企业。若采用压制工艺,年产20万m^2,利润59.2万元,投资回收期1.97年,年利用1.5万t尾矿、碎石,适用于尾矿利用量大、资金充足、规模较大的企业。采用尾矿制备地面砖,由于大量利用廉价的尾矿资源,大大降低了生产成本,且可享受国家免税待遇,与市场同类产品相比,在价格上有优势,市场竞争力强。

本钢技术中心经过大量的科学试验,用尾矿加上少量无机结合剂——CM复合胶结剂研制成尾矿质彩色人行道板砖。其特点是强度高,原料成本低,固化时间短(一昼夜就可以搬运)。经过性能测试,其各项指标均优于国家标准所规定的同类制品及目前市场现有制品的各项性能指标,受到专家的一致好评。该技术中心研制的彩色人行道板砖在本溪市溪湖区等绿化施工建设中铺设,经5年多的长时间使用观察,仍然完好。用户认为,此砖与水泥制品道板砖比较,具有各项指标高、不吸水、雨天不打滑、耐用等优点,在城市美化建筑施工中,具有完全代替常规水泥质制品的应用前景。同时,该项技术还可以应用于制造吸音板、外墙建筑用花砖、建筑砌块,也可以直接应用于路面、停车场以及涂料业,有着广阔的应用前景。

本钢歪头山铁矿对尾矿砂综合利用进行了大量研究,成功研制彩色尾矿地面砖、草坪砖、花墙砖、路沿石等,建成了年产10万m^2能力的生产线。其产品具有颜色鲜艳、外表光亮、棱角分明、花样繁多的特点。其技术是利用新型固化剂所形成的细腻、高强度刚玉胶质层使砖体表面有较好的玉质感,光滑耐磨,经检测完全可以达到或超过国家地面砖的质量标准,尾矿可以全部或大部分代替河沙,是一种新型环保产品,深受市场欢迎,因其成本低、售价低，目前产品供不应求。彩色尾矿地面砖利用尾矿砂的质量为40%～50%，面层和结构层抗压强度分别达到35～45MPa和20～25MPa，利税是总产值的20%以上。

歪头山铁矿推出了利用尾矿砂制作承重砌块代替黏土砖的新型环保产品，该产品经国家权威部门检测，完全达到GB 8239—1997标准，强度等级为NU10，其中的有害元素经省卫生防疫部门检验合格，无公害。歪头山矿与美国公司联手合作建设年产10万m^3承重砌块工厂，于2001年10月建成投产，年产值可达1300万元，成功地实现了矿山转产战略。

因此，利用尾矿资源制砖，对节约资源、改善环境、实现可持续发展具有十分重要的意义，符合国家二次资源综合利用的优惠政策。该类产品需求量很大，在价格上有较强的竞争力，极具开拓前景。

4.2 矿山尾矿在水泥生产中的应用

传统水泥工业是国民经济重要的基础产业，也是天然资源和能源消耗最高、生态环境破坏最大、对大气污染最为严重的行业之一。据估算，生产1t水泥要消耗2t石灰岩，排放1t CO_2，同时还要排放NO_2、SO_2和粉尘等有害物质，导致温室效应和酸雨现象，严重破坏生态环境。我国水泥产量连续多年居世界之首，但水泥工业仍沿用大量消耗资源、能源和粗放型生产的传统发展战略，结果造成资源的极大浪费和环境的严重破坏。可以说，我国水泥工业是以资源、能源的过度消耗和环境的严重污染为代价的，因此必须坚持走可持续的并与环境协调发展的集约化道路，开发生态水泥才是水泥工业健康发展的正确途径。

众所周知，水泥是经过二磨一烧工艺制成的，水泥质量即强度的高低取决于熟料烧成情况及熟料中的矿物组成。熟料一般由硅酸三钙、硅酸二钙、铝酸三钙和铁铝酸四钙4种矿物组成，其中对水泥早期强度起作用的是硅酸三钙、铝酸三钙；对后期强度起作用的是硅酸二钙、铁铝酸四钙、硅酸三钙，硅酸三钙是水泥熟料中的主要矿物(约占50%)。尾矿用于生产水泥，就是利用尾矿中的某些微量元素影响熟料的形成和矿物的组成。尾矿用于生产水泥的方法主要有两种：①利用尾矿砂中含铁量高的特点，以尾矿砂替代常用水泥配方使用的铁粉；②用尾矿替代水泥原料的主要成分。

4.2.1 尾矿对水泥产品的影响

4.2.1.1 熟料产量和性能提高的主要原因

金属尾矿中赋存多种微量元素，这些微量元素的存在起到助熔剂的作用。尾矿的加入可改变熔体性质，降低液相出现的温度、液相的黏度和表面张力，加速熟料形成过程中的固相反应和熔体中的质点迁移速度，促进铝酸三钙($Ca_3Al_2O_6$)、铁铝酸四钙($Ca_4Al_2Fe_2O_{10}$)、硅酸二钙(Ca_2SiO_4)的形成及硅酸二钙吸收游离氧化钙(f－CaO)生成硅酸三钙(Ca_3SiO_5)的反应,使熟料早强、高强矿物硅酸三钙(Ca_3SiO_5)易于大量快速形成,使得熟料矿物组成得到调整。另外,尾矿中Mn、Ti等微量元素可在熟料煅烧反应中置换Si^{4+},使得有更多的Si^{4+}来饱和游离氧化钙(f－CaO),降低熟料中游离氧化钙(f－CaO)的含量。

由于地质强制作用,尾矿的矿物组成是不稳定的结构组合,尾矿中的富氧矿物在烧成反应中的放氧反应和冲氧过程对硅酸盐矿物中较易解聚的Si_2O结构起到解聚割裂作用,而解离出的$[SiO_4]^{4-}$活性体与石灰石分解出的活性CaO能快速形成硅酸盐矿物,使整个烧成反应由传统水泥黏土配料时的三步制变成一步制的叠加反应,促进水泥熟料矿物的快速大量烧成,达到高质高产的效果。熟料矿物中早强、高强矿物含量的增加、矿物组成结构的优化及游离氧化(f－CaO)钙含量的降低,使得熟料性能得到进一步提高。

4.2.1.2 熟料能耗降低的主要原因

水泥熟料烧成中能耗主要是用于矿物的脱水、分解和矿物群的熔融。矿物的低分解点(化学能量)有利于熟料烧成中固相反应的提前和后强矿物硅酸二钙(Ca_2SiO_4)及早强矿物铝酸三钙($Ca_3Al_2O_6$)、铁铝酸四钙($Ca_4Al_2Fe_2O_{10}$)的生成。矿物的低熔点(物理能量)便于熟料烧成中高强矿物硅酸三钙(Ca_3SiO_5)的反应生成。尾矿与黏土矿物组成特性相比,尾矿分解点、熔点和脱水能耗均低于黏土,因此金属尾矿代替黏土配料用于水泥熟料煅烧,使熟料的烧成能耗降低。

尾矿代替黏土配料时,尾矿中金属硫化物和变价金属氧化物等能量矿物的氧化放热,也降低了熟料烧成能耗。同时由于这些热量在短时间内的释放,能快速激发出水泥反应所需的高温场,使煅烧过程具备了快烧的条件。在快烧条件下,水泥熟料中液相出现的温度和液相大量形成的温度降低,期间分解产生的CaO和其他氧化物由于来不及发生再结晶而具有高度反应活性,使熟料矿物在熔融体一开始形成就快速生成,缩短了生料的煅烧过程,进一步降低了水泥熟料的煅烧能耗。

4.2.2 利用尾矿生产水泥实例

4.2.2.1 铜、铅锌尾矿用于生产水泥

目前国内外利用铅锌尾矿和铜尾矿煅烧水泥的研究比较多,这两种尾矿不仅可以代替部分水泥原料,而且还能起到矿化作用,能够有效提高熟料产量和质量以及降低煤耗。

铅锌尾矿主要成分是SiO_2、Al_2O_3、Fe_2O_3、CaO,此外还有一些Ba、Ti、Mn等微量元素。掺加铜、铅锌尾矿煅烧水泥,主要是利用尾矿中的微量元素来改善熟料煅烧过程中硅酸盐矿物及熔剂矿物的形成条件,加快硅酸三钙的晶体发育成长,稳定硅酸二钙八型晶体的结构转型,从而降低液相产生的温度,形成少量早强矿物,致使熟料质量尤其是早期强度有明显提高。

有实验表明，使用铅锌尾矿、萤石作复合矿化剂烧制水泥热料，其效果比石膏、萤石作复合矿化剂更为显著，能使液相温度降低至1130℃左右，使水泥熟料煅烧温度降低至1250～1300℃。

山东省昌乐县特种水泥厂用5.32%的铜尾矿进行配料后，熟料质量有所提高，能够满足高标号水泥生产要求，吨熟料耗煤比标定指标降低15.7%，代替复合矿化剂，生产成本降低12%。利用铅锌尾矿代替部分原料生产水泥成功应用的例子还有辽宁葫芦岛市林业水泥厂。生产实践表明，采用铅锌尾矿配料，可以显著改善生料的易烧性，降低熟料的热耗，提高机立窑的产品质量。一个年产10万t的机立窑厂，每年可利用铅锌尾矿1万多吨，创造经济效益可达100万元以上。

4.2.2.2 金尾矿用于生产水泥

山东沂南磊金股份有限公司利用金尾矿生产出了优质的道路水泥和抗硫酸盐水泥。实践表明，含铝高、铁低的金矿尾砂，不但能生产普通硅酸盐水泥，尤其适宜生产道路水泥和抗硫酸盐水泥。据测试，吨水泥尾矿利用量为360～400kg。该公司矿山年排放尾矿7万t，建一座年产20万t的水泥厂恰好用掉当年排放的尾矿。一期工程年产10万t水泥生产线于1993年建成投产，不仅减少了建尾矿库的占地面积，而且节约了开支，也消除了尾矿对环境的污染。

4.2.2.3 铁尾矿用于生产水泥熟料

唐山市协兴水泥有限公司经过近一年时间的攻关，使利用尾矿砂代替黏土和铁矿石生产水泥熟料技术获得成功。该厂本着立足当地资源优势发展思路，于2001年4月，组成专门科研攻关小组，对本地铁矿排出的尾矿砂进行取样化验、小磨试验和工业试验，并于当年11月底取得成功，2002年初获得生产许可证。与此同时，该企业投资2亿元，日生产2000t新型水泥生产线也获批正式立项。

该技术投入生产后，可充分利用废弃尾矿砂，减少环境污染，节约大量黏土和矿山资源，还可使水泥吨熟料成本下降2～3元，熟料28天抗压强度提高3～5MPa，每吨综合成本下降10元以上。据测算，迁安市年水泥产量在70万t以上，如果采用尾矿砂、粉煤灰等为原料，年可节约土地50多亩，节约铁矿石3万余吨，获经济效益和社会效益双赢。

4.2.2.4 铝尾矿用于生产水泥

双快型砂水泥是一种快凝快硬、强度增长以小时计算的特种水泥，是专门用来黏结铸造用砂的一种新型无机黏接剂。用双快型砂水泥黏结铸造用砂，称为双快水泥自硬砂，目前主要用于中、大型铸铁件砂芯生产上，已分别在上海、北京、沈阳等十几个省市的几十个铸造厂使用，成功地浇铸出几十万吨合格铸件。用双快型砂水泥黏结铸造用砂，具有造型简单、清砂容易、铸件几何尺寸准确、不产生缩沉、质量好、消耗少、成本低等优点，克服了当前中型和大型铸铁件使用黏土干模砂时劳动强度大、劳动条件差、生产效率低的缺点，也克服了水玻璃自硬砂的若干缺点，是一项很有发展前途的新工艺。

中国长城铝业公司研究所开展了利用铝土矿选尾矿生产双快型砂水泥方面的试验研究，结果表明：①铝土矿选矿过程中产出的尾矿粒度细，几乎全部可通过325目筛，因此用选尾矿生产水泥时，可以不经过磨机细磨而直接用于水泥生料浆的配制，节约了因磨矿带来的能量消耗，相应地提高了磨机的台时产能；②用选尾矿生产双快型砂水泥熟料，工艺上是可行的，可以代替全部矾土用于型砂水泥熟料的生产，1t双快型砂水泥熟料可利用干基选尾矿200多千克。

4.2.2.5　钼铁尾矿用于生产水泥

杭州市闲埠钼铁矿研究用钼铁尾矿代替部分水泥原料烧制水泥的生产技术，在余杭区和睦水泥厂的工业性生产中一次试验成功，收到了明显的经济效益。

综上所述，发展生态水泥是解决我国水泥工业节能和节约资源以实现可持续发展的重要途径，生态水泥也是改善生态环境和生活环境的重要建筑材料。用尾矿生产水泥，不但可以节约土地、节约资源、节能降耗、净化环境，而且还能够提高产品质量降低生产成本，具有良好的经济效益、环境效益和社会效益。

4.3　利用矿山固体废物生产陶瓷材料

陶瓷已有几千年的历史，人们对于陶瓷的传统工艺与方法已有较深入的认识，并积累了丰富的实践经验。但随着时代进步，陶瓷的含义与其内容已发生深刻变化。现代高科技对陶瓷材料的性能要求愈来愈高，沿袭传统的工艺方法已不可能制造出高性能的适应各种特殊用途的陶瓷材料。近年来，世界陶瓷非传统工艺技术发展十分迅速，借助这些新工艺，使得原来陶瓷无法达到和实现的技术和性能成为现实。运用和发展这些新工艺，为开拓陶瓷材料的新领域创造了条件。利用尾矿研制生产陶瓷打破了传统上以黏土为原料，在有效利用废弃尾矿、减轻环境压力的同时，也使得陶瓷的性能得到了很大的改善。但从目前的资料来看，尚没有利用尾矿开展大规模陶瓷工艺生产的生产线，不过这方面的研究还是很多的，主要表现在以下三个方面。

(1)烧制陶瓷材料。用内蒙古宁城珍珠岩尾矿为主要原料，以碳酸钙为平衡原料，在成孔剂和黏合剂的配合下，采用烧结法，在1200℃合成了全晶质多孔结构，主要物相是呈片状、板状硅灰石的多孔硅酸钙质陶瓷材料。和传统陶瓷材料相比较，具有吸附性、透气性、耐腐蚀性、环境相容性、生物相容性好等特点，能广泛应用于各种液体、气体的过滤，在工业用水、生活用水的处理和污水净化等方面也有大量应用。

(2)尾矿陶瓷釉料。早在1992年就有报道利用稀土尾矿作为坯釉的主要原料，研制出的稀土尾矿青瓷，不仅外观美，而且内在质量也很高。稀土尾矿的主体是高岭石、石英和长石等硅酸盐矿物，都是成瓷需要的矿物化学成分，因为尚含有多种微量稀土，利用稀土独特的物理化学性质，可改善釉料性能，提高产品质量，所以它优于传统的制瓷原料，是一种新型制瓷原料。

(3)尾矿卫生洁具。利用铁尾矿研制出的新型材料，具有很好的物理性能和成形性能，特别是泥浆流动度、厚化度偏高时较易调整，完全能生产出性能优良的高档卫生洁具。由于铁矿尾矿有促进烧结的作用，可使烧成温度比原来降低 20～30℃，单位产品燃耗可降低 3%～4%，达到节能降耗的目的。

4.4 利用矿山尾矿生产新型玻璃材料

4.4.1 铁尾矿制饰面玻璃

用铁尾矿熔制高级饰面玻璃材料是尾矿综合利用、企业可持续发展的一个有效途径，同济大学以南京某高铁铝型尾矿为主要原料进行了熔制饰面玻璃的试验研究。经退火的铁尾矿玻璃漆黑光亮，均匀一致无色差，无气泡无疵点。表面可磨抛加工，磨抛后平整如镜，其表面光泽度不小于 115(不抛光的自然光泽度为 110)。与天然大理石、花岗岩相比(光泽度为 78～90)，这种尾矿饰面玻璃更加庄重典雅，其理化性能甚至有的优于同类材料。经初步成本分析，铁尾矿饰面玻璃有较好的经济效益，附加值高，有开发前景。

4.4.2 铜尾矿制饰面玻璃

同济大学以吉林地区高铝铁硫铜尾矿为主要原料，在实验室试验的基础上，进行了铜尾矿制饰面玻璃工业性扩大试验。铜尾矿饰面玻璃漆黑光亮，无杂质、气泡，可进行切割、磨抛等加工。磨抛后其表面光泽度不小于 100。与天然大理石相比，颜色更黑，而且均匀一致，具有高贵典雅、庄重大方的装饰效果；其理化性能均能满足有关饰面材料的技术性能要求，外观装饰效果优于大理石。经初步成本分析，生产铜尾矿饰面玻璃有较好的经济效益，附加值高。

4.4.3 铁尾矿制黑玻璃制品

镇江韦岗铁矿山根据对该铁矿尾矿进行全分析、光谱分析和化学分析，表明该尾矿中含有 41 种元素。按成分比例，含硅、铝、钙及多种金属的氧化物，最适宜组成硅酸盐玻璃体，且该尾矿中铁含量高于 10%，故可制成普通玻璃中较难制出的黑色玻璃。该矿山自 1993 年，通过多次试验，目前已成功利用韦岗铁矿尾砂制作高档黑色玻璃贴面材料及其他玻璃制品。

该项目工艺简单,研制的玻璃贴面砖各项技术指标完全符合国家建材部门的规定标准。

目前矿山企业经济效益尤其是黑色金属矿山企业不容乐观,利用矿山尾矿砂制成有较高价值的建筑材料及家用器皿卫生洁具等,既可以丰富建材装饰市场,又给企业经营拓宽思路,增添后劲,既使废弃资源获得再生,又使闭坑(井)矿山看到出路,同时也能为制造贵重黑色稀土玻璃提供新途径,拓展建材新品种,具有广阔的应用和市场前景。

4.5 利用矿山尾矿生产微晶玻璃

微晶玻璃是近似 $CaO-Al_2O_3-SiO_2$ 系统的玻璃,经热处理后(微晶化处理)含硅灰石微晶或近似 $CaO-Al_2O_3-SiO_2$ 系统的玻璃就成为含镁橄榄石微晶的高级建筑材料。微晶玻璃作为一种新型微晶材料,以其优异的耐高温、耐腐蚀、高强度、高硬度、高绝缘性、低介电损耗、化学稳定性在国防、航空航天、电子、生物医学、建材等领域获得了广泛的应用。

矿业尾矿中含有制备微晶玻璃所需的 CaO、MgO、Al_2O_3、SiO_2 等基本成分,因此,利用尾矿制备各种性能的微晶玻璃,不仅能够实现资源的充分和有效利用,而且可解决尾矿堆存所带来的环境和经济成本等问题,实现经济、环境和社会的多重效益。

4.5.1 国内外研究现状

欧美国家对微晶玻璃的研究起步较早,目前主要是用矿渣及其他玻璃原料混合熔化后浇注成平板状晶化玻璃,再经磨抛成为具有漂亮花纹的微晶玻璃板用于建筑装饰。在亚洲,日本是开发微晶玻璃最早的国家,主要用烧结法生产微晶玻璃装饰板,产品色泽艳丽,美观大方,有棕红、大红、橙、黄、绿、蓝、紫、白、灰、黑各种基色,可任意组合色调,纹理清晰,代表了当前这种产品的世界水平。有的微晶玻璃外观与玛瑙、玉石、鸡血石等名贵石材相近,装饰效果良好。目前日本约 1/3 的墙面装饰用这种微晶玻璃装饰板。国内外著名建筑设计师公认该材料是 21 世纪现代建筑群理想的高级内、外墙及地面装饰材料。微晶玻璃的问世,迎合了现代社会对光丽亮泽、气派豪华装饰的追求,是当今各国机场、银行、地铁、宾馆酒楼、别墅及个人居室等场所的首选装饰板材。

近几年,我国利用尾矿生产玻璃或微晶玻璃已得到研究应用。目前这方面的应用主要有两种:一是利用高钙镁型尾矿生产饰面材料;二是作为生产微晶玻璃的材料。微晶玻璃也是一种高级装饰材料,制作成本较高。试验表明,在微晶玻璃配方中引入尾矿可降低熔化温度,节约燃料,加入尾矿不仅能改善其性能还可大大降低生产成本,经检测产品符合国家有关标准。目前,国内利用铜尾矿、铁尾矿、钨尾矿研制生产微晶玻璃的居多,既减少了环境污染又取得了很好的经济效益,是尾矿在材料中应用的一个不错的项目。

4.5.2 制备技术

微晶玻璃的制备技术根据其所用原料的种类、特性、对性能的要求而不同，主要有熔融法、烧结法、熔胶—凝胶法、二次成型工艺、强韧化技术等，对于尾矿废渣微晶玻璃而言，其制备技术以前两种为主。

4.5.2.1 熔融法

熔融法制备微晶玻璃是传统的方法，将配合料在高温下熔制为玻璃后直接成型为所需形状的产品，经退火后在一定温度下进行核化和晶化，以获得晶粒细小且结构均匀致密的微晶玻璃制品。该法对热处理制度的确定是技术关键。根据各类微晶玻璃的特点，可将热处理制度分为两类：阶梯温度制度和等温温度制度。热处理制度一般分两个过程进行，将退火的玻璃加热至晶核形成温度 $T_{核}$，并保温一定时间，使其形成大量的晶核，然后以一定的升温速率至晶体生长温度 $T_{晶}$，保温一定时间后，可形成晶粒细小且结构均匀、致密的微晶玻璃。

熔融法的优点为：①可采用任何一种玻璃成形方法，如压延、压制、吹制拉制等，便于生产性状复杂的制品和机械化生产；②制品无气孔，致密度高；③玻璃组成范围宽。

熔融法存在的主要问题有：①熔制温度过高，通常在1400～1600℃，能耗大；②热处理制度在现实生产中难以控制；③晶化温度高，时间长，现实生产中难于实现。

4.5.2.2 烧结法

烧结法是将熔制玻璃粒料与晶化分两次完成。首先将配合料经高温熔制为玻璃后，再以水淬冷，使其粉碎为细小颗粒，成型后采用与陶瓷烧结类似的方法，让玻璃粉在半熔融状态下致密化并成核析晶。

烧结法的优点为：①该法制备微晶玻璃不需经过玻璃成形阶段，因此适于极高温熔制的玻璃以及难以形成玻璃的微晶玻璃的制备；②由于晶化与小块玻璃的黏结同时进行，因此不易炸裂，烧结法生产的产品成品率高、晶化时间短、节能、产品厚度可调，可方便地生产出异型板材和各种曲面板，并具有类似天然石材的花纹，更适于工业化生产；③由于颗粒细小，表面积增加，制得的玻璃更易于晶化，可不加或少加晶核。

相对于熔融法而言，烧结法的缺点是产品中存在气孔，导致生产中的成品率降低。

4.5.3 应用实例

4.5.3.1 铁尾矿生产微晶玻璃

北京科技大学以大庙铁矿尾矿和废石为主要原料制成了尾矿微晶玻璃花岗岩，其成品抗压强度、抗折强度、光泽度、耐酸碱性等均达到或超过天然花岗岩。

李彬等(1997)以大孤山铁尾矿和攀钢钛渣为主要原料，外加一种含钠废弃物，研制出了以钙铁辉石为主晶相，颜色为蓝黑，光泽度好的微晶玻璃。铁尾矿和钛渣中含有的 Fe_2O_3 和 TiO_2 是优良的晶核剂，不需再添加晶核剂。由于该类微晶玻璃全部采用废弃物，因此其废料的利用率可达 100%。

张先禹(2000)用含 CaO、MgO 和 FeO 的尾矿，添加适当砂岩等辅助原料并采用合适的熔制工艺制成高级饰面玻璃，铁尾矿用率达 70%～80%，生产的玻璃理化性能好，主要性能优于大理石。

目前，用铁尾矿制备微晶玻璃的成功例子主要限于高硅铁尾矿(SiO_2＞70%)，利用低硅铁尾矿制备微晶玻璃，可以为低硅铁尾矿的综合利用开辟一个新的途径。武汉理工大学陈吉春(2005)对以矿业尾矿为原料制备微晶玻璃制品的成分组成、制备方法和工艺以及尾矿微晶玻璃的性能进行了探讨，特别是低硅铁尾矿微晶玻璃的研制，对尾矿的高附加值利用进行了有益的探索。

4.5.3.2 铜尾矿生产微晶玻璃

同济大学与上海玻璃器皿二厂合作，以安徽琅琊山铜尾矿为主要原料，经过工业性试验，已研制出可代替大理石、花岗岩和陶瓷面砖等具有高强度、耐磨性和耐蚀性的铜尾矿微晶玻璃材料。

刘维平等(2003)用铜尾矿研制的微晶玻璃板材和彩色石英砂具有很好的理化性能，与天然石材理化性能相当。

4.5.3.3 钨尾矿生产微晶玻璃

李庆保(2017)以广东韶关梅子窝矿区钨尾矿为主要原料，按比例增加相应化学原料，采用熔融法制备了 $CaO-Al_2O_3-SiO_2$ 系建筑装饰用微晶玻璃。结果表明利用熔融法制备钨尾矿微晶玻璃的主晶相为 β-硅灰石，密度达 2.82g/cm^3，抗弯强度达 97.52MPa，显微硬度达 527MPa，耐酸性为 0.19%，耐碱性为 0.18%。钨尾矿微晶玻璃的成功制备为尾矿的高附加值资源化利用提供了一条借鉴途径。

4.5.3.4 金尾矿生产微晶玻璃

金尾矿主要矿物组成为石英、钠长石、白云母，此外还有少量的钾长石，其主要化学成分是 SiO_2 和 Al_2O_3，且还含有制造硅酸盐玻璃所必需的其他原料 MgO、CaO、K_2O、Na_2O 和 B_2O_3 等，只要引入一些其他氧化物，调整它们的比例，制成玻璃是可行的。

邢军等(2001)根据微晶玻璃的基础组成，选择镁铝硅酸盐系统作为配方依据，组成 $MgO-Al_2O_3-SiO_2$ 系统，在金尾矿中加入镁、铝质材料，制得了堇青石型微晶玻璃。

4.5.4 发展前景

微晶玻璃制品因其具有特殊的性能和广泛的用途，正在成为21世纪的环境协调材料。利用尾矿制备微晶玻璃是对尾矿高层次利用的新途径，具有较大的发展空间和经济及环境效益。随着科技的发展，能源和环保意识进一步增强，以资源化、无害化为原则，以开发高附加值、多功能新材料为目标，探索尾矿再利用的新途径更受到人们的广泛关注。

依靠科技进步，开展尾矿作为微晶玻璃原料的研究与应用，对实现资源开发与节约并举，提高资源利用效率，有着十分重要的理论意义和实际意义。可以预见，利用尾矿制备微晶玻璃有着广阔的发展和应用前景。

4.6 利用矿山尾矿生产其他建筑材料

4.6.1 尾矿用于混凝土生产

尾矿砂石的岩石组成主要为石英岩、辉绿岩和花岗岩，其物理化学性能是稳定的。其中 SiO_2 以石英的形式存在，K_2O、Na_2O 以长石的形式存在，Fe_2O_3 以磁铁矿的形式存在，这些矿物均具有稳定的化学性能和耐久性能。块状及粗粒尾矿是干式磁选或淘汰的抛尾产品。经研究，这类尾矿多数质地坚硬致密，有害物质及针片状矿物含量少，颗粒表面粗糙，级配良好，各种物理性能也符合国家混凝土骨料的技术要求，用这种尾矿作粗集料配制的混凝土，主要技术性能均可达到普通集料配制同一标号混凝土的性能。基于上述考虑，用尾矿生产混凝土是切实可行的。

首钢建设集团混凝土搅拌站成立于1997年，是北京市较早获得商品混凝土二级资质的企业，年混凝土生产能力80万 m^3。随着首钢从北京市搬迁，建立迁安钢铁基地，首钢建设集团搅拌站在迁钢设立混凝土分站，从2003年7月正式投产。在此情况下，首钢建设集团混凝土搅拌站对尾矿砂石在混凝土中的应用进行了研究与开发，获得了可观的社会和经济效益。

该站研究表明，首钢迁安尾矿砂石符合建筑用砂石的技术标准，所配制的混凝土性能良好，符合工程需要。同用天然砂石制的混凝土相比，拌和物性能基本相同，抗压强度、弹性模量，碳化、钢筋锈蚀等耐久性有所提高；具有良好的抗冻性和抗变形能力，钻芯法测定结构实体混凝土强度有待进一步探讨。

其研究还表明，用尾矿砂配制的混凝土密实性有所增加，这有利于降低混凝土的成本及提高混凝土的耐久性；用尾矿石配制的混凝土与用河卵石配制的混凝土强度没有明显的区别，因此尾矿石可以同河沙一起配制混凝土，以充分利用废弃的尾矿石资源。对于尾矿砂、尾矿石中的石粉,通过大量的试验表明,当亚甲蓝试验 MB 值不大于 114 时,粉料的主体是石粉,可以填充混凝土中的结构孔隙,优化孔结构,起到微集料效应,并且与水泥基材料相容性良好,对混凝土的密实性及强度有利。同时大量的试验研究表明,当 MB 值小于 114,含泥量小于 7%时,混凝土的收缩明显增大。尾矿砂由于其生成条件与表面特征、保水性不如天然砂,在配制普通混凝土时应注意避免泌水。尾矿石由于多棱角,机械咬合强,对混凝土的强度有利。

马钢姑山铁矿是我国较早利用尾矿作建筑材料的矿山,该矿每年排出的强磁尾矿结构致密坚硬,可作混凝土骨料。强磁尾矿的主要成分是 SiO_2 和 N_2O_3,其中粗粒级尾矿质均、洁净,不含云母、硫酸盐和硫化物等有害杂质,用它制作砂浆,其抗折、抗压强度均高于黄沙,从而受到广大用户的欢迎。

此外,鞍钢矿渣砖厂利用大孤山选矿厂尾矿配入水泥、石灰等原料,制成加气混凝土,其产品重量轻,保湿性能好。

由于尾矿砂石属于资源综合利用,成本较低,用尾矿砂石配制混凝土比用天然砂石每方节约成本 7～8 元,如果享受国家资源综合利用政策,每方混凝土可免去税收 15～18 元,两项合计每方混凝土可降低成本 20～25 元,经济效益可观。

4.6.2 尾矿提纯矿物产品应用于材料

根据尾矿矿物的组成不同,部分矿山利用尾矿回收技术,提纯矿渣中的有用成分应用于材料工业。江西铜业公司银山铅锌矿从 1994 年开始与有关研究单位合作,以有色金属选矿尾矿为原料,用浮选法分选出绢云母系列产品。目前已建成国内最大的湿磨绢云母粉生产厂,产品广泛用于橡胶、塑料、涂料等行业。研究表明,绢云母粉作为补强填充性材料用于橡胶、塑料等行业,能使某些性能得到改善,降低成本,深受厂家欢迎。针对选矿尾矿的特性,国内有人采用 3ACH 捕收剂、F－1 抑制剂,回收一、二级绢云母含量分别达 96%和 64%以上。经应用试验表明,绢云母一级品在橡胶中的补强性能基本达到了沉淀法白炭黑水平,三级品也全面超过硅铝炭黑的补强性能。

此外,北京科技大学利用石人沟选矿厂细粒尾矿,研制成轻骨料仿花岗岩系列产品,其各项性能指标均达到国家标准,具有广泛的应用前景。

4.6.3 利用尾矿生产高分子吸水材料

高分子吸水材料是 20 世纪末迅速发展起来的一种新型材料,由于其分子链中存在大量的羧基、羟基或酰胺基等亲水基团,可以吸取自身重量几十至上千倍的水。高分子吸水材料具有吸水能力强、保水性能好、凝胶强度高等特点,广泛用于工、农、林、医、建筑等领域。

河南科技大学和中国铝业郑州研究所联合研制了利用铝尾矿生产高分子吸水材料的新

工艺，通过大量研究表明：①用铝土矿选尾矿生产复合吸水材料的制备工艺简单可行，尾矿利用率可高达50%以上；②产品吸水性能好，且生产成本低廉，主要是原材料成本比普通高分子吸水材料降低50%～60%；③为选尾矿综合利用开辟一条具有较高经济附加值的应用新途径；④复合吸水材料合成工艺不产生“三废”，不污染环境，而且生产工艺流程简单，生产设备投资少等。

4.6.4 利用尾矿生产铺路材料

铺路材料是最基本的建筑材料，对化学成分没有严格要求，只要求材料有一定的硬度和粒度。一方面，铺路材料一般用量较大，用尾矿作为生产原料可以降低原料成本，同时又无需再加工。另一方面，大量出售这种产品，可以解决尾矿堆场紧张的困难，所以，矿山应把开发这种产品纳入计划。铁尾矿可大量用作路基的基础材料，将铁尾矿配以适量的黏土、石灰等材料，经配制、搅和、土基处理、摊铺、碾压、养护等工艺过程，制成公路垫层。比如1万km国家二级公路，仅砂石就需要数亿立方米，若以尾矿代替砂石作路基垫层筑路，费用可节省1/3。

4.6.5 利用尾矿生产人造石

由北京矿冶研究总院研制的尾矿人造石是一种以尾矿为主要骨料，以$5Mg(OH)_2 \cdot MgCl_2 \cdot 8H_2O$(简称518相)为黏合剂，内掺憎水剂、活性剂等，在常温常压下先合成石材制品，然后根据石材制品的种类、性能和要求，选用外涂憎水剂对其表面进行处理后，可获得具有不同特性的石材制品。

为了使镁质胶凝材料生成518相，也为了不使518相在水中或湿度大的环境中发生相变，一般需要按照$\frac{m(MgO)}{m(MgCl_2)}>4.27$、$\frac{m(H_2O)}{m(MgCl_2)}>4.98$配制样品，内掺一定的憎水剂，降低518相遇水或水蒸气时的相变速度，外涂憎水剂，进一步降低518相遇水或水蒸气时的相变速度，以提高石材的耐水性和质量。

经测试，尾矿人造石的各项主要性能、耐水性、耐碱性等均达到合格，而且无论什么样的尾矿都能合成尾矿人造石，合成工艺简单，无“三废”，成本低，无毒，无味，强度高，造型随意，适宜作内外墙仿石装饰材料。

5 矿山固体废物在充填采矿方法中的应用

随着回采工作面的推进，逐步用填充料充填采空区的方法叫充填采矿法。充填采矿法在国外金属矿山应用的历史悠久，古代是将采掘的废石留在采空区来采矿，发展到现在的机械化作业。充填采矿法在金属矿山的应用日益广泛，全国约有20多个冶金山采用了充填法。

5.1 概述

5.1.1 矿山充填的形式

矿山充填通常按照充填材料和运输方式可分为干式充填、水力充填和胶结充填3种形式。

5.1.1.1 干式充填

将采集的块石、砂石、土壤、工业废渣等惰性材料按规定的粒度组成，对所提供的物料经破碎、筛分和混合形成的干式充填材料，用人力、重力或机械设备运送到待充空区，形成可以压缩的松散充填体的充填方式称为干式充填。

干式充填应用具有很久的历史。起初，干式充填材料是通过天井用矿车或人工送到采场进行充填的，但这样的充填劳动力需求大，作业成本高，采场充填时间长，矿石贫化率高，同时采场进行充填时就不能进行生产。目前有些矿山用铲运机等机械化生产方式。

5.1.1.2 水力充填

由于干式充填存在着许多问题，矿山工作者从20世纪30年代开始探索新的充填方法——水力充填，40年代左右水力充填开始在部分矿山使用。50年代到60年代，水力充填得到了广泛的应用。

水力充填分为水力非胶结充填和水力胶结充填两种。水力充填的胶结剂一般为水泥、石膏、磨细的炉渣等，以水为输送介质，利用自然压头或泵压，从设备站沿着管道或管道相连接的钻孔，将充填材料输送到采空区。充填时，通过排水设施将水排出使充填体脱水。水力充填的基本设备(施)包括分级脱泥设备、砂仓、砂浆制备设施、输送管道、采场脱水设施以及井下排水和排泥设施。管道水力输送和充填管道是水力充填最重要的工艺和设施，靠砂浆柱自然压头和砂浆泵产生管道输送压力来克服砂浆在管道中流动的阻力。选择输送管道直径时，需要先按照充填能力、砂浆的浓度和性态算出砂浆的临界流速、合理流速和水力坡度等。

5.1.1.3 胶结充填

采集和加工的惰性材料掺入适量的胶结材料，加水混合搅拌制备成胶结充填料浆，沿着钻孔、管、槽等输送到采空区，然后使浆体在采空区中脱去多余的水(或不脱水)，形成具有一定整体性和强度的充填体；或者将采集和加工好的砾石、块石等惰性材料，按照配比掺入适量的胶结材料和细粒级(或不加细粒级)惰性材料，加水混合形成低强度充填体；或将地面制备成的水泥砂浆或净浆，与砾石、块石等分别送入井下，将砾石、块石等惰性材料先放入采空区，然后采用压注、自淋、喷洒等方式，将砂浆或净浆包裹在砾石、块石等的表面，胶结形成具有独立性和较高强度的充填体的充填方式称为胶结充填。

5.1.2 矿山充填的发展概况

20 世纪 40 年代到 50 年代初，国外开始采用选厂分级尾砂进行水力充填。当采用分级尾砂水力充填时，其突出的问题是将分级脱泥后的细粒级尾砂送至尾砂库会带来一系列的问题，同时还会带来充填用尾砂供应不足的问题；若采用全尾砂水力充填工艺，则会在充填中存在着过量的$-20\mu m$的细泥。这种细泥在采场内留在充填分层的表面，使回采工作难以继续进行，而且也无法形成稳固的能够自立的帮壁。

进入 20 世纪 60 年代后，美国、加拿大、澳大利亚、德国、苏联及中国等国家，围绕着新型充填材料及其特性，研制了充填浆体新的制备、输送设备，加上无轨采矿设备的应用，使胶结充填工艺取得了巨大的进步，充填采矿的面目为之一新。低浓度胶结充填用于开采高品位富矿、矿岩不稳固的厚大矿体，并在深矿井及大面积区域性地压支护体系、“三下”(水体、道路、建构筑物下)及自然发火倾向矿床的开采中，已经取代干式和水力充填工艺。1962 年加拿大弗鲁德(Frood)矿尾低浓度胶结充填工艺投入工业应用，在这之后，尾砂胶结充填技术在加拿大萨德伯里(Sudbery)地区的格瑞登(Stobie)矿、加尔森(Garson)矿，美国犹他州的马夫劳韦尔(Mayflower)矿和南达科他州的霍姆斯特克(Homstake)矿得到了广泛应用。希拉克(Helca)采矿公司幸运星期五(Lucky Friday)矿成功在尾砂充填层上用波特兰水泥(尾砂等于 1∶7 配比的砂浆)铺面，平均厚度 0.15m，在矿山得到普遍应用，使得分层充填采矿和矿柱回采工作大为改善，这为分层充填采矿法提供了一个具有一定强度的分层平整表面。在水力充填料浆中添加胶凝材料对节省开支、改进品位控制以及提高采矿方法回采效果和适应性等诸多方面，都显示出了明显的优越性。我国也于1964年在凡口铅锌矿首先开始进行低浓度尾砂胶结充填的试验，以后陆续在全国数十个矿山采用尾砂胶结充填技术，都取得了显著的技术经济效果。

然而，在很长的一段时期内，人们对胶结充填料浆浓度这样一个十分重要的工作参数还缺乏了解和认识，在生产实际中使用的料浆真实质量浓度一般为60%～68%，因而尾砂胶结充填也就暴露出了一些新的问题。采用这种低浓度尾砂胶结充填，在采场脱水过程中，由于料浆出现离析，这就难免会从采场渗滤出的废水中带走部分水泥和细粒级物料，增加水泥流失，降低充填体强度，提高采矿成本，污染作业环境，更为严重的是水泥随矿石进入选厂，也给选矿带来不良影响。

到了20世纪70年代，对水力充填和低浓度尾砂胶结充填所存在的问题，即料浆浓度这个至关重要的问题才开始被人们所重视，并着手研究和探索高浓度料浆的优越性及实现料浆高浓度的有效途径。不少矿山采取措施将料浆真实质量提高到70%～78%以上，即所谓高浓度或浓砂浆胶结充填。与此同时，还研究了利用不分级脱泥（$-37\sim-20\mu m$）的细粒级物料的全尾砂作惰性充填材料的胶结充填工艺。按照提高浓度和利用全尾砂的要求，就需要解决全尾砂料浆的浓密、过滤、强力活化搅拌、料浆管道输送、采场脱水及充填体强度等一系列复杂的问题。中国、德国、南非、美国、加拿大、哈萨克斯坦、奥地利等国，采用不同的工艺，先后实现了全尾砂高浓度胶结充填。目前高浓度（全）尾砂充填在矿山充填中仍然占主要的地位，应用最为广泛。

膏体充填是在最近10多年中发展起来的，世界上一些矿业发达的国家投入了大量的人力、物力研究和开发应用膏体充填技术（如以德国普鲁塞格金属公司为代表的全尾砂音体泵送胶结充填工艺）。由于膏体充填综合运用了现代工业的多项高新技术，如微细颗粒材料浓缩脱水技术与设备、高浓度浆体泵送设备、活化搅拌设备、计算机在线控制技术等，是现时采矿工业中一项技术含量高的新技术之一。充填材料是使用全尾砂或全尾砂与碎石的混合料。由于膏体充填料浆可使用全尾砂，充填料浆无需脱水，因而减少了井下充填污染及排水费用；充填体强度高且水泥耗量小，可以适当降低充填成本；凝固时间相对于自流充填要短，可以减小充填作业循环周期；充填体来源广泛，有利于采场稳定和采矿作业安全性；膏体的稳定性、和易性和可泵性，决定了进行长距离输送时不会造成堵管，从而解决了实际操作中长距离管道输送的问题。从世界范围以及长远发展来看，膏体充填技术是充填采矿技术发展的方向。

5.1.3　当代矿山充填技术概述

上述变革的思路总是围绕着提高料浆浓度这个重心来展开的，以解决低浓度尾砂胶结充填由于采场脱水所引发的一系列问题。然而另一种思路是在20世纪80年代末由中国矿业大学孙恒虎教授提出的在低浓度料浆的条件下，改用高水材料作胶凝材料，利用改进的低浓度尾砂胶结充填制备和输送系统，将高水固结充填料浆送入井下，使采场充填多余的水快速凝固起来，从而解决了充填废水问题。90年代初，国内不少金属矿山成功地应用了高水速凝尾砂胶结充填工艺，但后因高水速凝材料较贵，充填作业成本较高，限制了该胶结充填工艺水平在更广泛领域中的推广应用。

全尾砂高浓度胶结充填工艺和全尾砂膏体泵送胶结充填工艺是充填技术进步的重要标志之一，使胶结充填技术迈入了一个新的阶段。开发和应用全尾砂高浓度胶结充填工艺和全尾砂膏体泵送胶结充填工艺水平是为实现：①最大限度地减少水泥消耗量，以降低充填成本；②提高充填体强度，发送充填质量，更有效地发挥其支撑功能；③实现“三无”矿山设想，发送环境条件；④解决尾砂供小于求的矛盾。

全尾砂膏体胶结充填有其鲜明的技术特点，并具有料浆浓度高、水泥用量少、充填成本低、充填体强度高等突出优点。但与此同时，我们在研究中针对全尾砂膏体胶结充填存在的问题，既考虑充填料浆浓度的适度提高，又考虑改变胶凝材料，创建了采用固土能力极强的新型胶凝材料——全砂土固结材料，形成了全砂土似膏体胶结充填模式。这种新的充填模式在料浆的可输性、充填体的强度、充填料脱水性以及该充填技术的经济性等方面都具有显著的优势。

值得一提的是在细砂胶结充填技术迅速发展的同时，自20世纪70年代以来，苏联、澳大利亚等国家，在采完的空区内，先倒入块石或碎石充填，再向块石中压注水泥净(砂)浆，形成块(碎)石胶结充填体；或者在块(碎)石倒入采空区的同时，用管路将水泥砂浆输送到采空区后自淋混合；也有在待充空区的上口处，用电耙、铲运机或带折返板的溜槽混合拌制，而后充填进采空区的胶结充填工艺。在形成的块(碎)石胶结充填体固结后，再进行矿柱或周围采场回采工作。块石胶结充填在国内外所进行的大量的试验研究工作中，较成功的范例当推澳大利亚的芒特艾萨(Mount Isa)矿，1973年，该矿便在1100铜矿体开始应用块石胶结充填。生产实践表明，在相同水泥添加量的条件下，与其他胶结充填工艺水平相比较，这种充填工艺所形成的胶结充填体强度大，可以起到人工矿柱的作用，其强度和稳定性都比细砂胶结充填更好，能保证第二步骤回采时的安全。该工艺的特点是：节约了水泥用量，降低了充填成本30%～50%，矿石贫化小，生产能力大，废石提运少，并能缓解地表废石堆对环境的污染。块石胶结充填可以看成是下式充填和细砂胶结充填工艺的结合，是当代胶结充填工艺的发展方向之一。

从胶结充填技术的发展不难看出，当代胶结充填正是围绕着“软性”胶结充填料充填和“刚性”胶结充填料充填的试验研究而展开的。“软性”“刚性”的划分，主要依据为胶结充填料中惰性材料的种类及其组成不同。所谓“软性”胶结充填料，就是细砂胶结充填料；所谓“刚性”胶结充填料，就是块石胶结充填料。“软性”和“刚性”胶结充填料不仅在物理力学特性上有所不同，而且在制备和输送工艺上也有所不同。表5－1列出了两种类型充填料的物理力学性能比较。由表可以看出，块石胶结充填料的强度和黏结力较尾砂胶结充填料增加了数倍，而弹性模量竟增加了数十倍之多；单位胶结充填料中水泥用量的增加并不多，可见若要获得的强度相等，显然块石胶结充填可以节省更多的水泥。

表 5-1 两类充填材料力学性质比较

灰砂比	1∶5			1∶10			1∶20		
胶结充填料类型	A	B	B较A增加(%)	A	B	B较A增加(%)	A	B	B较A增加(%)
水泥量(kg/m^3)	288	352	20	156.6	195	21.6	81.6	102	26
水灰比(质量比)	1.47	0.72	−50	2.72	1.22	−55	5.24	2.21	−57
抗压强度(MPa)	4.36	13.18	200	0.798	5.796	626	0.476	2.377	399
抗张强度(MPa)	0.66	1.98	200	0.160	0.984	526	—	0.411	—
黏结力(MPa)	0.84	2.55	202	0.180	1.197	576	—	0.495	—
静弹性模量(MPa)	181.2	9 206.3	4098	54.1	3 906.2	7120	—	1 470.5	—

注：A. 惰性材料是尾砂；B. 惰性材料由粗大理岩石(含60%)和尾砂(40%)混合组成。

纵观胶结充填的沿革及发展，可将当代胶结充填技术的基本内容及特点归纳如下：

(1)在原来低浓度尾砂胶结充填、低强度粗惰性材料混凝土充填以及高浓度细砂胶结充填的基础上，开发出利用全尾砂为主体的全尾砂高浓度胶结充填、全尾砂膏体胶结充填、高水速凝尾砂胶结充填和块(碎)石胶结以及新近研制的全砂土似膏体充填等新材料、新工艺、新技术。

(2)对充填料的采集加工、贮存、制浆、输送、充填、脱水及排泥等工艺进行合理配置：采用立式砂仓(半球底、锥形底)、流态化卸料技术、锥形仓底单管重力放砂技术以及虹吸放砂技术，保证了供料的连续性和放砂浓度，利用立式水泥仓散装水泥风力吹送入库，将砂浆和水泥定量向搅拌桶供料，实现了充填制备系统的自动化。

(3)全尾砂地面脱水工艺流程及设施的配置，制备膏体的深浓密机系统，高速高剪力胶体活化搅拌机及搅拌机理，确定和控制影响浆体流变特性的所有物理参数如温度、溶解的固体燃料含量、悬浮体的真实质量浓度、粒度分布、絮凝剂浓度、pH 值和矿物万分，切变速率(1/s)与剪切应力(kPa)关系的流变特性测量，以及井下充填料分配系统的优化等。

(4)细砂胶结充填及粗砾胶结充填所用新型胶凝材料和活性混合材料的开发研制与应用，充填材料主要物理力学性质及测试方法、胶凝固结机理，充填材料(包括各种添加材料)对充填材料力学特性、管输特性以及充填体强度的影响等。

(5)充填料浆的物理力学参数，固体颗粒的运行阻力，沉降及悬浮机理，固液两相流的伯努利方程、流型及管流特征，管流阻力特性及阻力损失计算，浆体管输的水力计算及管输中的不稳定流等。

(6)胶结块石、胶结碎石和含水泥量高的胶结细砂等形成的胶结充填体,用于支护采场围岩时其物理力学性质(如刚度、体积压缩率等)及胶结充填体与胶凝材料的性质、养护、特性、制备方式、输送条件的关系等。

总之,当代胶结充填技术的发展,已将地下开采技术推向高新技术领域,使地下采矿方法获得新的技术突破。当代胶结充填工艺可以更好地满足保护资源、保护环境、提高效益、降低成本、保证矿山可持续发展的要求。胶结充填在21世纪的矿业发展中必将有着更加广泛的应用前景。

5.2 当代胶结充填的种类及特点

目前尚无统一的胶结充填分类方法和命名,本书采用以惰性材料级配(粒级范围的划分见图5-1)和料浆浓度为分类主线,以胶凝材料及其添加方式、料浆流态制备工艺等为辅线进行分类(图5-2)。

细砂胶结充填指山砂、河沙、尾砂等惰性材料作为胶结充填材料,因细砂胶结充填料兼有胶结强度和适于管道输送的双重特点,即集水力充填的管道输送特性和混凝土充填的胶结特性于一体。特别是用尾砂做惰性材料的胶结充填,因其加工成本低、来源丰富、充分利用工业废弃物、环保低效益突出等明显优势,因而很快取代了其他惰性材料,在国内外获得了广泛的应用。

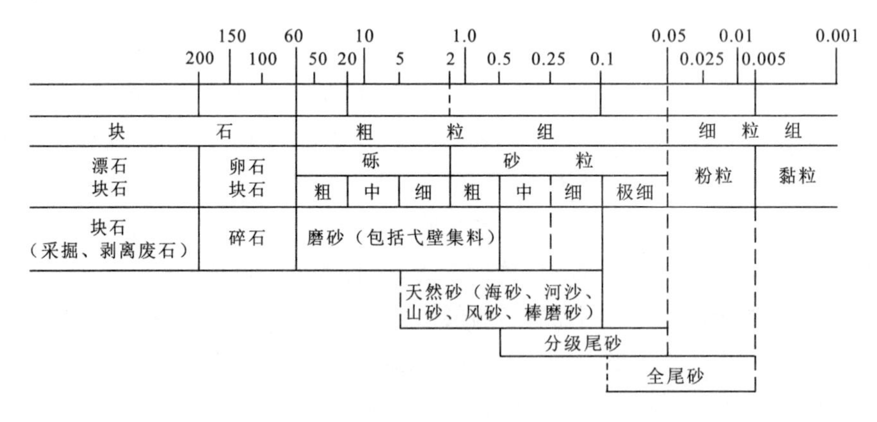

图5-1 惰性材料粒级范围的划分

粗砾胶结充填是指在含有一定量的砾石、碎石、卵石、块石等粗粒级的惰性材料中,掺入适量的胶凝材料所形成的充填体,它比细砂胶结充填的胶结体具有更高的强度,在充填物料的制备和输送方式上均有别于细砂胶结充填。最初粗砾胶结充填为低强度混凝土充填,即充填料按照建筑混凝土的基本原理和配比要求制备而成。这种低强度混凝土充填因输送困难，对物料级配的要求高，故一直未能获得大规模推广应用。近年来，国内外对块(碎)石胶结充填进行了大量的试验研究，使之成为胶结充填技术发展的方向之一。

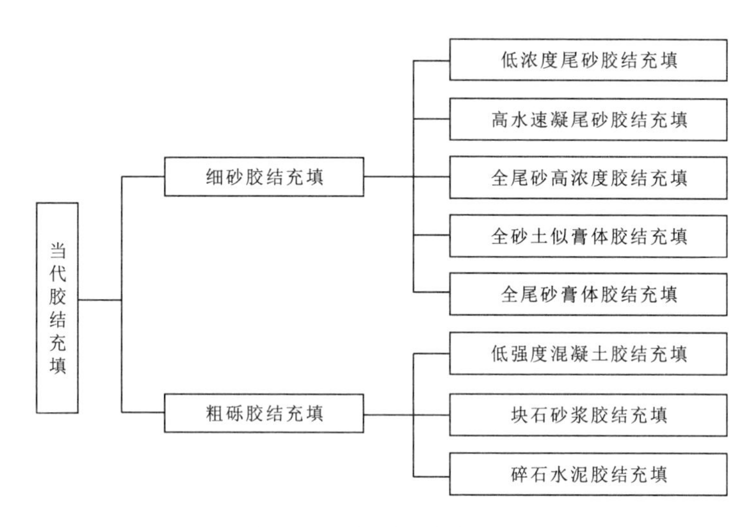

图 5-2　当代胶砂充填分类

5.2.1　低强度混凝土胶结充填

低强度混凝土胶结充填是指用 100 号(原国家建筑材料中称水泥标号)以下的混凝土作胶结充填料。混凝土胶结充填是由胶结材料(常用硅酸盐水泥)、粗粒惰性材料(碎石、水淬渣、戈壁集料等)、细粒惰性材料(河沙、$+37\mu m$ 尾砂等)以及水混合制备而成，胶凝材料常用 42.5 强度等级的硅酸盐水泥，1m 混凝土的水泥用量约为 150～350kg/m^3(凡口为 240kg/m^3，金川为 200kg/m^3)，水泥费用占充填成本的 40%或更多。对于低强度的混凝土而言，砂浆强度小于加入粗粒惰性材料后的混凝土强度。在砂浆中加入粗粒惰性材料后，1m^3 粗粒惰性材料可取代 0.4～0.5m^3 砂浆，而粗粒惰性材料的成本仅为砂浆的 1/10～1/3。只要输送系统可靠，采用低强度混凝土胶结充填在经济上往往是合理的。

粗粒惰性材料抗压强度至少应为胶结充填体设计强度值的 2 倍以上，加入适量的细粒惰性材料可以改善混凝土的输送性能，胶结充填用的细粒惰性材料的粒径要求，可以比建筑行业的要求降低些。低强度混凝土胶结充填中只有保证水泥含量和水灰比达到一定比例的前提下才能保证混凝土的强度、和易性与防止过度离析。水灰比过小则流动性能差，但在水泥添量相同的情况下，混凝土胶结充填体可以达到高的强度。管道输送混凝土，在水泥含量一定时，从料浆流动性出发有个最佳水灰比，使其坍落度能够满足输送要求。在有粗粒惰性材料的情况下，加大水灰比反而会使流动性变差。因此，应综合考虑输送方式和充填体强度两者之间的要求来确定水泥含量及水灰比。

混凝土胶结充填的充填料浆制备方式通常可分为集中式制备和半分离式制备两种。在集中制备系统中，混凝土胶结充填料浆在地表搅拌站用间歇式或连续式搅拌系统制备好后向井下输送；在半分离制备系统中，地表制备站将制备好的水泥浆重力自流或用砂泵经管道输送到井下制备站，与砂（碎）石搅拌成混凝土胶结充填材料。用半分离制备方式可以避免或减少长距离输送胶结充填材料所带来的堵管事故。制备好的混凝土可以采用沿管路、明槽、井巷或钻孔进行重力自流输送，也可以用抛掷充填车运送、浇注机（压气罐）输送，还可以用电耙、矿车、汽车、皮带运输机等输送。

5.2.2 全砂土似膏体胶结充填

全砂土似膏体胶结充填技术是采用全砂土固结材料作胶凝材料，用尾砂等惰性材料与水混合制备而成充填料浆，其真实质量浓度为72%～78%，料浆形似膏体，其流动性介于水力充填和膏体充填之间，料浆温度应控制在设定温度（20℃）以上，添加固体物料中的细料级含量为15%～20%，全砂土胶凝材料含量为3%～5%。按照合理配比制备的充填料浆送至充填地点后，不需或只需少许脱水而凝结固化，固化后充填体强度与膏体充填体的强度相当。该胶结充填技术特点是：早期强度高，整体性好，制浆输送设备简单，输送稳妥可靠，投资小，成本低。

5.2.3 块石砂浆胶结充填

块石砂浆胶结充填的基本特点是采用级配良好的块石用砂浆包裹块石形成胶结充填体。这里的包裹是指砂浆包裹个体块石形成坚固的胶结充填体，或者是块石位于采空区中央，四周被砂浆包裹形成一种“外强中干”的具有整体支撑能力和自立能力的胶结整体。块石粒径一般小于300mm，砂浆一般为细砂料浆或尾砂料浆。由于充填体中部分细砂浆被块石取代，不但提高了充填体的整体支撑能力，而且还可以显著降低充填成本。该工艺技术适用于大采场充填，如果矿山露天采场的剥离废石可供利用，则效益更加显著。

5.2.4 碎石水泥胶结充填

碎石水泥胶结充填的基本特点是用自然级配的碎石作粗粒惰性材料，通过水泥浆浇淋碎石或压注水泥浆与碎石混合，形成胶结充填体的充填新工艺，该充填技术保持了低强度混凝土胶结充填体具有的高力学强度、低水泥单耗和采场无需脱水等显著特点，同时，也克服了混凝土胶结充填对情性材料级配要求高，需经机械混合和输送难度大等缺点，因而具有较广泛的应用前景。

5.3 尾砂充填技术

5.3.1 低浓度尾砂胶结充填

低浓度尾砂胶结充填是指用水泥作胶凝材料，分级尾砂作惰性材料所配制的胶结料浆，其真实质量浓度控制在60%～70%。这一胶结充填技术是在尾砂水力充填的基础上发展起来的。使用尾砂水力充填，较之干式充填已经取得了矿房回采的高效率，但在回采过程中所引起的二次贫化和损失却不可避免，并且还给矿块的二步骤回采带来困难。按照回采对充填体强度的不同要求，在尾砂水力充填料中添加不同量的水泥，使灰砂比达到(1∶20～1∶30)～(1∶5～1∶10)，从而实现了分层采矿时高回收低贫损的回采及矿块二步骤回采时安全高质量作业。但需指出的是，由于尾砂胶结充填不用粗砾的惰性材料，因此在与低强度混凝土胶结充填体强度要求相同的情况下，尾砂胶结充填的水泥用量要高得多。然而尾砂胶结充填以其能够大量利用工业废料，制备输送工艺简单，基建投资较少等突出优点，使得该胶结充填技术自20世纪60年代问世以来，一直受到金属矿山的青睐。

低浓度尾砂胶结充填制备站主要配置如图5-3所示。将采集和加工好的尾砂用泵送至尾砂仓中，也可以用车辆或带式输送机输送到干式砂仓中。湿式立式砂仓用重力和高压风水喷嘴造浆，经放砂管放至搅拌桶中；湿式卧式砂仓用电耙和螺旋输送机向搅拌桶中送料；干式砂仓用给料机向搅拌桶中供料。水泥用散装罐车通过压气装置吹入水泥仓，用螺旋喂料机或叶轮给料机经计量装置向搅拌桶中加水泥，同时向搅拌桶中定量给水，以控制充填料浆的浓度。低浓度尾砂胶经充填工艺系统中的脱水和废水处理所用的设备、设施和构筑物等，均与水力充填的大致相同。低浓度尾砂胶结充填料浆的输送距离可达2500～3000m，充填能力为100～120m^3/h。

影响低浓度尾砂胶结充填体强度的主要因素有水泥添量和浆浓度。在同一养护时间的情况下，充填体的强度随水泥添量的增加而增加；在水泥添量一样的条件下，充填体强度随养护时间的增长而增大。其变化如图5-4所示。料浆的浓度对充填体强度的影响较大，浓度较低时，产生严重的水泥离析，使充填体强度大为下降。料浆浓度、水泥添量与充填体强度的关系，如图5-5所示。

5.3.2 高水速凝尾砂胶结充填

高水速凝尾砂胶结充填的实质是将低浓度尾砂胶结充填中的水泥胶凝材料用高水材料取代，高水材料甲、乙料与全尾砂或分级尾砂等惰性材料加水混合成低浓度充填料浆，用钻孔、管道输送至井下，两种料浆在进入充填空区前混合，不用脱水，便于迅速凝结为具有一定

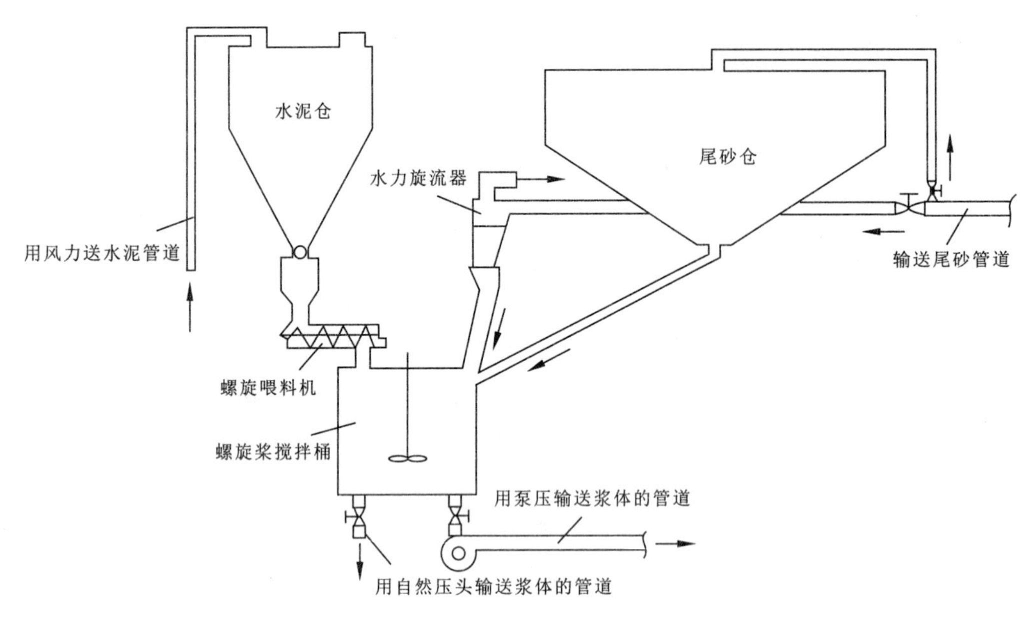

图 5-3　低浓度尾砂胶结充填制备站主要配置示意图

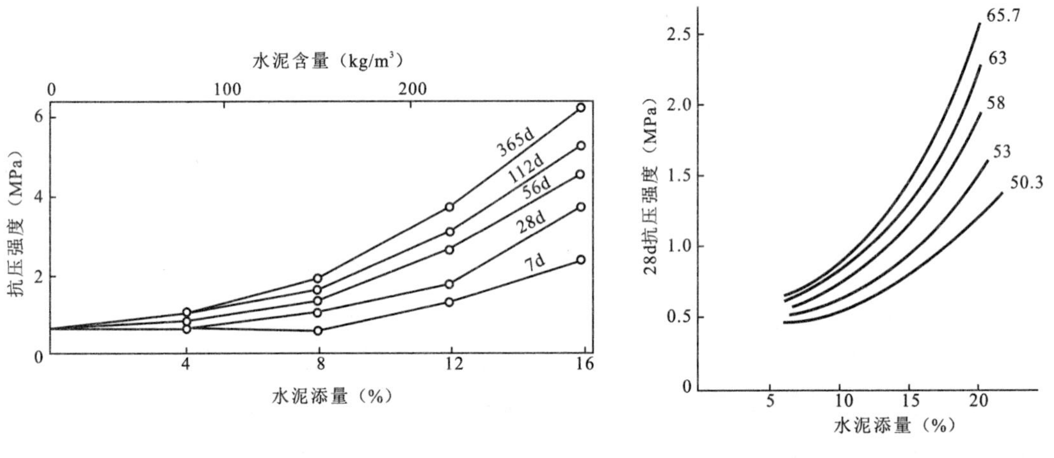

图 5-4　水泥添量、养护时间与充填体强度的关系

图 5-5　料浆浓度、水泥添量与充填体强度的关系

强度的胶结充填体。该工艺的主要特点是：①高水速凝尾砂胶结充填料浆是由甲、乙充填料浆组成，真实质量浓度一般控制在 60%～68%，在井下经混合器混合后进入充填空区，无需脱水便可迅速凝结为固态充填体；②根据生产的要求，混合后的充填料浆，其凝结时间的快慢是可调的；③高水材料可将高水固比（体积水固比 5.7∶1～9∶1，质量水固比 2.2∶1～2.5∶1）的浆液迅速凝结为固态充填体，利用高水材料的物化特性，细砂胶结充填和粗砾胶结充填所用的惰性材料均可应用；④高水材料具有良好的悬浮性能，充填料浆中的尾砂沉降

缓慢，因而料浆的流动性得到改善，有利于实现长距离管道输送；⑤甲、乙料浆在管道中分别存放的时间较长，不至于凝结，系统重新启动以后仍可正常进行管道输送；⑥高水材料具有快凝早强的特性和良好的流动性能，因而有利于实现充填接顶，有利于作业循环周期的缩短；⑦高水速凝尾砂胶结充填工艺可以充分地利用各种充填采矿方法的采准布置、回采方式、采掘设备以及原有的料浆制备、输送系统，因而简便易行，投入较少。

高水材料由甲、乙两种粉料组成，故需分别造浆独立进行管道输送，其可泵性较好，存放较长时间后不凝结，仍能重新启动，因而国内大多数矿山都按双管道输送制备系统进行设计和建设，如图 5-6 所示。高水速凝尾砂胶结充填采用双浆制备输送系统有利于保证系统运行可靠，有利于设备正常作业，有利于确保充填质量，但却增加了一套管道系统和高水材料仓。为改善系统，降低投资和经营费用，国内也生产了控制较长初凝时间的单浆高水材料，并建立了单浆高水材料的制备输送系统。

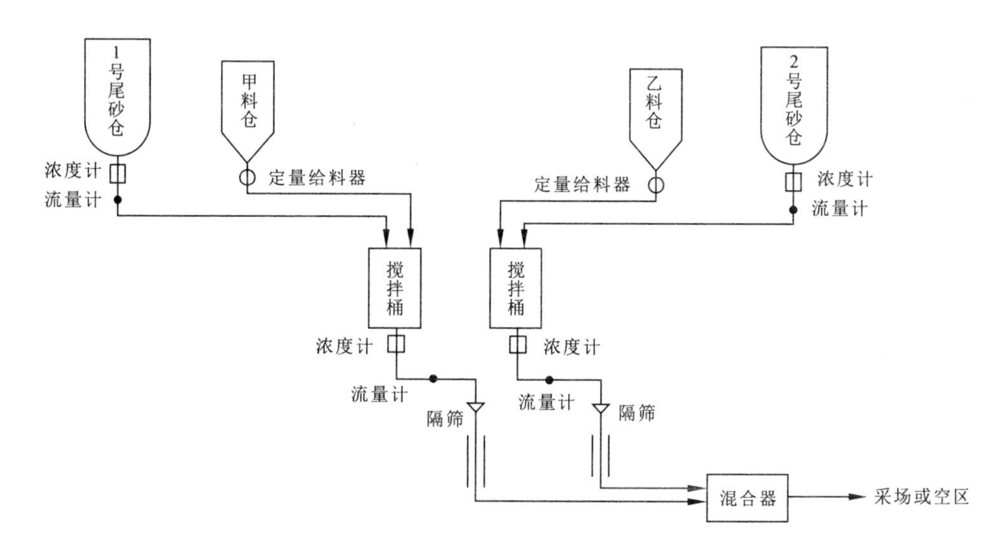

图 5-6 高水速凝尾砂胶结充填工艺流程图

下面以招远金矿为例说明高水速凝尾砂胶结充填工艺。

该矿两平行矿脉中之下盘矿脉原是巷道采矿法回采的采场，后上部停采，改用上向水平分层充填采矿法，在此采场试验应用高水速凝尾砂胶结充填工艺。

5.3.2.1 充填工艺参数

1）对充填体强度的要求

试验采用上向分层充填采矿法进行工业试验。在采场实际充填时，采用两种充填体强度方案。方案 1，充填体强度全部采用一种性能的充填料浆，所形成的充填体 12h 强度均达到 1MPa 以上，最终强度达到 2MPa；方案 2，通过调整高水材料的添加量，使充填体表层

1.5m厚的强度，12h达到1MPa以上，最终强度达到2MPa以上，充填分层下部1m厚，使其强度达到0.5～1MPa。

2)充填材料的配制设计

根据实验室充填材料配比系列试验的结果，结合充填采矿工艺方案的不同，通过筛选用搅拌站尾砂池溢流装置进行调整，分别制取几组30%、40%、50%和60%不同浓度的尾砂浆，根据强度设计要求，调整高水材料添加量，并在现场取样测定其强度，进而确定各方案的水灰比和灰砂比。

3)充填能力设计

充填制备站充填能力。分流供砂管直径$D=0.03$m，分流处压能为2450Pa，经计算分流供砂管平均流速为1.97m/s，则流量可达5.04m^3/h。供砂管可供砂能力约为120m^3/h。充填站内所选充填料浆的泵送能力及搅拌桶的制浆能力都远远大于供砂管供给砂浆的能力，则设计充填站的充填能力为120m^3/h。

采场要求充填能力。试验只有一个采场进行，充填作业每3天两个循环作业，需充填96m^3。当用30%砂浆充填料浆时，分流供砂管3天供砂1天正常生产后，供砂能力可满足3个类似规模的生产采场的充填要求。

5.3.2.2 充填系统设计

试验选用了简单易行的制浆输送系统与设备，充填系统流程如图5-7所示。选厂尾砂浆经分流管到充填制备站的贮砂池，经贮砂池溢流装置可制取40%～60%浓度的尾砂浆，用立式砂泵将尾砂浆泵入搅拌桶内，每组的搅拌桶内分别加入甲、乙料进行搅拌，制备好的甲、乙两种充填料浆，经泥浆泵分别双管泵送至位于采场的混合器，后并入一条管道内，经进一步的流动混合后充填于采场空区。

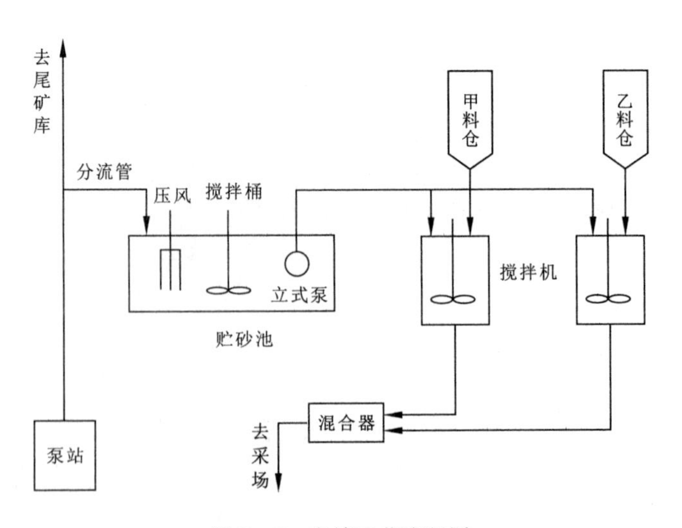

图5-7 充填工艺流程图

1)供砂系统

从选厂到尾砂库的输砂(浆)管引出一条内径为30mm的尾砂(浆)分流管。分流管的选取既要保证其供砂能够满足井下充填和试验用砂量,又要使尾砂库的输砂管和分流管同时输送时的水力输送参数能满足要求,将浓度为30%左右的全尾砂浆输送到井下充填制备站的贮砂池中。输砂水平距离500m,垂直上升高度6m。放砂时,实测分流管入口端压力为1.8～2.0MPa,分流管流量为5.1～5.6m^3/h。采用分流供砂,既保证了井下试验用砂,又不影响输砂管向尾砂库正常输砂,避免了新建供砂系统。

2)尾砂造浆系统

浓度为30%左右的尾砂浆由分流管输送到充填制备站的贮砂池(贮砂池由老巷道改造而成,其长10m、宽4m、高2m、容积80m^3),采用静止沉淀上层溢流排水方式调整浓度,为了获得不同浓度的尾砂浆,在贮砂池的挡墙上设置了溢流槽,并通过组合阀门达到微调的目的。沿贮砂池长度方向均匀布置3台功率为7.5kW搅拌机,每台搅拌机的搅动范围为2.5～3.0m。沿贮砂池两侧各安装4组压风喷管,每组喷管安装3支喷嘴。通过搅拌和压气搅动浆体,保证池内砂浆处于均匀悬浮状态。为了使出砂点的深浅位置可按照池中尾砂浆浓度和液面的高低进行调整,用手动葫芦吊装便可对泵的上下位置进行控制,因而选用了2PNL立式泥浆泵,用其向充填料浆制备设施供砂(浆)。尾砂静止沉淀数天后,经0.5～1h的搅动,贮砂池中不同部位的砂浆浓度基本可以达到一致。

3)料浆制备系统

充填料浆制备可分为间歇式搅拌系统和连续式搅拌系统。间歇式搅拌的特点是高水材料和尾砂按比例注入搅拌桶内进行搅拌,进料和出料均为间歇式,计量是人工进行,其配比计量是比较准确的,常用于充填能力不大的矿山。由于招远金矿玲珑分矿采场规模较小,每次充填量不大,连续充填的时间短,经比较,确定选择间歇式搅拌系统进行充填料浆的制备。试验选用了6台Φ400mm×1400mm单层叶轮式搅拌桶,每个桶的容积2.0m^3,电机功率3kW,转速320r/min,6个搅拌桶分3组,每2个搅拌桶为一组,分别制备甲、乙两种充填料浆。3组搅拌桶按照注砂、添加高水材料、搅拌、放浆4道工序的顺序分别依次进行,如此循环往复,形成连续式作业。

4)输送系统

全尾砂高水速凝胶结充填甲、乙两种充填料浆由两条管路单独输送。在第一分层充填时,使用的料浆浓度为32.6%,用泵可顺利地将料浆泵入采场,输送时注意每次甲浆、乙浆要同步进行,两阀门的开启要一致,以保持甲、乙料浆的比例为1∶1。同时要监视桶内料浆液面,两桶液面下降不一致时,要及时调整阀门。每输送完一组应及时供砂,加料配浆以便下一循环使用,这样周而复始地输送,一直达到所要求的充填量为止。也可采用重力自流输送,要注意在输送时同时打开相应的搅拌桶出浆阀。泥浆泵吸入管采用Φ108mm钢管,泥浆泵加压后送入采场的管路采用Φ51mm的胶管,甲、乙两条胶管经充填井下到采场,将甲、乙料浆送入混合器中,混合后的料浆再经Φ80mm胶管在采场内输送。由于浆液浓度低,混合后至凝固前具有良好的流动性，故混合器出浆管可固定在一处，不需来回移动注浆点，不用平场，充填料浆能自动流平，并保证接顶良好。料浆混合后，约30min即开始凝结，因此，混合后的输送距离不宜太长。料浆的凝结过程是物料的一个物理化学反应过程，在反应中要产生热量，使充填体内温度达到40℃左右。

5)管路清洗及排尘系统

为防止砂浆及料浆在管道及搅拌桶中沉淀固结，特安设了清水冲洗系统。系统关闭后为防止管内砂浆沉淀造成堵管，每次关闭前要进行清洗，清洗可采用压气冲洗(气压为0.8MPa)，也可采用泵压清水冲洗。尾砂造浆、料浆制备及输送系统均采用泵压清水冲洗，冲洗水进入搅拌桶内通过排污阀排至排水沟内；输浆管和泥浆泵的冲洗水经管端阀门进入排水沟内；胶管和混合器用少量水清洗，排入采场内，被料浆吸附。在充填硐室内安设一台IS 50－32－160型离心式水泵，出水管与各管路分支连接，泵压达0.4～0.6MPa，冲洗15min即可见清水。

充填时，产生粉尘的过程是在加料工序。加料时，将包装袋口放在网筛格架上轻轻往上提，产生粉尘较少。在充填硐室口安设一台GKJ 56－2400型轴流风机。在每个搅拌桶上方高0.6～0.8m处悬吊一除尘罩，通过吸出式风筒(Φ200mm)将粉尘排出硐室外。

6)供电通信系统

选择YHC－3 X 50移动重型橡胶套铜芯电缆。环境温度为25℃，电缆芯允许最高温度为65℃时，电缆长期允许电流为145A。贮砂池搅拌机、立式砂泵、清水泵、风机为单机启动和控制，2台泥浆泵、3组搅拌桶为双机启动和控制。四芯电缆的中性线与变压器的中性线连接，为防止漏电触电在充填制备站安装人工接地体，用1200mm×600mm×20mm铜板3块置于尾砂池内，作为接地体与充填制备站内电气设备外壳连接。通过磁力启动器、热继电器和熔电器防止线路发生过流、低压和单相运行。

在充填制备站装一台拨号电话与矿总机连通，作为充填制备站与矿部和分流管开关处联系通信线路，在制备站与充填现场各安装1台ZC 5装型磁力电话，在充填现场和制备站各安装1台电铃，并联一个指示灯，作为开机、停机和报警信号。

5.3.3 全尾砂高浓度胶结充填

传统的尾砂胶结充填技术在矿山的应用，促进了充填采矿技术的发展。但随着这项技术的广泛应用，也暴露出了一系列的突出问题：充填体强度低、养护周期长、充填效率低、井下脱水污染环境、尾砂利用率低、充填成本高等。为了解决这些问题，在各国专家和工程技术人员的不懈努力下，全尾砂高浓度和膏体胶结充填技术应运而生。

在这里，所谓高浓度已不仅指砂浆浓度的高低，而且还包括胶结充填料浆的流态特性发生了变化。当料浆浓度达到一个限值时，料浆便从一般两相流的非均质牛顿流体，转变为似均质流的非牛顿流体，从而流态发生根本性的变化。这个限值点称为“临界流态浓度”。这种变化的过程可以通过如图 5-8 所示水力坡度与流速的关系曲线中看出。当矿浆浓度低于临界值时，水力坡度 i 随流速 v 的增长呈 $n>1$ 的指数函数关系；接近临界流态浓度时，它们之间大体呈线性关系；超过临界值之后，又呈 $n<1$ 的指数函数关系，这里所谓高浓度即指大于临界值的浓度。

全尾砂高浓度胶结充填自流输送工艺是以物理力学和胶体化学理论为基础的，直接采用选厂的尾砂浆，经过一段或两段脱水，获得含水率为 20%左右的湿尾砂，应用振动放砂装置和强力机械搅拌装置，将全尾砂与适量的水泥和水混合制成高浓度的均质胶结充填料浆，以管道自流输送的方式送入采场，形成均匀的、高质量的充填体。

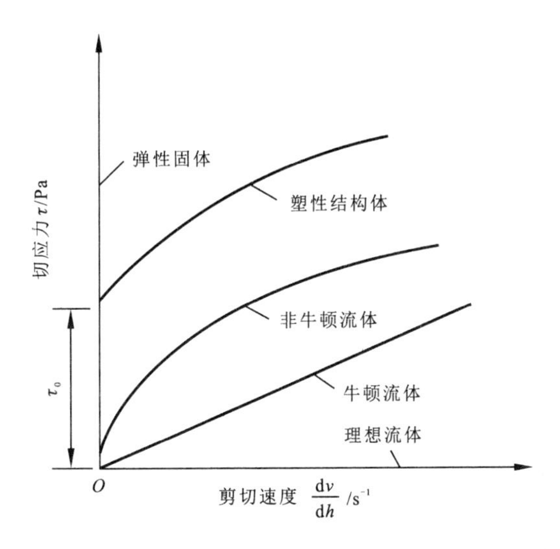

5-8 Φ100mm 水平直管水力坡度与流速关系曲线

传统的尾砂胶结充填工艺根据建筑材料的理论和脱水要求，在充填料中不允许含有 30%以上的细泥（−37～−20μm），并且还要求充填料的渗透系数在 10cm/h 以上。另外，根据建筑材料的理论，在砂浆和混凝土中若含有细泥，则会使水泥耗量增加，所形成的胶结体强度也会降低。但是，按照物理化学的理论，当物料以固态存在时，物理化学作用的速度与物料颗粒的表面积成正比，即随着物料磨细程度而急剧增长。同时，根据管道水力输送流体力学理论，为了获得似均质非牛顿流体，最有效的办法是启用细粒尾砂。综上分析，采用磨浮选尾砂可以制出高质量的胶结充填混合料浆。

全尾砂和水泥等固体物料组成的混合料在物理化学领域来看，属于一种具有触变性质的标准分散系。在相对静止状态下，混合料呈固态性质。当加水形成胶结充填混合料浆后，在振动、强力搅拌等机械装置的作用下，当作用于颗粒的机械冲击力超过分子之间的黏结力时，混合浆液中的固体颗粒便丧失其赖以组成整体介质的水膜，其固体分散体系被稀释而变成具有流动性的（即液化）溶胶状态，混合料浆中的固体颗粒作激烈的伪布朗运动，使胶结粒分布均匀。与此同时，当胶结微粒相互碰撞时，又会从颗粒表面掉下一些水化产物和结晶物，从而露出新的表面，继续产生新的水化作用，加速水泥微粒的分散，使水化反应完全。全尾砂高浓度胶结充填的胶结机理包括以下3个主要过程：①沉缩，由于颗粒细、浓度高、料浆稳定性好，浇注后没有粗细颗粒的相对运动，只有“就地沉降”；②水泥水化胶凝，水泥颗粒均化分散在充填料中与水反应起到胶凝作用；③泌水，在颗粒密度缓慢的提高和水泥水化的过程中，部分水逐渐被析出。

20世纪80年代，苏联列宁诺戈尔斯克多金属公司采用强力活化搅拌技术，使充填料浆的均匀化、流动性得到提高，胶凝材料的活性更为充分地被利用，活化搅拌的料浆真实质量浓度可达到83％；活化搅拌后充填料试块14d、28d和90d的无侧限抗压强度分别增加了30％、40％和35％。另外，为广泛地应用全尾砂和提高充填料浆的浓度，研究开发全尾砂的脱水技术是全尾砂高浓度胶结充填需要解决的另一关键技术。目前全尾砂地面制备站普遍采用的是浓密过滤两段脱水流程，但其能耗大、投资多，工艺流程仍较复杂，因而有待于进一步的研究。

5.3.4 全尾砂膏体胶结充填

全尾砂膏体胶结充填的特点是料浆呈稳定的粥状膏体，直至成牙膏状的稠料。其料浆像塑性结构体一样在管道中作整体运动，膏体中的固体颗粒一般不发生沉淀，层间也不出现交流，而呈柱塞状的运动状态。柱塞断面的核心部分的速度和浓度基本没有变化，只是润滑层的速度有一定的变化。细粒物料像一个圆环，分布在管壁周围的润滑层起到“润滑”作用。膏体料浆的塑性黏度和屈服切应力均较大。全尾砂膏体胶结充填料浆真实质量浓度一般为75％～82％，添加粗料惰性材料后的膏体充填料浆真实质量浓度可达81％～88％；一般情况下，可泵性较好的全尾砂膏体胶结充填料浆的坍落度为10～15cm，全尾砂与碎石相混合的膏体胶结充填料浆的坍落度为15～20cm。

全尾砂膏体胶结充填的关键技术主要有以下几点：

(1)膏体胶结充填料的脱水浓缩技术。由于从选厂送来的全尾砂浆浓度很低，无论采用哪种膏体充填系统，都需将选厂尾砂浆脱水浓缩，达到膏体要求的含量，膏体胶结充填料卸入采空区时要像牙膏一样无多余的重力水渗出。膏体中的固体物料必须有一定量的微细粒(－20μm)，因而给脱水浓缩技术带来更大的困难。一般情况下，选厂尾砂需经两级脱水浓缩，第一级为旋流器(一段旋流或多段旋流)；第二级为浓密机或过滤机，如圆盘过滤机、带式过滤机、鼓式浓密机、振动浓密机等。但现有的脱水浓缩技术还存在着工艺较复杂、投资较大的问题，因而国内外仍在继续致力于这方面的研究。

(2)膏体胶结充填制备系统中的水泥添加技术。为防止膏体砂浆的重新液化，膏体胶结充填料浆中均添加有3％～5％的水泥作为胶凝材料。如果水泥添加方式不当，则会导致充填质量的下降和管道输送的困难。因此，合理配置水泥添加方式就成为膏体胶结充填的另一技术难题。

目前膏体胶结充填制备系统中的水泥添加方式,归纳起来有以下 4 种:

(1)一段搅拌系统干水泥添加方式。即碎石、尾砂、水泥 3 种物料一起加水进行活化搅拌制备成膏体。

(2)两段搅拌系统干水泥添加方式。即浓密后形成的全尾砂经一段搅拌制备成膏体,再送至二段活化搅拌机与干水泥加水活化搅拌制备成膏体。

(3)两段搅拌系统水泥浆地面添加方式。即以浓密过滤后形成的膏状全尾砂浆,用皮带送入地面活化搅拌机,水泥加水经段搅拌与碎石一起进入地面活化搅拌机制备成膏体。

(4)两段搅拌系统水泥浆井下添加方式。即浓缩后的尾砂浆与粉煤灰、碎石加水制成膏状混合浆送入井下,水泥加水一段搅拌成浆单独泵送到井下,在井下将尾砂膏体和水泥浆一同进入双轴螺旋输送机搅拌混合送入空区充填。

根据国内外现有全尾砂膏体胶结充填技术的成功经验,可以认为:①水泥添加地点以程控充填地点为宜;②添加水泥浆比添加干水泥的效果为好。除此之外,膏体的泵压及输送技术、管道输送系统的监控技术等,在全尾砂膏体胶结充填技术中也是相当重要的。

5.4 高水固结全尾砂充填

高水固结充填采矿工艺是使用高水材料作为固化剂,掺加尾砂和水,混合成浆充入采空区后不用脱水便可以凝结为固态充填体的一种新的充填采矿工艺。该工艺的主要特点是:①可将高比例水凝结为固态结晶体,从而使高水固结尾砂充填料浆在一般浓度条件下不脱水而变成固体,利用新的固结材料的特性,可使全尾砂、分级尾砂,其他充填材料产生固结;②高水固结充填料浆在 30%~70%的浓度范围内输送,甲、乙高水固结充填料浆在采空区混合后快速凝结,充填体早期强度高,采场不用脱水,从而可大幅度地缩短回采作业期,提高采矿生产率,改善井下作业环境;③利用高水材料具有良好的悬浮性能,加入高水材料后,所形成的充填浆料中的尾砂沉降减缓,使充填料浆的悬浮性和流动性得到了改善,因而充填料浆便可以利用国产普通泥浆泵实现长距离输送,并有利于克服管道水利输送中易堵管、磨损快、投资大、能耗高等技术难题;④高水固结充填料浆具有良好的流变特性,其充填体具有再生强度特性,因而充填料浆流动性好,利于采场充填接顶,利于采场地压管理,利于矿藏资源的充分回收;⑤高水固结充填采矿工艺在充分利用原有的采准布置、回采方式、回采工艺及采掘设备的基础上,配以高水固结充填材料、高水固结充填工艺及简单易行的充填料浆制备系统,因而可以广泛地用于各种采矿方法及采空区处理。

全尾砂是选矿场直接排放出来的不经脱泥和细尾砂的全粒级尾砂,国内有色金属与黄金矿山的选厂尾砂,其密度一般为 2.6~2.9g/m^3。常用的尾砂分类见表 5-2~表 5-4。

表 5-2　按粒级所占百分比分类

分类	粗		中		细	
粒级(mm)	+0.074	-0.019	+0.024	-0.019	+0.074	-0.019
所占比例(%)	>40	<20	20～40	20～55	<20	>50

表 5-3　按岩石生成方式分类

分类	脉矿(原生矿)	砂矿(次生矿)
特点	含泥量小、泥粒(即<0.005mm)一般少于10%	含泥量大,一般大于30%～50%

表 5-4　按平均粒径分类

分类	粗		中		细	
d_p(mm)	极粗	粗	中粗	中细	细	极细
	>0.25	>0.074	0.074～0.037	0.037～0.03	0.03～0.019	<0.019

下面分别对山东招远金矿和山东焦家金矿的选矿全尾砂的高水固结进行介绍。

5.4.1　招远金矿高水固结全尾砂

5.4.1.1　招远金矿全尾砂的物理化学性质

1)全尾砂的物理性质

全尾砂的密度为2.54g/cm^3,容重为D=1.37g/cm^3,孔隙率为η=46%。全尾砂的粒径组成如表5-5所示。

2)全尾砂的化学成分

全尾砂的化学成分如表5-6所示。

表 5-5　全尾砂粒径组成

粒径范围(mm)	>0.35	0.35～0.18	0.18～0.1	0.1～0.08	0.08～0.05	0.05～0.027	0.027～0.01	<0.01
含量(%)	1.55	26.28	39.77	13.18	8.46	7.37	2.25	0.96
累计含量(%)	1.55	27.83	67.6	80.78	89.42	96.79	99.04	100

表 5-6　全尾砂的化学成分

化学成分	SiO_2	Al_2O_3	Fe_2O_3	CaO	MgO	Zn	Pb
含量(%)	71.35	12.34	1.28	0.77	0.37	0.006 7	0.002 9

5.4.1.2　高水材料对招远金矿全尾砂的固结情况

固结材料由于具有真实的内聚力，其强度特性主要指抗压强度，特别是单轴抗压强度。招远金矿全尾砂固结体的抗压强度如表5－7所示。

表5－7　招远金矿高水固结全尾砂及固结体的抗压强度

序号 项目	尾砂浓度(%)	固化剂用量(%)	灰砂比	水灰比	充填体单耗(kg/m^3)	抗压强度(MPa)			
						8h	1d	3d	7d
1	40	13	1∶2.68	4.02∶1	185	0.46	1.46	1.76	1.9
2		14	1∶2.46	3.69∶1	200	0.86	1.9	2.12	2.3
3		15	1∶2.27	3.4∶1	216	1.24	2.04	2.4	2.6
4		16	1∶2.1	3.25∶1	232	1.31	2.12	2.64	2.74
5		17	1∶1.95	2.93∶1	248	1.7	2.9	3.3	3.50
6	45	12	1∶3.3	4.03∶1	176	0.7	1.36	1.7	2.20
7		13	1∶3.01	3.68∶1	192	1.16	2.2	2.66	2.80
8		14	1∶2.76	3.38∶1	208	1.2	2.4	2.68	3.02
9		15	1∶2.55	3.12∶1	225	1.6	2.76	2.8	3.16
10		16	1∶2.36	2.89∶1	242	1.82	2.86	3.58	3.88
11	50	10	1∶4.5	4.5∶1	151	0.4	0.82	1.26	1.3
12		11	1∶4.05	4.05∶1	167	0.48	1.28	1.30	1.8
13		12	1∶3.67	3.67∶1	184	0.94	1.64	2.14	2.4
14		13	1∶3.35	3.35∶1	200	1.5	2.30	2.62	2.8
15		14	1∶3.07	3.07∶1	217	1.78	2.54	2.84	3.04
16	55	9	1∶5.56	4.55∶1	141	0.56	0.96	1.26	1.3
17		10	1∶4.95	4.05∶1	158	0.74	1.34	1.60	1.80
18		11	1∶4.45	3.64∶1	175	1.04	1.76	2.0	2.14
19		12	1∶4.03	3.30∶1	192	1.46	2.14	2.5	2.7
20		13	1∶3.68	3.01∶1	209	1.48	2.64	2.84	3.22
21	60	8	1∶6.9	4.6∶1	131	0.54	1.02	1.24	1.26
22		9	1∶6.07	4.04∶1	148	0.80	1.3	1.52	1.72
23		10	1∶5.4	3.6∶1	165	1.12	1.8	2.0	2.16
24		11	1∶4.85	3.24∶1	182	1.5	2.32	2.74	2.90
25		12	1∶4.4	2.93∶1	200	1.92	2.7	3.12	3.14

5.4.2 焦家金矿高水固结全尾砂

5.4.2.1 焦家金矿全尾砂的物理化学性质

1)全尾砂的物理性质

全尾砂的密度为 2.67g/cm^3,容重为 D=1.25t/m^3,孔隙率为 η=53%。全尾砂的粒径组成如表 5-8 所示,粒径分布特征如表 5-9 所示。

表 5-8 全尾砂的粒径组成

粒径(mm)	产率(%)	正累计(%)	负累计(%)	粒径(mm)	产率(%)	正累计(%)	负累计(%)
0.001	2.42	100	2.42	0.0385	3.82	57.48	46.34
0.002	5.11	97.58	7.53	0.045	2.63	53.66	48.97
0.003	4.73	92.47	12.26	0.053	1.94	51.03	50.91
0.005	5.75	87.74	18.01	0.075	1.88	49.09	52.79
0.008	6.29	81.99	24.3	0.1	7.03	47.21	59.82
0.01	2.26	75.7	26.56	0.125	8.76	40.18	68.58
0.015	5.54	73.44	32.1	0.25	25.19	31.42	93.77
0.02	3.92	67.9	36.02	0.5	5.63	6.23	99.4
0.03	6.5	63.98	42.52	>0.5	0.6	0.6	100

表 5-9 全尾砂粒径分布特征

最大粒径(mm)	平均粒径(mm)	d_{60}(mm)	d_{50}(mm)	d_{10}(mm)	不均匀系数
0.5	0.0864	0.1	0.055	0.0025	40

2)全尾砂的化学成分

全尾砂的化学成分如表 5-10 所示。

表 5-10 全尾矿的化学成分

化学成分	Mn	Fe	Ti	Na	K	S	MgO	CaO	Al_2O_3	SiO_2	P_2O_5
含量(%)	0.09	1.48	0.09	1.66	4.02	0.14	0.51	2.27	13.8	72.58	0.06

3)试验用水

试验用水取用焦家金矿矿坑水,其化学成分:SO_4^{2-} 为 8.38mg/L,Cl^- 为 138.7mg/L,总盐类为 500mg/L,pH 值为 7.73。

5.4.2.2 高水材料对焦家金矿全尾砂的固结情况

高水材料对焦家金矿全尾砂的固结情况如表 5-11 所示。

表 5-11 焦家金矿高水固结全尾砂及固结体的抗压强度

尾砂浓度(%)	固化剂用量(%)	灰砂比	水灰比	充填体单耗(kg/m^3)	抗压强度(MPa)		
					1d	3d	7d
30	15~19	1:1.7~1:1.27	3.96:1~3:1	158.4~263.4	0.84~1.52	0.97~1.86	1.15~2.16
35	14~18	1:2.15~1:1.59	3.99:1~2.96:1	194.04~255.9	0.9~1.6	1.15~1.95	1.2~2.04
40	13~17	1:2.68~1:1.95	4.02:1~2.93:1	185.95~249.12	0.85~1.8	1.1~2.1	1.18~2.2
45	12~16	1:3.3~1:2.36	4.03:1~2.89:1	177.4~242.2	0.95~1.8	1.3~2.3	1.45~2.45
50	11~15	1:4.05~1:2.83	4.05:1~2.83:1	168.5~234.9	1.06~1.98	1.35~2.4	1.4~2.7
55	10~14	1:4.95~1:3.98	4.05:1~2.76:1	158~225	1.05~1.72	1.40~2.2	1.5~2.7
60	9~13	1:6.07~1:4.02	4.04:1~2.68:1	148~215	1.05~1.79	1.45~2.35	1.5~2.82

5.4.3 高水固结全尾砂抗压强度试验结果分析

上面分别对具有代表性的矿山选矿全尾砂的高水材料固结情况进行了介绍。用高水材料固结全尾砂进行充填采矿是可行的、成功的。根据高水材料的水化硬化机理及力学性能特点,可以了解、掌握高水材料对全尾砂固结机理及固结充填体的力学性能规律。从上面的高水胶结体抗压强度的试验结果可知:

(1)在尾砂浓度及其他条件不变的情况下,随胶结剂掺入量的增多,充填体抗压强度呈不同程度的增加,全尾砂粒级及表面影响着强度的增长速度,从图 5-9 中不同矿山固结全尾砂充填体抗压强度特征曲线可以得到证实,根据此特点,在进行胶结充填设计时,可根据采场对充填体强度的要求确定相应的高水材料掺入量。

(2)在所掺入的固化剂及其他条件不变的情况下,随砂浆浓度的提高,充填体的强度呈不同程度的增长,如图 5-10 所示,当高水材料水化物在充填体分布密度达到一定程度时,随砂浆浓度增加,虽使高水材料水化生成的钙矾石针状结构密度减小,但由于砂浆浓度高,水灰比减小了,从高水材料物理性能中高水材料使用水灰比与固结体之间的关系可知,水灰比对高水材料固结体的影响较大，在固结充填采矿中，可根据这一特性来调整砂浆浓度，通过增加尾砂浆的浓度来提高充填体的强度，从而减少固化剂的用量，以降低充填成本。

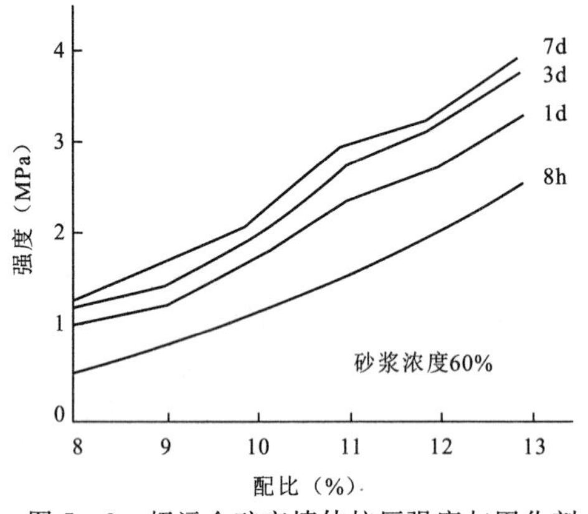

图 5-9 招远金矿充填体抗压强度与固化剂用量的关系曲线

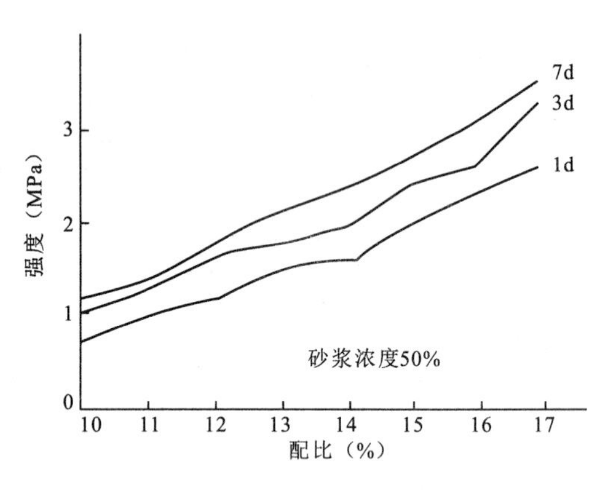

图 5-10 焦家金矿充填体抗压强度与固化剂用量的关系曲线

（3）固结充填砂浆的水灰比、灰砂比对充填材料的质量的影响。砂子和水的量对充填体强度的影响，是砂浆浓度、高水材料掺入量对胶结充填体强度影响的另一种表现形式。这样，能一目了然地掌握固化剂、砂子、水对充填体强度的影响规律。从上面的试验结果及图5-11、图5-12中可以看出，灰砂比对充填体强度影响不大，它们的曲线变化不大，只是一点点波动。在水灰比不变的情况下，随灰砂比减小，一方面，充填砂浆中由于部分水被砂子吸附导致水灰比减小了，使胶结充填体强度升高了；另一方面，随灰砂比减少，砂子量不断增加，充填体中胶凝材料水化物分布密度减小了，又使胶结充填体的强度降低。当充填体中这两方面的作用一样大时，其强度不变，由于高水材料的结晶能力很强，这两方面作用一般差别不会很大，水灰比对充填体的影响较大，他们的曲线变化较大，这一点完全与高水材料固结体物理性能中的水灰比与其强度关系相符。

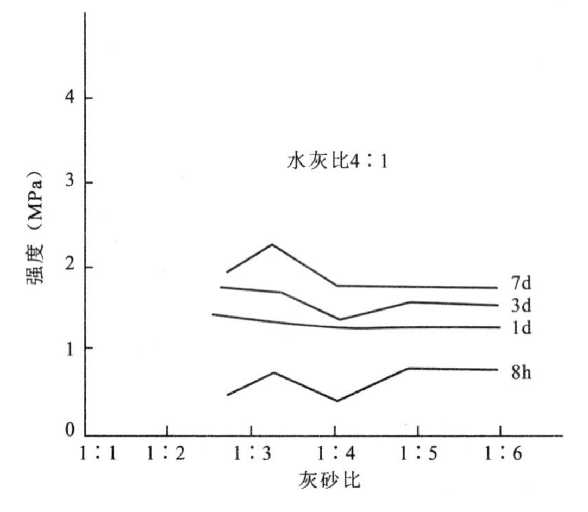

图 5-11 水灰比一定时，灰砂比与充填体抗压强度关系曲线（招远金矿）

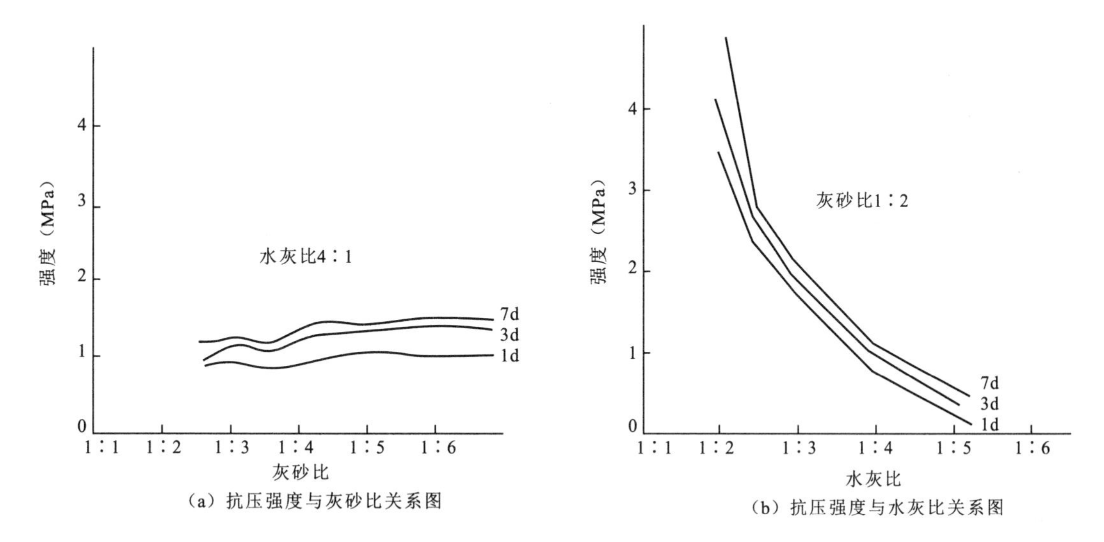

(a) 抗压强度与灰砂比关系图

(b) 抗压强度与水灰比关系图

图 5-12 灰砂比及水灰比与充填体抗压强度关系曲线(焦家金矿)

6 矿山固体废物土地复垦

采矿企业为国家带来了巨大的经济效益和社会效益，但在矿产资源的开发、生产、利用过程中，由于直接采(挖)掘引起的地表塌陷、废弃及矸石山压占等原因，破坏了大量的土地，给当地居民的生产和生活、社会安定及生态环境造成了严重的影响。土地是一切资源中最宝贵的资源，我国是一个人口多、耕地少，人地矛盾突出的国家。对于数量十分可观的被破坏的土地，如能采取科学、有效的治理措施，就能使其中的绝大部分土地重新得到利用，现在国际上称这一工程为土地复垦。

土地复垦是一项系统工程，它涉及到土地、矿业、环保、测绘、水利、农业等多种学科，是一门新兴的边缘性学科。

6.1 概述

6.1.1 矿区土地复垦的概念

矿区土地复垦是依据矿山生态学、土地经济学、环境科学、测绘学、土壤学及区域规划等理论，结合采矿工程特点，对采矿过程中因挖损、塌陷、压占等造成破坏的土地，采取整治措施，使其恢复到可供利用状态的活动。

对矿区土地复垦的概念不同国家理解各不相同：俄罗斯解释为恢复被破坏土地的生产效能和国民经济及改善环境条件为目标的各项工作之总和；美国解释为将因采矿而荒芜的、不用了的地区恢复到所期望状态的行动。

矿区土地复垦是一项综合工程技术，它包括工程复垦和生物复垦两个过程。其最终目的是恢复土地的生产力，实现矿区生态系统新的平衡。

6.1.2 与复垦有关的几个概念

6.1.2.1 工程复垦

工程复垦的任务是建立有利于植物生长的地表和生根层，或为今后有关部门利用采矿破坏的土地作前期准备。其主要工艺措施有：堆置可能受采矿影响区域的耕层土壤，充填塌陷坑，用物理化学方法改良土壤，建造人工水体，修建排水网，修筑复垦区的道路，做好复垦区建筑的前期准备工作，防止复垦区受水的侵蚀、沼泽化和盐碱等。

6.1.2.2 生物复垦

生物复垦的任务是根据复垦区土地的利用方向来决定采取相应的生物措施以维持矿区的生态平衡，其实质是恢复破坏土地的肥力及生物生产效能。其主要工艺措施有：肥化土壤，恢复沃土，建造农林附属物，选择耕作方式及耕作工艺，优选农作物及树种等。

经过工程复垦和生物复垦可以解决：

(1)恢复甚至提高土地的生产力，使破坏了的土地有较高的利用价值。

(2)恢复或整治采矿破坏了的地形，使采动影响区和未受采动影响的毗邻环境相衔接，满足迁建宅基地的需要，不致使居住区远离赖以生存的土地。

(3)合理修建地面排水系统，既保护了地表水体，又使农业灌溉用水得到集中管理，还可防止土壤盐渍化。

(4)若地面设置覆盖层，合理堆放矸石，可防止水土流失，不致产生酸性径流和地面水质污染。

(5)在塌陷底地上植树造林，既可防止大气污染，又可防止不稳定地表遭受侵蚀。

6.1.2.3 复原

复原是指重新恢复到原先的土地，再次按原有的模式利用土地。

复垦与复原是不完全相同的。对于那些土壤较薄的矿床(如沙金矿等)，被破坏的土地有复原的可能，其他情况下对破坏的土地只能因地制宜地加以利用。

6.1.2.4 土地占用与破坏

土地占用是指采掘工业的建(构)筑物以及废弃物占用的土地。这些土地有的一直继续到矿藏开采结束还占用着，有的随着采矿工作面的变化、堆弃物料场地的替换等，所占用着的土地亦可再次利用。

土地破坏是指采矿场地、采矿引起的塌陷地，矸石堆弃场地，排土场地，尾矿及粉煤灰堆弃场地。这些被破坏的土地可称为“直接破坏土地”。间接破坏的土地数量往往大于直接破坏的土地数量，故应列入“土地破坏和污染”或“土地破坏”之内。

6.1.2.5　其他几个概念

(1)万吨塌陷率(亩/万 t)。即每开采万吨煤炭所塌陷土地的平均面积,这里所指的土地一般是指有生产能力的土地。

(2)出矸率(m^3 或万 t/万 t)。即每开采万吨煤,矿井所排出矸石的体积或重量。

(3)土地复垦率。即已复垦土地的面积占采矿破坏土地总面积的比率。

(4)复田比。即指用经济的充填物料充填后所能恢复的土地占整个塌陷区面积的比例。

(5)积水率。即塌陷地积水面积占塌陷地总面积的百分比。

6.1.3　国内外金属矿山土地复垦现状

与国外相比,我国土地复垦工作起步晚、欠账多、难度大、地域间发展不平衡,规范化、科学化不够,金属矿山土地复垦率仅为 10%,而美国已经超过了 80%。此外,法制和组织机构不健全、资金渠道不畅通,也影响了复垦工作向纵深发展。土地复垦工作有计划、全面规划实施已势在必行,且任重道远。

我国金属矿床分布地域广阔,露天矿山的矿体埋藏特点一般是短而深,并且已逐渐转入凹陷和深凹露天开采,剥采比大。地下矿山采矿方法主要是无底柱分段崩落法、任地表自由塌陷。矿山多为贫矿,选矿比和排尾量大,在选矿加工中有 62%以上的矿石作为尾矿处理。全国冶金矿山已占用的土地面积约为 7 万 hm^2,其中被破坏需要复垦的土地面积约为 3.3 万 hm^2。在冶金矿山中形成 1 万 t 矿石生产能力,平均占地 3.97hm^2,每生产 1 万 t 矿石占地 0.04~0.11hm^2。在占地面积中露天采场、排土场、尾矿场三大场地占地达 70%。

国外土地复垦工作起步较早,且各有特色。

美国国土面积广阔,土地资源丰富,农用土地多,人均国土面积在 4hm^2 左右,耕地 0.79hm^2;而中国人均国土面积在 0.87hm^2 左右,耕地 0.088hm^2。美国各类矿山破坏土地 320 万 hm^2,高于我国 200 万 hm^2 的估计数。美国煤矿开采破坏占总数的 85%左右,按美国法律规定,需边开采边复垦,复垦率达 100%,现已达 80%以上,远高于我国。

英国立法、执法严格,采矿后必须复垦,复垦资金来源明确,复垦成绩显著。1993 年露天矿已复垦 5.4hm^2 用于农林业,重新创造了一个合理、和谐、风景秀丽的自然环境。露天矿采用内排法,边开采边回填,再复垦,覆土厚 1.3m(上表层为 30cm 耕作层),复垦时注意地形、地貌,形成一个完美的整体。

法国由于工业发达,人口稠密,故对土地复垦工作要求保持农林面积,恢复生态平衡,防止污染。他们十分重视露天排土场覆土植草,活化土壤,经过渡性复垦后,再复垦为新农田。为使复垦区风景与周围协调,还进行了绿化和美化。在进行林业复垦时,分 3 个阶段完成:一为实验阶段,研究多种树木的效果,进行系统绿化,总结开拓生土、增加土壤肥力的经验;二为综合种植阶段,筛选出生长好的树木,进行大面积种植实验;三为树种多样化和分阶段种植。

澳大利亚矿山复垦特点之一是采用综合模式，进行了土地、环境和生态的综合恢复，它克服了单项治理带来的弊端；另一特点是多专业联合投入，包括地质、矿冶、测量、物理、化学、环境、生态、农艺、经济学、社会学等多学科多专业；再一特点是高科技指导和支持。卫星遥感提供复垦设计的基础参数，并选择各场地位置，计算机完成复垦场地地形地貌的最佳化选择，以及最少工程量的优化选择和最适宜的经济投入产出选择，即费用效率优化方案；高科技成果为矿山复垦提供了各种先进设备，借助先进设备进行生态恢复过程中的观测；分子生物学和遗传学用于设计新的速生、丰产树种和草类，高科技的引入产生了高效益的复垦。

苏联1954年开始立法，1968年将其具体化，促进了土地复垦的综合科研、科学论证。其土地复垦过程分为工程技术复垦和生物复垦，它包括一系列恢复被破坏土地的肥力、造林绿化、创立适宜人类生存活动景观的综合措施。农业、林业复垦是最普遍的，但广泛采用的是最可靠、最经济的林业复垦，他们尽量利用自然条件进行人工林营造，可以降低人工林的投入。

上述国家的矿山复垦工作开展得较早而且比较成功，注意恢复土地生产性能，生物复垦技术先进。美国、澳大利亚更注意环境效益的改善，矿区生态平衡的恢复，并积极研究应用微生物复垦。

6.1.4 国内金属矿山土地复垦存在的问题

我国金属矿山复垦率很低，总体上复垦的土地面积占应复垦土地面积的10%，比国外矿业大国的50%～60%低了很多。与经济发达国家相比我国金属矿山土地复垦研究工作存在着以下差距：

(1)土地复垦研究途径多为工程复垦技术研究，生物复垦技术研究少，使农林复垦土地生产能力低，经济效益较差。

(2)复垦技术的研究只限于一些基本途径的研究，单一用途的复垦，没有根据整个矿区的条件，按生态学、生态经济学，进行综合、协调并控制水土流失的生态复垦研究，导致复垦区生态环境改善不明显，复垦环境效益较低。

(3)矿山废石、尾矿及废水、废气是矿山生态系统破坏的主要污染源，一些新的方法尚在局部探索实践中，没有从生态学理论高度综合研究减少废石生产、抑制污染源、进行生态恢复和治理、使矿山重建生态系统的方法。

6.1.5 开展矿区土地复垦的意义

我国矿区的土地复垦率很低，所以有必要进行矿区土地复垦工作，复垦工作存在以下意义：

(1)矿区土地复垦可改善矿区及矿区附近的生态环境,保证人民群众生命财产的安全。矿山建设和生产很大程度上破坏了原来的地表层,引起了水和大气污染。这种矿区的污染还可能扩散到矿区周围,影响到附近的农田、牧地、林地、果园及居民区。更重要的是矿区塌陷,矸石山、尾矿坝塌方,坝体溃决、滑坡,泥石流等会毁坏田地、房屋,危及居民生命财产的安全。

(2)矿区土地复垦是合理利用土地,增加农业用地,提高土地生产率的一项重要措施。我国建设事业的飞速发展,占地过多过快,加上土地利用结构不合理、利用率低,更刺激了对土地数量的需求。尤其是随着地下和露天开采矿山的增加,占用农田数量也增加,所以要加强复垦工作,为压占、沉陷损坏的土地恢复其生产力和提高生产率而努力。

(3)矿山土地复垦适应了当前矿业的急需。近年来各类矿山已感到土地复垦的必要性和紧迫性,有的矿山已开始复垦,现急需要土地复垦的政策和技术。一方面,根据《中华人民共和国土地管理法》,国务院于 2011 年 3 月 5 日发布并实施了《土地复垦条例》;另一方面,许多科研单位和大专院校,如中国矿业大学与煤炭科学研究总院唐山分院等合作,开展土地复垦的技术研究和试点工作,为煤矿地面塌陷的预测、矸石充填塌陷坑造地的承载力、塌陷区排恢复田作业系统、粉煤灰本体种植、粉煤灰井下充填防止地面塌陷、煤矸石山复垦种植、露天矿山的复垦工作提供了技术支撑。

矿区土地复垦有利于改善工农关系,保障农民的生产和生活。我国因采矿、电力、能源、冶金与建材等工业生产和建设过程中破坏的土地累计已达 3000 多万亩,目前仍以每年 30～40 万亩的速度在增加,各矿区范围内的人均耕地面积普遍急剧下降。有些村人均耕地仅为 0.2～0.3 亩,有些则完全失去土地,生产生活都由国家来安排。这种矛盾随着生产的发展日益尖锐,使矿山和农民间的关系紧张,影响到社会安定和建设进度。只有进行土地复垦,以高质量的农田归还于农民,才是根本性的解决方法。它不仅解决了矿山的征地补偿等费用,还解决了农民就业等问题;农民能实现“耕者有其田”。土地复垦开展得好的地区如江苏铜山、安徽淮北、河北唐山等地已初步解决了这类矛盾。

综上所述,土地复垦工作是贯彻“十分珍惜和合理利用每寸土地”国策的一项重大有效的措施,它对缓解我国尖锐的人地矛盾、改善土地破坏区的生态环境将起到现实和长远的作用,并将产生巨大的经济、社会和生态效益。

6.1.6 矿区土地复垦与采矿工程的关系

从系统论的观点来看,矿区土地复垦工程是采矿过程中一项必不可少的工作,而且只有将土地复垦工程与采矿工程同步开展,才能使矿山开发过程更合理、更科学、更完善,才能从根本上解决土地破坏的问题。矿区土地复垦工程与采矿工程的关系如图 6－1 所示。

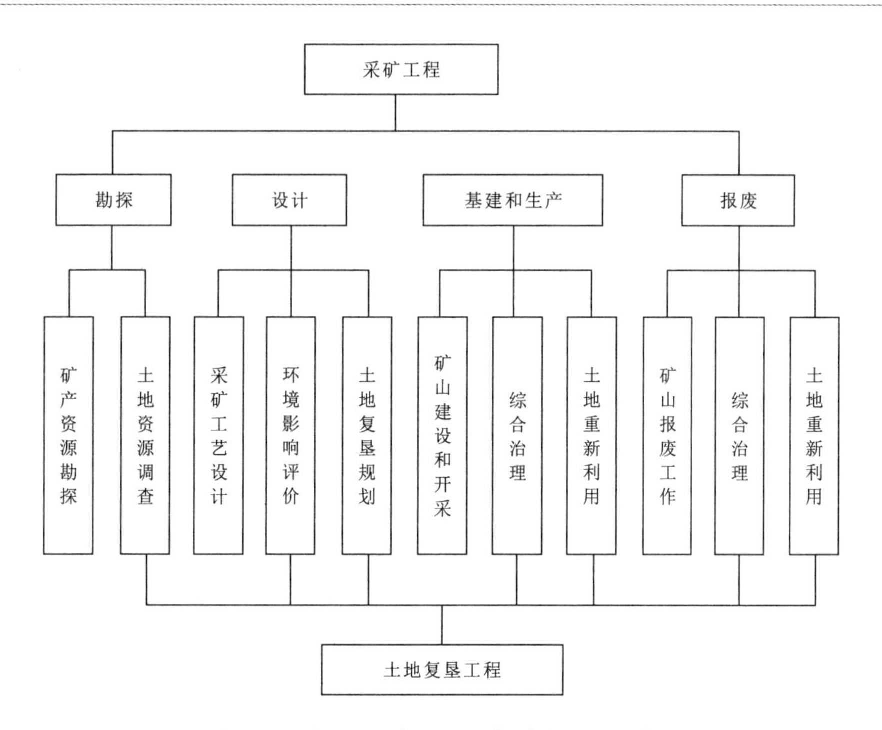

图 6-1 矿区土地复垦工程与采矿工程的关系

6.2 矿区土地复垦规划和设计

矿区土地复垦规划是对土地复垦在一定时期内的总体安排。它需要根据矿山企业发展规划与矿产资源开采计划，地方的自然、经济与社会条件对复垦项目、复垦进度、复垦项目的工程措施及复垦后土地的用途甚至生态类型等作出决策。矿区土地复垦设计则是在规划的基础上，对复垦工程量、平面布置、复垦工程的技术参数等作具体安排和计算。

6.2.1 矿区土地复垦规划与设计的意义

矿区土地复垦规划与设计的意义表现在以下几个方面。

1)避免复垦工程的盲目性

不经过规划设计的复垦工程，往往存在以下几个方面的盲目性：①在塌陷不稳定区进行大量土方工程；②片面追求高标准；③对塌陷积水区采取盲目回填措施等。

通过对土地复垦工程合理的规划，可以充分发挥区域自然资源优势，正确选择复垦投资方向，不致造成复垦有投入无产出或产出甚微的情况。

2)保证土地利用结构与矿区生态系统的结构更趋合理

矿区土地复垦是土地利用总体规划的重要内容，又是土地利用的一个专项规划。国内外土地复垦实践证明：制定一个合理的矿区土地复垦计划完全可以使矿区土地生产力及采后生态环境恢复至原有水平，甚至高于原有水平。

3)保证土地部门对土地复垦工作的宏观调控

根据我国人多地少这一国情，在条件允许的情况下，应优先考虑复垦为耕地。土地管理部门通过审定土地复垦规划可对土地复垦方向实行宏观调控。

4)保证土地复垦项目时空分布的合理性

土地复垦规划的实质就是对土地复垦项目实施的时间顺序及空间布局作合理安排。因此，土地复垦规划设计能保证土地复垦项目时空分布的合理性。即在时间上，复垦项目纳入企业生产与发展计划，不同的生产阶段完成不同的复垦任务；在空间上，按照土地破坏特征将土地复垦分为不同的用途。

6.2.2 矿区土地复垦规划设计应遵循的原则

土地复垦规划应当与土地利用总体规划相协调。各行业管理部门在制订土地复垦规划时，应当根据经济合理的原则和自然条件以及土地破坏状态，确定复垦后的土地用途。在城市规划区内，复垦后的土地应符合城市规划。

土地复垦应当与生产建设统一规划。有土地复垦任务的企业应当把土地复垦指标纳入生产建设计划，在征求当地土地管理部门的意见并经行业管理部门批准后实施。

土地复垦应当充分利用邻近的废弃物(粉煤灰、煤矸石、城市垃圾等)充填挖损区、塌陷区和地下采空区。利用废弃物作为土地复垦充填物，应当防止造成新的污染。

上述三条是《土地复垦规定》对土地复垦规划所作的原则规定。实际工作中，还应遵循以下原则：①先作总体规划，再作复垦工程设计；②因地制宜，综合治理；③近期效益与长远效益相结合；④经济效益、生态环境效益与社会效益相结合。

因此，复垦工程实施应从全局考虑，首先安排投资少、见效快的项目。复垦工程的目标不仅要寻求最佳的投资效益比，还要达到复垦后矿区生态系统的整体性和协调性。复垦规划不仅是耕地恢复规划，还包括村庄搬迁、水系道路、建设用地、环境治理等综合规划。

6.2.3 矿区土地复垦规划设计的基本程序

制定矿区土地复垦规划设计的基本程序如图 6-2 所示。

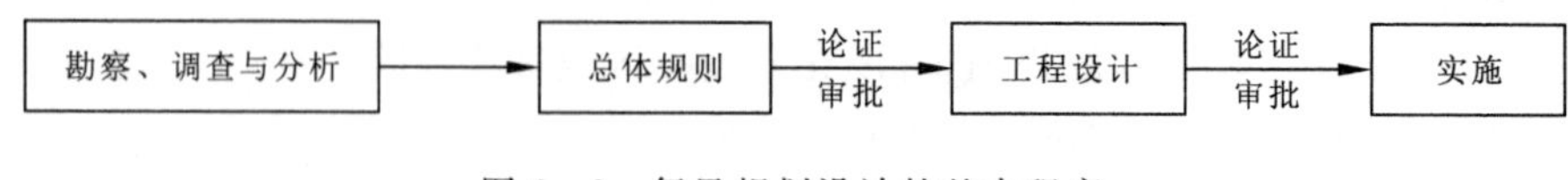

图 6-2 复垦规划设计的基本程序

1)勘察、调查与分析

勘察、调查与分析的目的是明确复垦的性质,获取制定规划所必需的数据、图纸等基础资料。

2)总体规划

总体规划需要确定规划范围、规划时间,指定复垦目标和任务;然后将复垦对象分类、分区并作分期实施计划,对总体方案进行投资效益预算;最终通过部门间协调、论证,形成一个可行的规划方案。最终成果包括规划图纸和规划报告。

3)复垦工程设计

复垦工程设计是在总体规划的基础上,对近期要付诸实施的复垦项目所作的详细设计。复垦工程设计的最基本要求是具有可操作性,即施工部门能按设计图纸和设计说明书进行施工。

4)审批实施

无论是总体规划还是复垦工程设计都需要得到土地管理部门和行业主管部门的审批,方可付诸实施,且复垦工程实施后,土地管理部门需对复垦工程进行验收。土地使用者需对复垦土地进行动态监测管理。

矿区土地复垦规划设计各阶段的内容和目标如表6-1所示。

表6-1 矿区土地复垦规划设计各阶段的内容和目标

阶段	内容	目标
勘察、调查与分析	(1)地质采矿条件调查与评价; (2)社会经济现状调查与评价; (3)社会经济发展计划; (4)资源调查与评价,包括土地破坏与土地利用现状、土壤类型与分布、水资源、气候条件; (5)环境污染现状调查与环境质量评价; (6)地形勘察	(1)明确复垦问题性质; (2)为总体规划提供基础资料
总体规划	(1)结合井下开采范围与地质条件,确定规划区域范围; (2)确定规划时间; (3)选择土地利用方向; (4)制定分类、分区、分期复垦方案; (5)复垦规划方案的优化论证; (6)投资效益预测; (7)关于影响复垦工程实施的相关问题与解决方法的说明	(1)和土地利用总体规划一起为区域土地利用的合理性提供保证; (2)为复垦工程设计提供依据
复垦工程设计	(1)明确复垦工程设计的对象(位置、范围、面积、特征等); (2)设计达到总体规划目标的工艺流程、工艺措施、机械设备选择、材料消耗、劳动用工等; (3)实施计划安排(如所需物料来源、资金来源、水源等); (4)施工起止日期安排,工程投入与年经济营费、年收益的详细预算	供施工单位施工

6.2.4 矿区土地复垦规划与复垦对象的分类

矿山开采分为地下开采和露天开采两种。相应地，矿区土地复垦分为地下开采土地复垦和露天开采土地复垦，而复垦规划可分为地下开采复垦规划和露天开采复垦规划。从时间考虑，复垦规划可分为采前复垦规划和采后复垦规划。采前复垦规划是指新矿区开发或老矿井改扩建时，在采矿设计阶段就作的复垦，采后复垦规划则是指矿产资源已经开采，因以前对复垦工作没有重视，现在需要作复垦规划，这在我国是很普遍的。从范围来说，可以是一片塌陷地、一个矿井、一个矿区、几个矿区甚至全国的采矿区域，依此，矿区土地复垦规划可分为某塌陷区、某矿、某矿区或全国的土地复垦规划。按矿区所处的地理位置，可分为"城郊—矿区"型与"农村—矿区"型规划，我国"农村—矿区"型规划居多。根据地貌条件，可分为位于山区的和位于平原的矿区土地复垦规划。根据矿区地下潜水位埋藏情况，又可分为高、中、低潜水位矿区土地复垦规划。

制定矿区土地复垦规划时，可根据上述分类明确复垦方向、复垦重点及影响复垦工程实施的制约因素。例如：一般情况下，"城郊—矿区"型规划可优先考虑娱乐场所用地，建立蔬菜基地或作园林化复垦；"农村—矿区"型则优先考虑种植业、养殖业用地。采前规划需预测破坏程度；采后复垦规划则需实地勘察破坏程度。地下开采复垦规划应重点考虑解决地表沉陷后积水、土地沼泽化、土壤次生盐渍化问题；露天开采复垦规划则应重点考虑土壤结构的重建、土地重新植被等问题。不同地貌条件的矿区土地复垦方向与重点也明显不同。位于黄淮海平原、华北平原等重要粮棉基地的矿区，恢复为可耕地是复垦的重点；位于丘陵山区的矿区，复垦时加强水土保持措施、防止水土流失显得尤为重要。

6.2.5 矿区待复垦土地的适宜性评价方法

6.2.5.1 适宜性评价的概念

待复垦土地的适宜性评价是对受破坏土地特定复垦方向的适宜程度所作出的判断分析。这些特定的复垦方向包括农作物种植、水产养殖、家禽家畜养殖、林果种植、蔬菜种植、建筑利用、娱乐场所等。适宜性评价的一般步骤是：

(1)确定具体的复垦方向。

(2)选择影响因子，这些因子包括土壤、气候、地貌、地物等自然因素，工农业生产布局、资金投入、土地利用结构等经济因素，种植习惯、行政区规划等社会因素。

(3)按照一定的标准评判某一块地的各个因子对指定复垦方向的适宜程度。

适宜性评价结果可作为复垦规划的依据。

6.2.5.2 矿区待复垦土地适宜性评价的特点

矿区待复垦土地资源属于特殊立地条件，即土地用途受到极大限制、土地资源位于特定环境条件下。换句话说，矿区待复垦土地资源不同于一般的土地资源，有其特殊性。

1)土地破坏程度制约土地复垦利用方向

土地破坏程度越严重，土地复垦利用方向限制越大。土地破坏的表现形式多种多样，如稳定和不稳定，长年积水、季节性积水与不积水，裂缝、台阶状下沉与波浪状下沉等。对于不稳定塌陷地，一般不进行较大的投入，土地利用方向为临时性的。土地破坏程度对土地复垦利用方向的制约程度可通过增加投入来弥补。复垦投入越大，复垦方向的选取越灵活。

2)非现状、非评价对象本身的因素起较大的制约作用

非现状因素是指未来塌陷的影响程度、种植习惯、管理水平、复垦工程措施的选取等。非评价对象本身的因素是指相邻塌陷区的情况，相邻区域的土地利用模式、水利设施、交通运输条件和充填料来源等。因此，待复垦土地的适宜性评价不只是对现状的评述，还具有一定的预测性。评价因子应包括非现状、非评价对象本身的因素。

3)经济、环境、社会效益必须有机结合

矿区破坏土地的复垦利用既是一项经济活动，又是矿区环境治理的任务，因此，必须兼顾经济、环境与社会效益。

4)区位原则具有特定的含义

所谓区位原则是指地块地理位置的差异带来经济效益上的差异。待复垦土地范围一般较小，区位原则具有特定的含义，即：地块距充填料来源地近时，复垦土地利用方向的选择范围大；地块距水源地近且塌陷较深时，越宜发展水产养殖业；距矿山工业广场越近的地区越需加强绿化造林，以改善矿山环境质量等。

6.2.5.3 适宜性评价的分类系统

适宜性评价的分类系统是指复垦后土地利用方向及适宜等级构成的评价系统。这种分类系统不同于土地利用现状调查规程规定的分类系统。一般可根据待复垦土地本身的属性和复垦目标灵活确定。

平顶山市根据破坏土地的现状，将待复垦土地资源按“纲—亚纲—类—级”建立分类系统。所有待复垦土地分为适宜纲和不适宜纲。适宜纲是指经过一定的改造措施，破坏了的土地资源可复垦为农、林、牧、渔、建等用地；不适宜纲是指复垦措施在技术上不可行或经济上不合算。适宜纲又分为宜农(包括粮食和蔬菜种植)、宜林、宜牧、宜通、宜建 5 个亚纲。在亚纲下又根据被破坏土地资源类型分为 8 个类，即塌陷地、矸石山、粉煤灰场、窑场等。在类下又按破坏程度和复垦利用的难易程度分为几个级。

中国矿业大学在对江苏省铜山县采煤塌陷地作适宜性评价时，则根据需要将评价对象分为适宜纲和不适宜纲。适宜纲又分为宜农用地、宜基塘复垦用地、宜林果用地 3 类。对宜

农用地又进一步分为一级宜农用地和二级宜农用地。

6.2.5.4 适宜性评价的依据或标准

适宜性评价时需要选择影响因子、确定影响因子的权重以及影响因子对给定复垦方向等级的影响分值。适宜性评价的重要标准是土地生产力，即选择那些对土地生产力影响较大的因子，确定权重和分值时主要看影响因子对给定土地利用方向生产力的贡献大小。实际工作中，选择影响因子、确定权重和分值往往是建立在实际调查资料的基础上的。

6.2.5.5 适宜性评价方法

常用土地适宜性评价方法有极限条件法、支书法和模糊数学等方法。

6.2.6 矿区复垦土地利用结构的决策

合理的用地结构应综合考虑土地本身的适宜性、利用后的经济效果以及生态环境效果，并符合土地利用总体规划及其他各项政策要求。土地适宜性评价结果得到的用地结构主要考虑了待复垦土地的自然属性因素，这不一定是合理的。矿区复垦土地利用结构的决策需要考虑以下因素。

6.2.6.1 遵循土地利用总体规划的要求

土地利用总体规划往往是粗线条的，它要提出本地区土地利用目标和基本方针，包括开发、复垦目标，这些目标、方针正是制定土地复垦规划的依据。如某地区确定2000年以前复垦煤矿塌陷地3万亩，其中复垦为耕地不少于1万亩，以弥补新开采沉陷的耕地数量，于是在制定矿区土地复垦规划时，就应从现有的塌陷地中挑选出1万亩及以上自然条件好、投入少、宜复垦为高产农田的塌陷地块复垦为耕地。

6.2.6.2 满足人民生活和生产建设需要

满足人民生活需要就是要综合考虑本地区粮食供应、劳动力就业、当地居民生活与耕作习惯等因素；满足生产建设需要包括满足农业生产和工业生产两方面，如兴修水利、道路建设、村庄搬迁、煤矿工业广场扩大以及其他工业企业用地等均应统一考虑。

6.2.6.3 合理的用地结构应能改善本地区的生态环境质量

水资源短缺地区可结合矿区土地复垦修建一些蓄水设施。矿区粉尘污染严重，应通过复垦适当增加绿地面积；矿山污水、固体废物排放亦影响复垦后土地利用结构的决策。

6.2.6.4 社会因素

需要考虑的社会因素包括规划区内劳动力就业、人口构成、生活习惯、交通、通信设施、游乐场所等。

6.3 矿区土地复垦技术

6.3.1 矿区土地破坏类型与特征

矿区土地破坏基本分为压占、塌陷和挖损 3 类。压占土地包括地下开采的矸石排放压占、露天矿山排弃剥离物压占、选矿尾矿渣压占和坑口电厂粉煤灰压占。其主要特征是破坏景观、污染矿区环境。塌陷主要是地下开采沉陷引起的,其破坏土地的主要特征是下沉、附加坡度和裂缝等。高潜水位矿区由于下沉还引起土地盐化和沼泽化,甚至积水而完全丧失耕种能力。开采急倾斜煤层或采深很小或采厚很大的情况下,地表可能出现漏斗状塌陷坑。挖损则主要是露天矿采场的挖损,它导致土壤结构完全破坏,采空区若不采取回填措施,则留下几十米至上百米深的大坑。压占、塌陷和挖损还严重影响区域内的水环境。压占土地的矿山固体废物由于降雨淋溶存在污染地下水和地表水体的威胁;塌陷则导致煤层上方含水层破坏或地下水位下降;挖损则使含水层完全破坏。

矿山土地破坏无论属于哪一种类型,均会导致土地生产力下降或完全丧失,矿山土地复垦是解决上述问题的有效办法,工程复垦则是土地恢复利用的基础。

6.3.2 矿山复垦土地的利用方向和利用层次

复垦土地的利用方向是确定工程复垦措施的依据之一。

从法律上来讲,国家土地管理局在(土地复垦规定)问答中对如何确定复垦后的土地用途问题有如下解释。土地复垦后的用途的确定,一般应本着 3 个原则:第一,要符合土地利用总体规划,在城市规划区应符合城市规划;第二,要尽量复垦为耕地或其他农用地,鼓励种粮食;第三,要尽量恢复原来用途。但由于土地破坏程度的不同,所处的位置差异,应本着经济合理、因地制宜的原则确定用途。宜农则农、宜林则林、宜渔则渔、宜建则建,有的还可开辟成游览娱乐场地。

从实际情况来说,我国目前主要的复垦方向有农业复垦、林业复垦、牧草地复垦、建筑复垦、娱乐场所复垦等形式,这主要是由下述情况决定的:第一,我国绝大多数矿山位于农村,破坏的土地也多为农用地,因矿山开采与农业生产的矛盾在各大矿区普遍存在,因此我国矿山土地复垦后的土地的主要利用方向仍是农业用地,包括农作物种植及水产养殖、家禽养殖等,这是符合我国国情的,也是政策鼓励的,随着市场经济的推行,农副产品价格的上涨,农民进行农业复垦的积极性空前高涨;第二,作为矿区村庄搬迁和矿山工业广场扩大用地的需要,建筑复垦也是一种重要的形式;第三,我国有不少矿区位于丘陵山区,这些地区水资源缺乏,水土流失严重,如山西的大部分矿区,这类矿区复垦的主要方向是林业复垦,通过植树造林改善矿区的环境条件,并起到保持水土的作用;第四,我国内蒙古等地的一些矿区土地破坏前为良好的牧草地,需要将被破坏的草地恢复至原状态;第五,有些矿区位于城市郊区,或为满足矿工的文化生活需要,将破坏的土地复垦为游乐场所和文体活动场所。

所谓复垦土地的利用层次是按土地利用集约度而提出的。众所周知,我国土地资源十分贫乏,条件允许时,应提倡集约化经营。

我国矿山复垦土地利用层次的确定应充分利用矿区技术、人才、资金和信息优势,适时对产业结构进行调整,考虑市场需求,重未来而非重现状,重资源而非重市场,重功能而非重指标。随着经济的发展,我国复垦土地利用层次逐年得到提高。以农业复垦为例,徐州、淮北等矿区已从过去单纯的种植养殖业发展到农副产品的粗、精、深加工业,并重视引进先进技术(如生物工程、微生物工程技术等)。近年来,还有不少矿区为适应市场经济需要,提出了开发复垦走"种养加一条龙,农工商一体化"道路的口号。

6.3.3 矿区工程复垦技术

从复垦形式分,矿区工程复垦技术分为充填复垦和非充填复垦两类。结合复垦土地的利用方向和土地破坏的形式、程度,常用的矿山工程复垦技术有:土地平整技术、梯田式复垦、疏排法复垦、充填法复垦、建筑复垦技术、采矿与复垦相结合的技术、矸石山复垦技术、露天矿复垦技术及塌陷水域的开发利用。

土地平整、梯田式、疏排法复垦属于非充填复垦形式;充填法复垦有矸石充填、粉煤灰充填等形式。值得注意的是,上述方法往往都是配合使用的。

6.3.3.1 土地平整复垦技术

1)使用条件与基本要求

(1)适用条件。

本法主要消除附加坡度、地表裂缝以及波浪状下沉等对土地利用的影响。适用于中低潜水位塌陷地的非充填复垦、高潜水位塌陷地充填法复垦、与疏排法配合的高潜水位塌陷地非充填复垦、矿山固体废物堆放场的平整以及建筑复垦场地的平整等。

(2)基本要求。

①土地平整要与沟、渠、路、田、林、井等统一考虑,避免挖了又填,填了又挖的现象。

②土地平整既要有长远目标,又要立足当前。长远目标是使复垦区排灌配套、地面平整和稳定高产。立足当前要安排好各项工程实施顺序,如先粗平,到能保证灌溉和排水时再逐年精细平整,这样可保证逐年增产。

③平整范围以条田内部一条毛渠所控制的面积为一个平整单位。如地形起伏大,还可将毛渠控制的面积分为几个平整区,对于水田,可以一个格田的面积为平整单位。

④地面平整度必须符合规定要求。一般情况下,田面纵坡方向设计与自然坡降一致,田面横向不设计坡度,纵坡斜面上局部起伏高差和畦田的横向两边高差一般均以不大于3～

5cm为宜。对于水田,格田内绝对高差不宜超过5～7cm。国土资源部制定的《国家投资土地开发整理项目竣工验收暂行办法》则要求不超过10cm。要达到上述要求,格田大小应按地形坡度而定,其边宽或长度可按下式计算。

$$L=\frac{\Delta H}{i}$$

式中:L——格田长或宽(m);

i——自然坡度(°);

ΔH——格田允许高差(m)。

2)土地平整工程施工

施工方法正确与否直接影响复垦质量。对地面高差不大的田块,可结合耕种,有计划地移高垫低,逐年达到平整;对于需要深挖高填的地块,可采用人工或机械的方法整平。无论是人工法还是机械法施工,都应注意保留熟土。人工施工常采用倒槽施工工艺,即将待平整土地分成2～5m宽的若干条带,依次逐带先将熟土翻在一侧,然后挖去沟内多余的生土,按施工图运至预定填方部位。填方部位也要先将熟土翻到另一侧,填土达到一定高度后,再把熟土平铺在生土上。机械法施工时常用的机械有推土机、铲土机、平土机等,施工工艺有分段取土、抽槽取土、过渡推土等方法,按填土顺序又分为前进式和后退式,选用哪种工艺方法应结合所用机械类型和实际地形而定,且应尽可能避免碾压造成的土壤板结现象或采取相应的措施,如用平整后的耕翻来解决土壤板结问题。

3)土地平整法复垦的配套措施

(1)建立并完善复垦区排灌系统。

尽可能高水高排,低水低排。灌溉则尽可能统一布局,因受开采沉陷的影响,坍陷地形往往比较破碎,如忽高忽低,可采取分区灌溉的方法,统一规划灌溉水源。

(2)深耕细整,耙磨碾压。

深耕可以松土匀土,使新老土掺和,利于蓄水和土壤热化。耕翻、耙磨、碾压可以破碎土块,弥补平整造成的缺陷,改良土壤的物理特性。

(3)与疏排法、挖深垫浅,充填法复垦相结合。

只有挖深垫浅,充填法复垦多种复垦方法相结合,才能达到大面积复垦的目的,并使复垦工程真正最大限度地消除矿山开采造成的多种消极影响。

(4)土地利用分区。

土地平整复垦往往是较大范围内复垦的一种形式,应结合其他复垦后土地利用的方向。

(5)培肥措施。

增施有机肥,改善土壤结构。

6.3.3.2 梯田式复垦技术

1)适用条件

对位于丘陵山区或中低潜水位采厚较大的矿区,耕地受损的特征是形成高低不平甚至台阶状地貌。按照我国对地形特征的划分标准，地表坡度小于 2°为平原，大于 6°为山地，2°～6°为丘陵，25°以上为高山，采煤形成塌陷而产生的附加坡度一般都较小。塌陷后地表坡度在 2°～6°之间时，可沿地形等高线修整成梯田，并略向内倾以拦水保墒，土地利用时可布局成农林(果)相间，耕作时采用等高耕作，以利水土保护。因此梯田式复垦适用于地处丘陵山区的塌陷盆地或中低潜水位矿区开采沉陷后地表坡度较大的情况。我国山西大部分矿区，河南、山东等地一些矿区的塌陷地可采用此法复垦，利用此法复垦可解决充填法复垦充填料来源不足的问题。

2)梯田施工

为保证梯田施工质量，在施工前需要实地测量定线，测量定线的内容包括确定各台梯田的埂坎线以及在每台梯田上定出挖填分界线。测量定线的依据是梯田施工设计图。

梯田施工主要包括表土处理、平整底土和田坎修筑等几个环节。施工顺序是：清除地表障碍物，表土处理，平整底土，田坎修筑，回铺表土。

表土处理和平整底土常用中间堆土法、逐级下翻法和条带法等施工方法。

图 6-3 为中间堆土法施工示意图。其主要工序包括堆积耕层土于设计的两田埂中间、切垫底层土和覆盖表土 3 个步骤。此法适用于坡度大、田面窄的梯田施工。

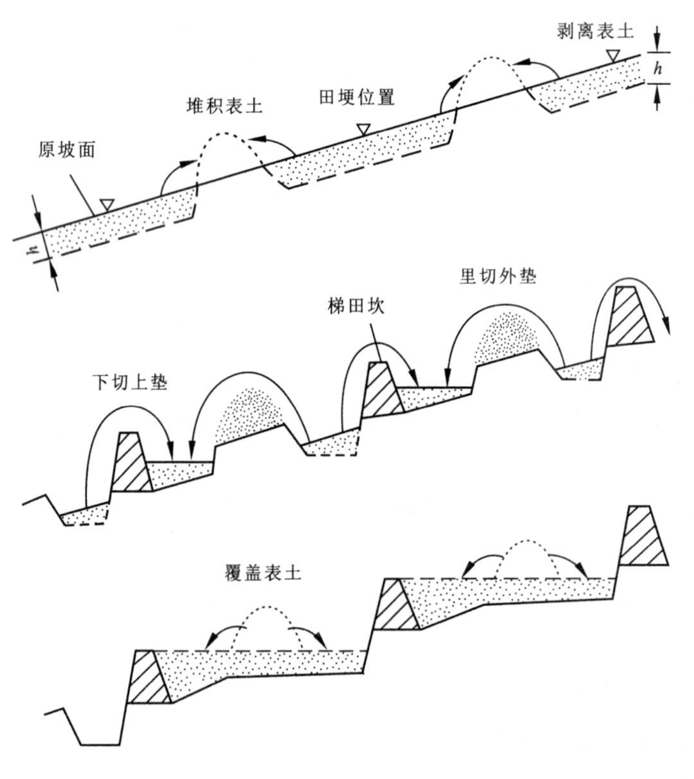

图 6-3　中间堆土法施工示意图

h—剥离表土厚度

图 6－4 为逐级下翻法施工示意图。该法自下而上修筑梯田，上一级梯田的表土作为下一级梯田的覆盖土源，最下一级梯田的表土首先堆存起来，或作为最上一级梯田覆盖土源，也可留作他用。此法也适用于坡陡田面窄的梯田。

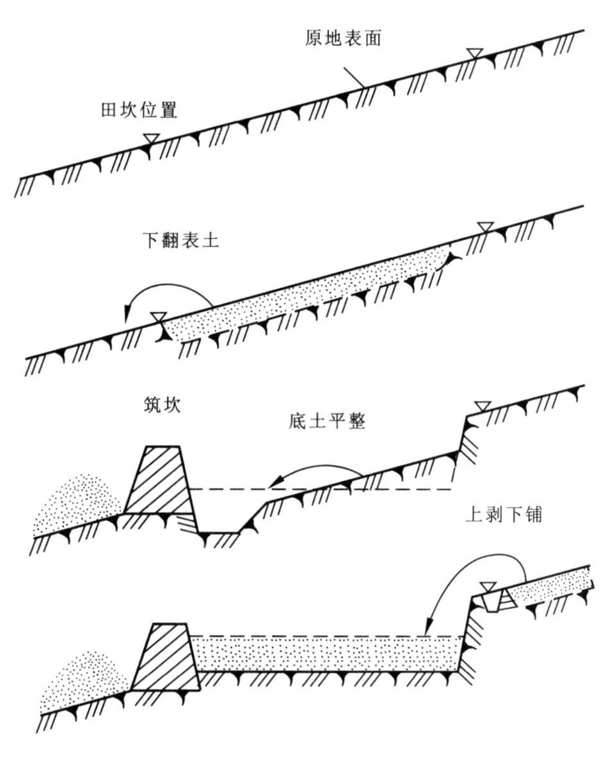

图 6－4 逐级下翻法施工示意图

条带法适用于坡缓田面宽的梯田修筑(图 6－5)。该法施工顺序为先间隔条带剥离堆放表土，再进行底土平整(图 6－5 中 1、3、5 条带)，待底土平整完后将 2、4 条带堆存的表土覆盖于 1、3、5 条带上，依同样的方法可修筑 2、4、6……条带。

田坎修筑是保证梯田稳固的关键，一般应采取夯实等加固措施。

3)梯田式复垦的配套措施

(1)灌溉措施。

灌溉措施应着重多方面开辟灌溉水源。灌溉水源可以外部引入，也可结合梯田复垦将塌陷盆地底部挖深蓄水，这样也可以减轻水土流失造成的危害，因为养分随地表径流，从梯田流入盆底，又用盆底蓄水浇灌梯田，正好实现了养分的循环利用。

(2)生物措施。

生物措施包括在梯田采用农林(果)相间的方式，在每一梯田的田坎植树种果或豆科作物。这样做的好处是既防止水土流失，又起到提高田坎稳定性的作用。

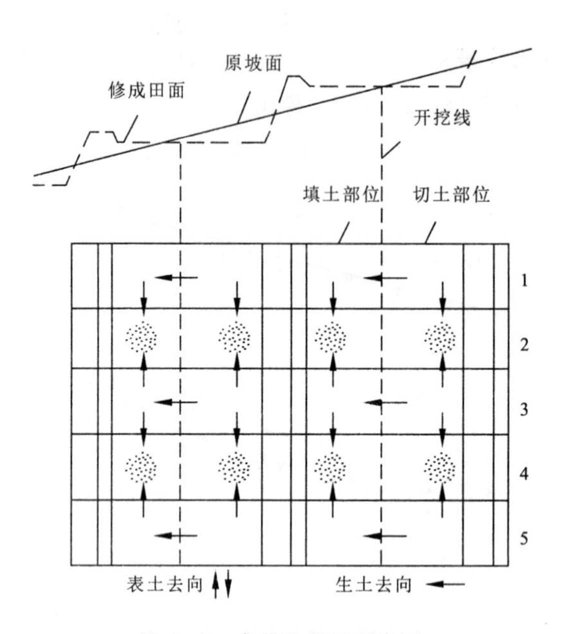

图 6-5　条带法施工示意图

(3)培肥和耕作措施。

梯田施工过程中由于土方工程及机械碾压等,往往导致土壤层位破坏,物理性质发生变化。所以在土地利用过程中应采取培肥和耕作措施逐步解决上述问题,如深耕深翻、多施有机肥等。

6.3.3.3　疏排法复垦技术

1)适用条件

地下开采沉陷引起地表积水而影响耕种,地表积水可分成图 6-6 中的两种情况。

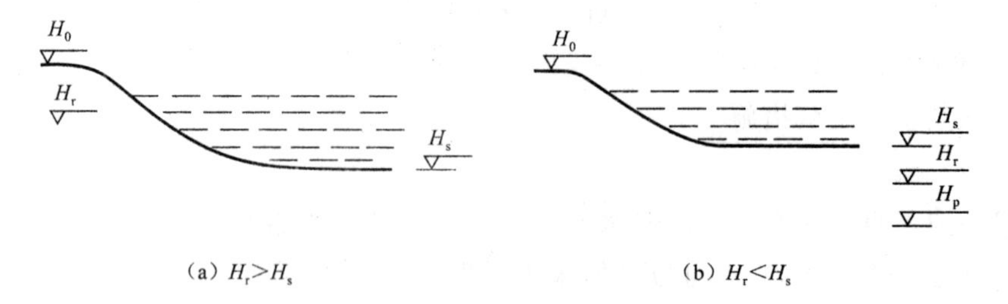

图 6-6　塌陷区积水示意图

H_0—原地表标高;H_s—塌陷后地表标高;H_r—外河洪水标高;H_p—潜水位标高

图 6-6(a)是外河洪水位高出塌陷后地表标高的情形,这种情况下若不采取填充法复

垦，必须采取强排法排除塌陷坑积水或采用挖深垫浅的方法抬高部分农田的标高方可耕种。图6-6(b)为外河洪水位标高低于塌陷后农田标高的情况，这种情况下可在塌陷区内建立合理的疏排系统，通过自排方式排除地表积水，但在 $H_s - H_p < h$(h 为地下水临界深度)时，除建立疏排系统外，还必须采取开挖降渍沟降低地下水位 H_p，这样才能保证作物正常生长。

无论是自排还是强排，都必须进行排水系统设计，而排水系统在露天矿以及其他类型的复垦区域也起着十分重要的作用。

2)排水系统组成

一般的排水系统由排水沟系和蓄水设施、排水区外的承泄区和排水枢纽等部分组成。排水沟系按排水范围和作用分为干、支、斗、农4级固定沟道；蓄水设施可以是湖泊、坑塘、水库等，排水沟也可以兼作蓄水用；承泄区即通常说的外河；排水枢纽指的是排水闸、强排水电站等。

塌陷区疏排法复垦，重点需要防洪、除涝和降渍。所谓防洪就是要防止外围未受塌陷地段或山洪汇入塌陷低洼地，除涝就是要排除塌陷低洼地的积水，降渍则是在排除积水之后开挖降渍沟使潜水位下降至临界深度以下，为此疏排法复垦的排水系统设计包括防洪系统、除涝系统和降渍系统。

3)疏排法复垦的配套措施

疏排法复垦属于非充填复垦，是华东高潜水位矿区大范围恢复塌陷土地农业耕作的有效方法。江苏省铜山县与中国矿业大学合作利用该方法，已复垦改造了数万亩采煤塌陷地，取得了显著的经济效益、社会效益和生态效益。与该方法配合使用的有如下工程措施。

(1)灌溉措施。塌陷区积水是一大危害，同时又面临干旱威胁，因此利用疏排法复垦治水的同时，应考虑灌溉水源问题。恰当的灌溉措施还可压盐，改善土壤的物理特性。

(2)与挖深垫浅法配合使用，效果更佳。

(3)生物措施。生物措施在于选择合适的作物品种，一般应选耐渍品种。

6.4 充填复垦与矿区固体废物排放技术

充填法复垦是我国一种重要的复垦形式，它可充分利用矿山固体废物，起到了一举多得的效果，因而被广泛使用。按充填料不同，可分为矸石充填、煤粉充填、生活垃圾充填、其他工业废料充填、塘河湖泥充填等。利用露天矿山剥离物充填地下开采塌陷坑以及露天矿倒堆法开采充填采空区的复垦也属于充填复垦一类。

6.4.1 矸石充填复垦工程技术

矸石充填塌陷坑是近年来值得提倡的一种矿井排矸方式，也是重要的复垦形式，其工艺流程如图 6－7 所示。

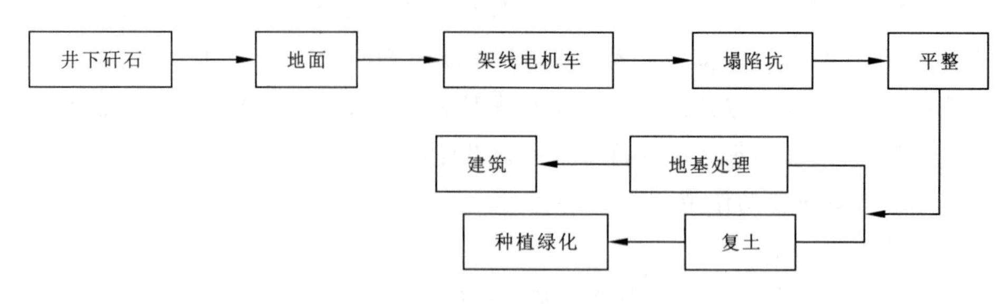

图 6－7　矸石充填工艺流程

根据矸石充填塌陷坑后土地利用情况不同，对充填工艺的要求往往也不同。

6.4.2　粉煤灰充填复垦技术

我国大型火力电厂多在煤矿区，如淮北电厂是安徽省最大的火力电厂，位于淮北矿区。燃煤发电过程中要排放大量的灰渣，通常的做法是修筑山谷或平原型灰场，需要征用大量的土地，同时对周围环境污染严重。利用电厂灰渣充填塌陷坑复垦既可解决电厂灰场征地难的问题，又可解决煤矿塌陷地复垦问题，同时还能取得较好的经济效益。粉煤灰充填复垦工艺流程如图 6－8 所示。

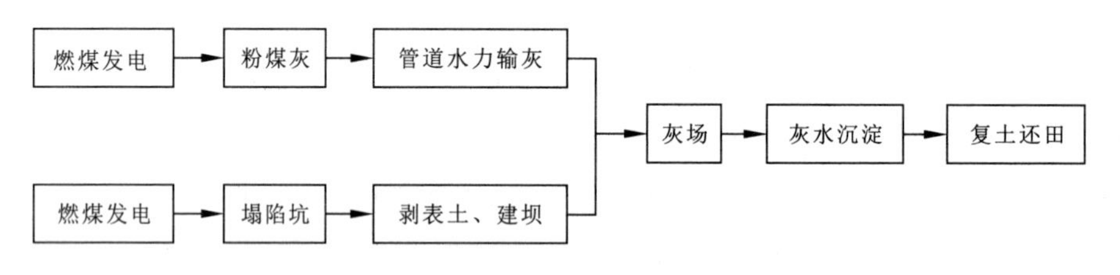

图 6－8　粉煤灰充填塌陷区复垦工艺流程

塌陷区用作贮灰场通常有两种情况：一是稳定塌陷区用作灰场，可称为静态塌陷区灰场；二是不稳定塌陷区作灰场，称为动态塌陷区灰场。静态塌陷区灰场与平原型洼地灰场基本相似，无特殊要求。下面重点介绍动态塌陷区充填复垦的技术关键和充灰、覆盖技术。

6.4.2.1　技术关键

(1)向动态塌陷区排灰，灰水是否会溃入井下影响生产安全。

(2)灰场建筑物、附属设施能否适应地表移动和变形。

第一个问题可通过“三带”高度预测来论证，第二个问题需预计地表移动变形值，将预计值与灰场建(构)筑物的允许变形值比较来分析技术可行性(表 6－2)。

表 6-2 灰场主要建(构)筑物允许水平变形值和极限变形值

建构筑物名称	围坝	灰管线	泄水涵洞
允许水平变形值(mm/m)	6.0	10.0	5.0
极限变形值(mm/m)	9.0	15.0	8.0

6.4.2.2 灰场规划设计原则

塌陷区灰场设计目前尚无技术规程。根据过去的经验,贮灰场规划设计时一般应考虑下述主要问题:

(1)容量应能容纳电厂 10～20 年按装机容量计算的灰渣量,一般排灰量为 $1m^3/kW$。贮灰场可分期建设,初期容量能存放 5～7 年的灰渣量为宜。灰场的一个区面积 30～$50hm^2$,库容量要求$(1\sim2)\times10^6m^3$,可供电厂运行 2 年左右。所以灰场的一个区通常可选择一两个采区范围内的塌陷坑,且以井下煤柱在地面上的投影为灰场的界线。

(2)边界和输水管线等构筑物的位置。尽量将边界和构筑物的位置设于相对稳定地带。

(3)出灰口和排水口位置。出灰口和排水口位置的选择应考虑设计灰场库容量的发挥以及灰场的运行管理等因素。

(4)设备。输灰水设备的选择应便于安装和拆卸,同时能适应变形。

(5)施工时机。最佳施工期为征地迁村完毕、地下采煤已开始、地表刚开始塌陷时。这时候地下水位位于表土以下,便于使用大型铲运机或组织人工进行表土剥离、取土筑堤,并储存覆盖土源。

(6)域内的防洪排涝问题。

6.4.3 塌陷区充灰和覆盖技术

6.4.3.1 灰管适应地表变形技术措施

地表移动和变形对灰管影响的大小,依次为下沉、水平移动和变形、倾斜和曲率等。为克服这些移动和变形的影响,灰管通常需采取一些保护措施,这些措施有:

(1)加伸缩节,吸收地表变形对管道的拉伸和挤压。

(2)箍式柔性管接头,代替法兰盘和伸缩节,管道设计中定支座。

(3)释放应力,在多煤层开采时,管道将受到多次变形,为了不叠加各煤层开采后管道上的附加应力,可以在开采一层以后,开采下一层之前,将管道切断,释放应力后再接上。

(4)进行变形监测,适时进行维护调整。

6.4.3.2 灰场取土、扩容和覆盖技术措施

取土方法有预先取土法、水下取土法和循环取土法。预先取土法是指在地表未塌陷或塌陷初期事先取出表土筑坝或堆存;水下取土法是在塌陷积水地段用挖泥船取土覆盖灰场;循环取土法是指覆盖灰场第一区所用表土取自第二区,覆盖第二区所用表土取自第三区,如此循环下去。

6.4.3.3 露天矿山采空区充填复垦

按排土方式不同,露天矿山采空区复垦可分为采用外排土方式时的充填复垦和采用内排土方式时的充填复垦。

1)外排土方式时的充填复垦

所谓外排土方式是将所采矿床的上覆岩土剥离后运送到采空区以外预先划定的排土场地堆存起来。

采用外排土方式时采空区可以用地下开采排放的矸石、电场粉煤灰或其他固体废物充填复垦,也可以将排土场的岩土重新运回充填。若用排土场岩土回填,一般在排土时就应根据岩土的理化特性采取分别堆放措施,回填时先石后土;大块岩石在下,小块岩石在上;酸碱性岩石在下,中性岩石在上;不易风化的岩石在下,易风化的岩石在上;贫瘠的岩石在下,肥沃的土壤在上。

2)内排土方式时的充填复垦

所谓内排土方式是将剥离的岩土直接放在露天开采境界内的已采区域中。此时,采空区充填复垦就成为回采的一道工序,由于岩土运距短,排土又不需占用专门的场地,复垦费用可大大降低。为保证岩土的剥离、回填与采矿工程之间互不干扰,应合理布置回填块段、回采块段和剥离块段之间的顺序。

6.5 生态复垦技术

6.5.1 生态工程与生态工程复垦概述

1979 年,我国著名生态学家马世骏教授首次提出了生态系统工程的概念,简称生态工程。这是一种运用生态学中物种共生和物质循环再生等原理以及系统工程的优化方法,实现物质多层次利用的工艺体系。

在生态系统的动态变化过程中,有两个功能起主要作用。一是通过系统中共生物种间的协调作用形成生态系统在结构和功能上的动态平衡;二是系统中的物质循环再生功能,就是以多层营养结构为基础的物质转化、分解、富集和再生。从经济学观点来看,有了这两个

基本功能，自然生态系统的生物成员就能合理、高效率地利用环境中的资源。把自然生态系统中的那种最优化结构和高经济效能的原理应用到矿区土地复垦中，就是矿区生态工程复垦的基本思想。

生态工程复垦就是依据生态工程原理把矿区塌陷地建设成为一个人工生态系统的土地复垦活动。生态工程复垦所依据的生态学原理主要包括以下几点。

6.5.1.1 生态位原理

生态位是指一种生物种群所要求的全部生活条件，包括生物和非生物的。种群和生态位是一一对应的，否则将导致剧烈的种内和种间斗争。

图 6-9 为一陆地生态系统就温度、湿度、光照 3 种生态因子建立的三维生态位示意图。当确定某种生物的种养位置时，便可根据生物对生态因子的要求条件，确定它在三维空间的某立方体内。

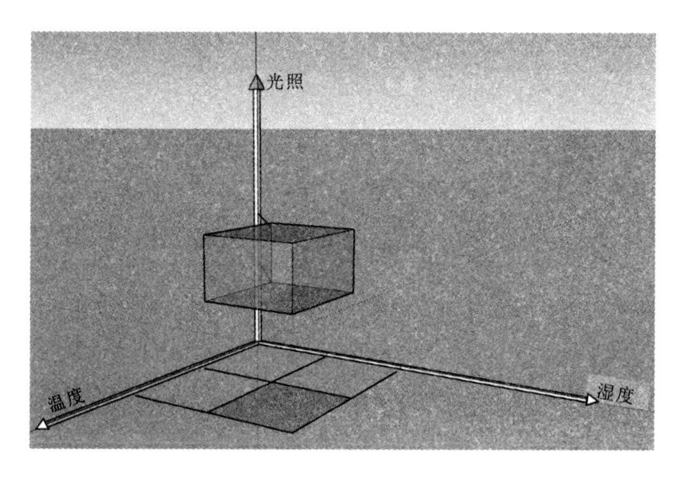

图 6-9 三维生态位示意图

6.5.1.2 食物链原理

生态系统中由初级生产者、初级消费者、次级消费者直至分解者所构成的营养关系称为食物链。食物链既是一条物质传递链，又是一条价值增值链。当生态系统比较复杂时，简单的食物链就发展成为食物网，在食物网中，生产者、消费者有时是难以区分的，只能区分出不同的营养层次。

6.5.1.3 养分循环原理

自然生态系统之所以具有强大的自我调节和自我维持的“自肥能力”就是基于几乎闭合的养分循环机制和生物固氮而产生的氮素平衡机制(图 6-10)。

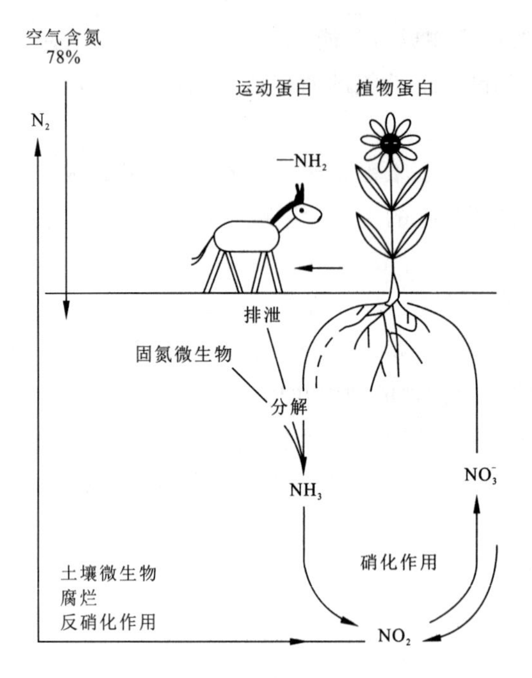

图 6-10 养分循环机制和生物固氮平衡机制

6.5.1.4 生物和环境的协同进化原理

生态系统作为生物和环境的统一体,既要求生物要适应环境,又承认生物对其环境的反作用,即改造作用,改造了的环境又对生物群落有新的作用,最终导致了生物群落的改变和生态系统的演替。

在对矿山塌陷区进行生态工程复垦时,生态位条件原理主要用于指导如何改善和利用塌陷区不同区域的生态位条件。食物链原理是根据塌陷区不同区域的生态位来指导选择适合的、有经济价值的生物物种,完成塌陷区开发的人工生态系统的营养结构的设计。养分循环原理要求在选择生物物种设计营养结构时,应考虑到营养物质的循环利用。生物与环境的协同进化原理则要求考虑到生物与环境的相互作用,使复垦后的人工生态系统走上良性循环道路。

6.5.2 矿区生态工程复垦规划设计的内容和步骤

矿区生态工程复垦规划的内容有系统结构规划和工艺规划。结构规划又包括营养结构、平面结构、垂直结构和时间结构规划等,其中营养结构规划是基础。

生态工程规划设计的主要步骤为:

(1)根据矿区土地破坏特点及矿区生态变化规律,吸取本矿区及外地生态农业经验,找出符合本矿区生产发展的营养结构模式。

(2)营养结构模式优化。

(3)对优化的营养结构模型进行评价。

(4)依据优化的营养结构模型进行平面结构、垂直结构和时间结构设计。

(5)对整个结构设计进行总体评价。

(6)进行工艺规划和设计。

6.5.3 生态工程复垦规划中的结构设计

6.5.3.1 营养结构设计

生态系统的营养结构是指生态系统的生物成员在能量与营养物质上的依存关系。营养结构的设计就是依据食物链原理选择适合复垦土地生态条件的生物物种，并确定生物物种间在能量与营养物质上的依存关系。

按照食物链原理，进入生态系统的能量都是从太阳经绿色植物转化而来的。在矿区生态工程复垦系统中，绿色植物主要是旱地的农作物或饲草及水域中的水生植物。绿色植物的一小部分直接被鱼类食用，大部分需经禽畜消化后再供给鱼类，塘泥则作为肥料将营养物质送回旱地，完成能量的转化过程与营养物质的循环过程，其一般模式如图 6－11 所示。

生态工程复垦与传统的种植、养殖业相比，主要区别在于生态系统的各营养单元的物种和比例应按定要求配置。如图 6－11 所示，旱地农作物品种的选择只要考虑能为家禽、家畜提供质高量多的饲料；水生植物品种考虑能为鱼及水禽提供食物；家禽家畜品种的选择应和旱地农作物、水生植物协调考虑；鱼类品种选择则应考虑到池鱼混养的生态学要求。

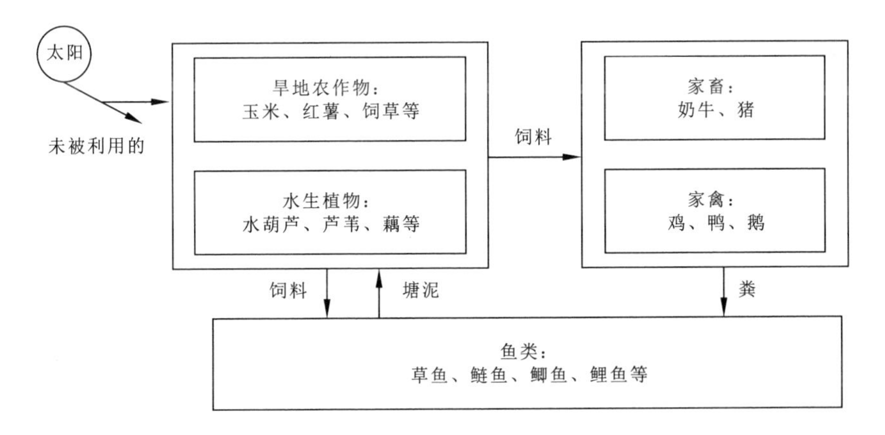

图 6－11 矿区生态工程复垦系统营养结构的一般模式

生态系统的营养结构通常是较为复杂的网络系统。为提高系统内营养物质循环利用率，可适当增长食物链，设置一些过渡营养单元。图 6－12 与图 6－11 相比，在陆地增设了食用菌和蚯蚓两个营养单元，在水体中充分利用不同鱼种的取食关系，使整个系统营养物质利用率提高，从而提高了整个系统的效率。

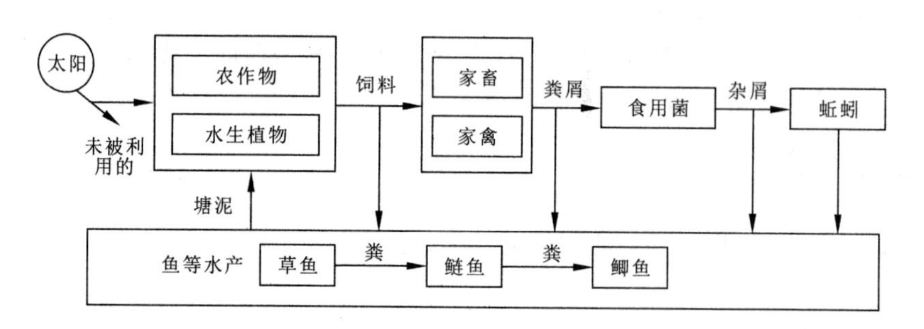

图 6-12　加长食物链示例

6.5.3.2　平面结构设计

生态系统的平面结构是指生态系统的生物成员在平面上的分布情况。平面结构设计是在对塌陷区实施工程复垦措施后，依据生态位原理，将营养结构中的各营养单元，即生物成员配置在一定的平面位置上。

6.5.3.3　垂直结构设计

生态系统的垂直结构是指生态系统各营养单元在垂直面上的分布情况。矿区复垦后生态系统在竖直面内具有不同的生态条件，适合与不同的生物物种生存，垂直结构设计就是依据生态位原理，兼顾种植养殖方便，将生物成员配置在适当的竖直位置上。

6.5.3.4　时间结构设计

生态系统的时间结构是指生态系统的生物成员在一年四季的更替情况。水陆共生生态系统中，陆地生产的时间结构主要考虑一年四季适生的作物品种，水域生产的时间结构主要确定不同季节的水产，上市品种与轮捕轮放方式。通过合理设计复垦系统的时间结构，可提高土地利用率和光能转化率、水资源利用率等。生态系统的时间结构往往是在生态实践过程中逐步调整、总结经验的基础上建立起来的。

6.6　尾矿库复垦

6.6.1　尾矿库对环境的危害

6.6.1.1　尾矿库占用土地数量增加

目前，除了少部分尾矿得到利用外，相当大数量的尾矿都只有堆存，占用土地数量较多，而且因尾矿数量增加而利用量不大的状况仍在继续，占用土地数量必将继续增大。《中国矿产资源节约与综合利用报告(2015)》显示，2015 年底，我国尾矿和废石累积堆存量已达 584 亿 t，尾矿累计堆存直接破坏和占用的土地达 7146 万 km^2。而且每年以 200～300km^2 的速度增加。即使占用的土地目前尚未耕种或暂不宜耕种，但毕竟减少了今后开垦耕种的后备土地资源，对我国这样一个人口众多、人均耕地面积很少的农业大国显然是严重的威胁，给社会造成的压力和难题将是久远的。

6.6.1.2 尾矿库对环境的污染

尾矿库中堆积的尾矿对环境的污染具体表现在：

(1)尾矿在选矿过程中经受了破磨，体重减小，表面积变大，堆存时易流动和塌漏，造成植被破坏，伤人事故时有发生，尤其在雨季极易引起塌陷和滑坡。

(2)在气候干旱风大的季节或地区，尾矿粉尘在大风推动下飞扬至尾矿坝周围地区，造成土壤污染、土质退化，甚至使周围居民致病。

(3)尾矿成分及残留选矿药剂对生态环境的破坏加剧，尤其是含重金属的尾矿，其中的硫化物产生酸性水进一步淋浸重金属，其流失将对整个生态环境造成危害，而残留于尾矿中的氯化物、氰化物、硫化物、松醇油、絮凝剂、表面活性剂等有毒有害药剂，在尾矿长期堆存时会受空气、水分、阳光作用和自身相互作用产生有害气体或酸性水，加剧尾矿中重金属的流失，流入耕地后破坏农作物生长或使农作物受污染，使农作物中重金属含量成倍或十几倍地增加，流入水系又会使地面水体或地下水源受到污染，毒害水生生物。

(4)尾矿流入或排入溪河湖泊，不仅毒害水生生物，而且会造成其他灾害，有时甚至涉及相当长的河流沿线。

因此，为保护人类生存环境的洁净与安全，减小矿业开发对自然生态的破坏，尾矿库土地复垦已是矿业土地复垦工作的中心任务之一。

6.6.2 尾矿库复垦利用方式的选择

矿区待复垦土地利用方式的确定是矿区土地复垦规划的关键。它受到当地的社会、经济、自然条件的制约。一般均应因地制宜，选择宜农则农、宜林则林、宜渔则渔、宜建则建的合适复垦利用目标，并以获得最大的社会、经济和环境效益为准则。影响尾矿库复垦利用方式的主要因素是当地的气候、地形地貌、土壤性质及水文地质条件、尾矿砂理化特性和需求状况等五大因素，其需求状况主要是指当地土地利用总体规划或城市建设规划、市场需要和土地使用者的愿望，对尾矿库复垦利用方向的选择要基于深入分析和调查这些影响因素，并从森林用地、牧草用地、农业用地、娱乐用地、建筑用地、水利及水产养殖用地等土地利用类型中，通过多方案对比分析来确定最优复垦利用方式。图 6－13 是一幅影响尾矿库复垦利用方式选择的相互关系图。

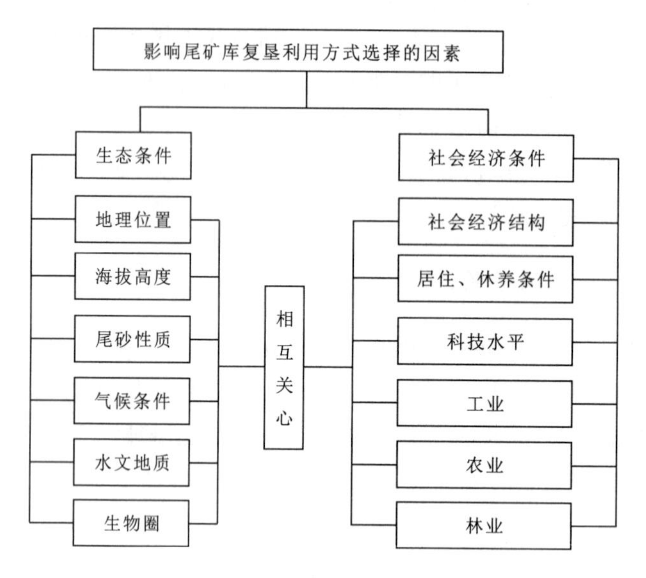

图 6-13 尾矿库复垦选择因素关系图

从图 6-13 可以看出，影响选择复垦利用方式的主要因素是矿区的生态条件和社会经济条件，其中生态条件又起决定性作用。例如，如果要将尾矿库复垦为农、林用地，那么就要根据尾矿库所处的地理位置、海拔高度、尾砂性质、水文地质条件、矿区气候等条件来决定种什么样的农作物和什么样的林木。如果要复垦为居住、休养地，就要综合考虑尾矿库所处的位置与居民区的相对高差，尾砂的干涸程度及承载能力，周围的生物环境等因素。不过，真正要选择优化的复垦利用方式，应根据该地区的综合自然因素、矿山的生产特性以及本地区、全国乃至全球的发展趋势来进行经济论证。

一般而言，确定尾矿库复垦利用方式应遵循以下几条基本原则。

1)必须服从土地利用总体规划的原则

对于位于城郊的尾矿库的复垦利用，应考虑符合城市建设规划的原则。土地利用总体规划是对一定地域范围全部土地的利用、开发、保护、整治进行综合平衡和统筹协调的宏观指导性规划。土地复垦的实质就是对被破坏土地的再利用，恢复土地的原有功能。所以尾矿库复垦利用方式的选择只有服从土地利用总体规划才能保证农、林、牧、渔、交通、建设等方面的协调，从而才能恢复或建立一个新的有利于生产、方便生活的生态环境。

2)现场调查及测试的原则

尾矿库复垦要根据矿山当地的各种条件确定复垦利用方式和进行复垦工程的技术经济分析，因而需进行大量、细致的土地、气候、水文地质、市场等情况的调查及对尾矿砂理化特性进行分析测试。

3)因地制宜的原则

尾矿库复垦利用受周围环境的制约，对破坏了的土地因地制宜，可以起到投资少、见效快的效果。反之如果对不适宜复垦为农业用地的尾矿库硬性复垦为农业用地，其结果只能是适得其反。

4)最佳效益及综合治理原则

效益是决定一个工程是否上马的主要依据之一，也是衡量工程优劣的标准。复垦工程需要较大的投资，应注重经济效益，力争以较少的投入达到较多的产出。土地复垦不仅仅是恢复土地的利用价值，还要恢复生态环境，因此尾矿库复垦工程所期望达到的最佳效益是经济、社会和生态效益的统一。综合治理是有利于优化组合、产生高效益的。

此外，由于采矿生产是一个动态的过程，土地破坏也是动态的，所以尾矿库的复垦利用规划应与矿山生产的发展相适应，需遵循动态规划的原则。

6.6.3　尾矿库复垦的特点

与排土场不同，尾矿库堆置物是经过一系列加工的矿岩，其理化性质与排土场的废石有较大差别；不同类型的矿山、不同的选矿方法所产生的尾矿，其理化性质也不相同，有的尾矿还有利用价值需要再回收；尾矿库多处于山地或凹谷，取土运土较困难，对复垦极为不利；尾矿库由于形成大面积干涸湖床，刮风天气易引起尘土飞扬，污染当地环境。基于尾矿库的这些特点，一般尾矿库复垦前后有过渡性或转换性，初期大多以环保景观为目的，后期根据尾矿库的最终复垦目标改为实业性复垦，或作半永久性复垦(这一情况是考虑经过一段时间后，尾矿还需回采利用)。就目前我国尾矿库的复垦现状来看，大致可以分为三类。

1)正在使用的尾矿库

这类尾矿库的复垦主要是在尾矿坝坡面上进行复垦植被，一般是种植草藤和灌木而不种植乔木，原因是种植乔木对坝体稳定性不利。如攀枝花矿选矿厂的尾矿库，坝体坡面上曾人工覆盖山皮土约 $15hm^2$，以种草为主，并辅之以浅根藤本植物，经过试种，取得了预期的效果。

2)尾矿已堆满或已局部干涸的尾矿库

这种类型是尾矿库复垦利用的重点。如本钢南芬选矿厂老尾矿库于 1969 年新库建成后停止使用，国家投资 10 万元，覆土 300mm 厚，造田约 $18hm^2$，复垦后交给当地农民耕种。随后将矿区各种垃圾经筛选发酵后堆放到尾矿库低洼处，种植面积逐年扩大，基本上整个老尾矿库所占用的土地经复垦后都可用于耕种。

3)尾矿砂直接用于复垦种植

如河北马兰庄铁矿，建矿初期由于资金紧张，未设集中的尾矿库，而是经与地方协商在滦河滩上(均为河卵石，不能耕种)建立了两个共占地约 $7hm^2$，坝高 2m 的尾矿池，用砂泵把尾矿砂输入其内，充满尾矿砂后，排水疏干，然后由当地农民平整，种植花生、大豆等经济作物，收成良好。据当地农民称在 1988 年，一般沙地花生每公顷只产 900kg 左右，而尾矿砂造地花生可产约 2250kg，这说明有些尾矿砂可直接用于复垦造田。

6.6.4 尾矿库复垦的利用方向

尾矿库复垦工作在我国起步较晚，可以说还处在初级阶段，总结近几年来我国尾矿库的复垦情况。主要有以下几种复垦方式。

6.6.4.1 复垦为农业用地

这种复垦方式一般应覆盖表层土并加施肥料或前期种植豆科植物来改良土质，其覆土厚度一般可按下列公式估算：

$$P_c = h_b + h_k + 0.2$$

式中：P_c——覆土厚度，一般取值为 0.2～0.5(m)；

h_b——毛细管水升高值，随土壤类型不同而不同(m)；

h_k——育根层厚度，随植物种类不同而变化(m)。

6.6.4.2 复垦为林业用地

大多数尾矿库特别是其坝体坡面覆盖一层山皮土后都可用于种植小灌木、草藤等植物，库内可种植乔、灌木，甚至经济果木林等。复垦造林在创造矿区的卫生、美学的生态环境方面起了很大的作用，并对周围地区的生态环境保护起着良好的作用。

西石门铁矿用汽车和铲运机在尾矿库上覆土 200～500mm 厚，种植草坪，并用坑下水浇灌，主要目的是防止尾矿流失、美化环境，为日后种植农作物和果树创造条件。石人沟铁矿三年内在尾矿坝上植草 7.3hm^2，以改良土壤，提高肥力，同时还植树固沙、阻尘和绿化。峨口铁矿在尾矿场采取先草后树、草树结合的方法实现了高寒地区尾矿坝植被。程潮铁矿在尾矿库挖坑、填客土，采用“大穴、大草、大密度”的方法，栽植耐干旱、耐贫瘠、耐水涝、抗盐渍的先锋植物，均为形成经济林和果树林创造了条件。南山铁矿植树 19 万棵(成活率 87%以上)，矿区绿化率已达 36%。

6.6.4.3 复垦为建筑用地

有些尾矿库的复垦利用必须与城市建设规划相协调。根据其地理位置、环境条件、地质条件等修建不同功能的建、构筑物，以便能收到更好的社会效益、经济效益和环境效益。建筑复垦时的地基处理是关键，应根据尾矿特性、地层构造、结构形式等设计相应的基础条件，在结构设计上采取可靠措施，以达到安全、经济、合理之目的。但尾矿库上修筑的建筑物一般以 2～4 层为宜，不宜超过 5 层。

6.6.4.4 尾砂直接用于复土造地

尾矿砂一般具有良好的透水、透气性能，且有些尾砂由于矿岩性质和选矿方法不同，还含有一些植物生长所必需的营养元素，特别是微量元素，因此，尾砂可用作客土改良重黏土而复垦造地。

6.6.4.5 尾矿砂的综合利用

根据中国科学研究院对金属矿山的尾砂进行试验研究表明：尾矿砂在资源特征上与传统的建材、陶瓷、玻璃原料十分接近，大多数尾矿可以成为传统原料的代用品，甚至成为别具一格的新型材料，如高硅尾矿（SiO_2＞60％）可作为建筑材料、公路用砂、陶瓷、玻璃、微晶玻璃花岗石等；高铁（Fe_2O_3＞15％）或含有多种金属的尾矿可作色瓷、色釉、水泥配料等，如生产蒸压尾矿砖、加气混凝土、水泥等。

综合我国近些年来尾矿库的复垦利用成果，现将遍及全国各地的矿山尾矿库复垦利用方式的情况归纳于表 6－3 中。

表 6－3 各地矿山尾矿库复垦利用方法

分类	尾矿库名称	复垦利用效果
农业用地	牛汲选矿厂尾矿库	种植蔬菜，小麦、花生等，小麦产量达 3000kg/hm^2，造地约 40hm^2
农、林业用地	南芬选厂老尾矿库 金厂峪金矿尾矿库	种植果树 2000 余株，农作物 10hm^2，农作物单产可达 7500kg/hm^2
尾砂改良土壤	兴旺寨铁尾矿库	共改良土壤 140hm^2
尾砂造地	马兰庄铁矿尾矿库	造地约 34hm^2，种植花生、小麦等，花生产量可达 2250kg/hm^2
尾矿综合利用	齐大山铁矿尾矿库	用粒径小于 0.5mm 的尾矿做免烧砖、加气混凝土、人造大理石等
建筑用地	金口岭铜矿尾矿库	修建一栋四层的办公楼、住宅、学校等

6.6.5 尾矿库土地复垦效益分析

尾矿库土地复垦效益分析的目的和任务是分析复垦项目的社会效益、经济效益和生态环境效益，研究复垦项目经济损益情况，估算投资所能取得的经济、社会和环境效益的协调程度，衡量尾矿库土地复垦的综合效益。

6.6.5.1 尾矿库土地复垦经济效益

尾矿库土地复垦的经济效益是指矿区尾矿库土地复垦投资的经济价值。尾矿的堆存、管理需花费大量的人力、财力和物力，主要体现在占用土地、经济作物损失费用、治理被污染的水土资源的费用和管理费用等。20 世纪五六十年代矿山征地价格为 4500～6000 元/hm^2；80 年代为 4500～9000 元/hm^2；2010 年后为 15 000～18 000 元/hm^2，国内矿山覆土造田平均费用为 4500 元/hm^2，受益为 1∶4～1∶5.01，因此尾矿库土地复垦经济意义重大。由于评价的目的和角度、层次等不同，尾矿库土地复垦经济指标也不同。作者将尾矿库土地复垦经济效益指标分为间接经济效益与直接经济效益指标。

间接经济效益是指采用土地复垦后可以减少尾矿堆存占用土地、经济作物植物损失、管理等的费用，其相关的主要单项指标为：

①矿区土地复垦率，即已复垦土地的面积占破坏土地总面积的比率。

②复田比，即用经济的充填物料充填后所能恢复的土地占整个塌陷区面积的比例。

③复垦土地利用率，即复垦利用的土地面积占已复垦土地面积的比率。

④净增耕地率，即复垦土地净增耕地面积占项目规划设计面积的比率，从耕地保护角度来讲，此项指标越高越好，但从综合效果的角度，应存在合理的净增耕地率。

⑤复垦土地的集约度，即复垦土地的单位面积的劳动、技术以及资本的投入数，复垦土地集约度不一定越高越好。

⑥总产量（总产值），即复垦土地的粮、棉、果的产量或产值。

直接经济效益指直接经济投入取得的效益，包括工程费用、利息、单位投资与净效益（设备与人工）、投资年限等，其相关的主要综合性指标为：

①年利润与年净收益，其中，

年利润＝年总产值－年总成本（含税）；

年净收益＝年利润＋年折旧。

②投资利润率与投资收益率，其中，

投资利润率＝年利润/矿区土地复垦投资×120％；

投资收益率＝年净收益/矿区土地复垦投资×120％。

③投资回收期，投资回收期＝矿区土地复垦投资/年净收益。

④净现值，净现值＝年净现金流量×贴现系数。

⑤内部收益率，是指在评价年限里，使净现值为零时的贴现率。

以上指标适应于无经济利用价值土地的投资复垦评价，对于原来有一定经济利用价值的土地投资复垦评价，必须采用增量法评价。如增量利润、增量净现值和增量内部收益率等。矿区尾矿库土地复垦经济效益值可通过以上的多个经济指标加权加和的方法求值，也可选取某一经济指标值作为经济效益值。这些指标体现了尾矿库土地复垦可增加有效耕地面积、实现土地资源和矿业可持续利用与发展。

6.6.5.2 尾矿库土地复垦环境效益

尾矿库土地复垦环境效益是指矿区尾矿库土地复垦投资的环境价值或贡献。尾矿土地复垦环境效益分直接环境效益和间接环境效益。直接环境效益主要是采取复垦与生态环境恢复措施所能获得的节能及回收产品的效益，体现在对尾矿中有用组分的回收利用与二次开发，以保证原材料得到最大限度的利用，既减少了污染物排放量，也为矿山企业减少了生产成本。间接环境效益是土地复垦后减少占用土地、经济作物植物损失等费用。

环境效益评价指标一般有生态特征指标、功能综合指标和社会政治环境指标3类。其中，生态特征指标如下。

(1)气候条件的恢复或改善程度。

复垦后绿色植物具有吸收二氧化碳、释放氧气的功能，按利用二氧化碳制造氧气的工业成本计算，可以将生物措施的生态效益货币化来衡量其效益，即：

$$V_d = SQP$$

式中：V_d——制氧价值(元)；

S——林草地面积(hm^2)；

Q——林草地释氧效率(m^3/hm^2)；

P——单位体积制氧工业成本(元/m^3)。

(2)土壤条件的恢复或改善程度。

包括防止土壤养分的流失及土壤结构的改善，进而引起土地质量提高，促进林木生长，引起生物量的增加。因此，可采用生物量来表征保护土壤的效益，即：

$$V_c = (V_{c1} - V_{c2})p$$

式中：V_c——生物量增加的价值(元)；

V_{c1}——措施实施后生物量(m^3)；

V_{c2}——措施实施前生物量(m^3)；

p——单位体积生物量增加的价格(元/m^3)。

(3)水土保持程度。

叶延琼等(2003)专家运用价值规律，探讨了以土地价值为核心的水土流失治理经济核算分析方法，根据治理前后土地质量变化引起的土地收益差异计算土地价格。其计算公式为：

$$\alpha_1 = Y_1 \times P_1 - C_1 + D_1 - S_1$$

$$\alpha_2 = Y_2 \times P_2 - C_2 + D_2 - S_2$$

式中：α_1、α_2——措施实施前后土地的纯收益(元/hm^2)；

Y_1、Y_2——措施实施前后作物单产(kg/hm^2)；

P_1、P_2——措施实施前后作物价格(元/kg)；

S_1、S_2——措施实施前后作物单位面积的税费标准(元/hm^2)；

D_1、D_2——措施实施前后各种土地补偿费(元)；

C_1、C_2——措施实施前后单产成本(元)。

$$P_t = P_{t2} - P_{t1} = \alpha_2 r[1-(1+r)n_2] - \alpha_1 r[1-(1+r)n_1]$$

式中：P_t——措施实施后的土地增值效益（元）；

r——措施实施前土地的还原利率；

P_{t1}，P_{t2}——措施实施前后的土地价格（元）；

n_1，n_2——实施措施前后的土地使用年限（年）。

（4）生物资源恢复或保护程度。

（5）自然景观、生态环境恢复和重建程度。

（6）减少和控制污染的程度。

（7）森林草地资源的保护或恢复程度。

（8）保护、改善水资源等。尾矿库土地复垦保护、改善水质的效益可用货币化来衡量，即：

$$V_b = \Delta q \times W \times p$$

式中：V_b——水质改善效益（元）；

Δq——植被恢复前后径流水质等级差异；

W——径流量（m^3）；

p——净化水质单价（元/m^3）。

生态特征部分指标可以进一步分解为次级因子，如土壤条件的恢复或改善程度由土壤肥力恢复、土壤结构改善等决定。

功能综合指标包括水文调节、侵蚀控制、废物净化能力、生产能力等。

社会政治环境指标包括人类活动强度、物质生活指标、农药和化肥使用强度等。

环境效益评价指标大多仍属定性指标，仍需通过赋值法定量化。但相对社会效益指标而言其可定量化程度大大提高，可用加权加和法求取生态环境效益值。

如将每项生态效益进行货币化计算其生态经济效益，不仅繁冗，基层部门无法操作，而且科学依据不足。为此，建议采用标准地块法，假定某一区域顶极自然植被地块为标准地块，先确定标准地块的植被类型和植被覆盖度，再计算当地块受损后，生态环境退化，等级降低后不同等级受损地块的植被类型和植被覆盖度，从而计算土地复垦生物措施的生态效益。计算方法如下：

$$V = (X_1 - X_2)S$$

式中：V——生态经济效益（元）；

X_1——治理前地块强化恢复植被投资单价（元/hm^2）；

X_2——治理后地块强化恢复植被投资单价（元/hm^2）；

S——地块面积（hm^2）。

6.6.5.3 尾矿库土地复垦社会效益

矿区土地复垦的社会效益反映矿区土地复垦对社会的作用、贡献及价值。通过对国家利益保障程度、社会稳定程度、耕地保护程度、法规政策完善程度，社会对矿区土地复垦的关注和认可程度等赋值的定性与定量综合方法求其单值指标，然后用加权加和法求取社会效益值。此外，矿区土地复垦投资的社会效益还体现在促进社会进步方面，其相关指标有：劳动生产率、土地利用结构、就业率、人均纯收入、人均 GDP、恩格尔系数、商品率等。

综上所述，矿区尾矿库土地复垦的生态环境效益是经济效益的基础，是社会效益得以体现的依托，是保证持续获得经济、社会效益的大前提；而经济效益、生态环境效益只能通过社会效益才能实现它们的真正“价值”，通过社会效益才看出生态系统的经济效益、生态环境效益被人类社会所认可的程度。

矿区尾矿库土地复垦效益是其社会效益、经济效益及生态环境效益的综合，可以采取加和法或积和法，对社会效益值、经济效益值及生态环境效益值进行单目标化与货币化，求取矿区尾矿库土地复垦投资的社会、经济、环境综合效益值。

6.6.6　尾矿库复垦对人体健康影响的研究

现代矿山复垦学是有关矿山学、水文地质学、土壤学、环境毒理学、社会学等多学科的综合性科学。复垦作为一项恢复矿山地貌、改善环境、保持生态平衡、恢复土地利用的举措，可获得较好的社会效益和经济效益。但复垦后的土地作为耕地种植粮食、饲草等作物时，某些对人体有害的物质(如重金属等)是否会通过水、土壤富集于农作物，并向人体或动物体内迁移，最终对人体造成危害，需要对其进行相关研究。

6.6.6.1　健康影响的研究方法

1)环境污染物对人体健康的影响

环境污染物对人群健康的影响取决于对有毒化学物品的初始评估及社区暴露在该环境中的评估。毒物毒性大小取决于化学物品本身的毒性、人体吸收该物质的剂量、该物质对人体重要器官的影响、该物质的最终归宿等。对人体而言，直接暴露于污染物的途径包括：通过呼吸道吸入气体、雾或受污染的粉尘；通过消化道摄入含有污染物的饮用水、食物等；皮肤、黏膜吸收毒物。虽然经常暴露于某种毒性物质环境中相当于吸收该物质，但吸收剂量可能不同，因为受许多因素的影响，吸入和吸收剂量的差别称为生物可获得量。对于特定的化学品，将可能吸收的剂量与某一个可以接受的吸收标准相比较，即为风险评估。

2)无作用剂量

无作用剂量是根据各种化学污染物不良生物学效应的剂量效应关系，估计在人体中可能产生不良效应的预期频率(危险性)，是毒理学安全性评价研究的一个重要方面。凡超过正常生理范围的效应，均对机体有不良的影响。对机体产生不良效应的最低剂量称为阈剂量；没有观察到对机体产生不良效应的最大剂量称为无作用剂量。阈剂量和无作用剂量是制定卫生标准的主要依据。

3)每日容许摄入量

在制定环境最高容许浓度的卫生标准时,由于考虑到人和动物的敏感性不同、人的个体差异以及有限的实验动物数据用于大量的人类适用性有限等因素,需要采用安全系数。从无作用剂量推算用于人体的每日容许摄入量(ADI)的安全系数常采用100,但根据毒性资料,可供选用的范围很大,世界卫生组织(WHO)专家委员会曾建议可在10～2000范围内选用。计算人体对污染物的摄入量时,应考虑到人体可能要暴露于其中的所有物质,如饮用水、食物、空气等。

6.6.6.2 健康风险评估

1)尾矿库水对人体健康的影响

尾矿库水可以通过地表径流和地下水渗流影响饮用水系,通过尾矿库水化学性质、水量及潜在稀释趋势的分析可评估其对周围居民可能产生的健康危害。

2)食物链污染对人体健康的影响

经皮肤、消化道吸收土壤中的污染物是人体接触毒性物质的另一条途径。

3)空气污染对人体健康的影响

计算通过呼吸道摄入的污染物吸收,吸收的效果取决于污染物(粉尘、烟、雾、蒸汽和气体)的性质,吸入粒子的大小、形状,粒子的化学组成及其对人体呼吸系统的不同影响。

4)放射性污染

通过现场测定放射线水平,评估社区居民可能存在的放射性污染。

7 污泥处理与资源化利用概述

7.1 污泥的基本特性

污泥(sludge)通常是指污水处理过程所产生的含水固体沉淀物质。其物质组成包括:①水分:含水量达95%左右或更高;②挥发性物质和灰分:前者是有机杂质,后者是无机杂质;③病原体:如细菌、病毒和寄生虫卵等病原体大量存在于生活污水、医院污水、食品工业废水和制革工业废水等的污泥中;④有毒物质:如氰、汞、铬或某些难分解的有毒有机物。

在污水处理过程中,将污染物与污水分离,在完成污水净化的同时产生了大量污泥。这些污泥中含有各种污染物质,如果不加以有效的处理处置,仍然会污染环境,同时,污泥又是一种特殊的废物,若经适当处理,可以成为资源加以利用。因此,污泥的处理与资源化是目前环境工程和给排水专业研究的重点领域之一,是水处理和固体废物处理领域共同的课题,是自来水厂及污水处理厂投资建设的重点方向,也是业内日益关注的热点问题。

7.1.1 污泥的来源和分类

7.1.1.1 污泥的来源

污泥一般来自于市政给排水处理系统和工业废水处理系统。前者包括雨水、生活污水等收集处理处置过程,所产生的污泥称为市政污泥;后者来自于厂矿企业所产生的污泥,称为工业污泥。工业废水本身性质多变,处理工艺各异,导致工业污泥来源环节和性质复杂,而市政污泥则来源相对确定,通常包括以下几种。

①水厂污泥:来自于自来水厂水处理工艺中排放的污泥。

②污水污泥:来自于污水处理厂污泥,包括初沉污泥、剩余活性污泥、化学污泥等。

③疏浚污泥:来自于河道疏浚产生的河道底泥。

④通沟污泥:来自于城市排水管道通沟污泥。

⑤栅渣：来自泵站。

在上述各种污泥中，污水污泥产量最大，对环境的不良影响最大，处理处置的难度最大，目前也是人们最关心的污泥种类。污水污泥处理已经成污水处理的重点、难点和热点问题。因此，排水或市政行业所说的污泥通常指的是污水污泥。

除污水污泥外，通沟污泥也是不可忽略的。通沟污泥的处理在国内刚刚起步，但随着城市排水系统的治理和完善，在保持城市下水道畅通的同时，通沟污泥量也在逐渐增大。

7.1.1.2 污泥的分类

由于污泥的来源和水处理方法不同，产生的污泥性质不一，导致污泥的种类较多，分类较为复杂，目前一般有以下几种常用的分类。

1)按产生源头分类

按产生源头可分为：

①工业废水处理厂污泥(简称工业污泥)。

②自来水厂污泥(简称水厂污泥)。

③城市污水处理厂污泥(简称污水污泥)。

④河道疏浚产生的污泥(简称疏浚污泥)。

⑤城市排水系统通沟污泥(简称通沟污泥)。

⑥泵站系统栅渣(简称栅渣)。

2)污水污泥进一步分类

(1)按性质。

按性质可将污水污泥分为以有机物为主的污泥和以无机物为主的沉渣。

①有机污泥：以有机物为主的污泥(有机物占60%以上)，如生活污水处理过程产生的混合污泥，工业废水处理过程产生的生物处理污泥等。有机污泥流动性好，管道输送容易，但脱水性差。

②无机污泥：以无机物为主的污泥，如混凝沉淀污泥、化学沉淀污泥、沉砂池的沉渣等。无机污泥流动性差，但容易脱水。

(2)按处理工艺。

按处理工艺可分为初沉污泥、剩余污泥、消化污泥和化学污泥。

①初沉污泥(primary sludge)：指一级处理过程中产生的污泥，也就是在初沉池中沉淀下来的污泥，含水率一般为96%～98%。

②剩余污泥(surplus sludge)：指在生化处理工艺等二级处理工艺中排放的污泥，含水率一般为99.2%以上。

③消化污泥(digested sludge)：指初沉污泥、剩余污泥经消化处理后达到稳定化、无害化的污泥，其中的有机物大部分被消化分解，因而不易腐败，同时污泥中的寄生虫卵和病原微生物被杀灭。

④化学污泥(chemical sludge):是指絮凝沉淀和化学深度处理过程中产生的污泥,如石灰法除磷、酸、碱废水中和以及电解法等产生的沉淀物。

7.1.2 污泥的基本性质

正确把握污泥的性质是科学合理地进行污泥处理与资源化应用的前提条件,只有了解污泥的性质,才能正确选择有效的处理工艺和资源化设施。

7.1.2.1 物理特性

污泥是由水中悬浮固体经不同方式交结凝聚而成的,结构松散,形状不规则,比表面积与孔隙率极高(孔隙率常大于99%),含水量高,脱水性差。外观上具有类似绒毛的分支与网状结构。

7.1.2.2 化学特性

生物污泥以微生物为主体,同时包括混入生活污水的泥沙、纤维、动植物残体等固体颗粒以及可能吸附的有机物、金属、病菌、虫卵等物质。污泥中也含有植物生长发育所需要的氮、磷、钾及维持植物正常生长发育的多种微量元素和能改良土壤结构的有机质。

7.1.2.3 污泥中水分的存在性质及其形式

污泥中的水分有四种形态:表面吸附水、间隙水、毛细结合水和内部结合水。表面张力作用吸附的水分为表面吸附水。间隙水一般要占污泥中总含水量的65%~85%,这部分水是污泥浓缩的主要对象。毛细结合水又分为裂隙水、空隙水、楔形水。浓缩作用不能将毛细结合水分离,分离毛细结合水需要有较高的机械作用力和能量,如真空过滤、压力过滤、离心分离和挤压等方法。各类毛细结合水占污泥中总含水量的15%~25%。内部结合水指包含在污泥微生物细胞体内的水分,含量多少与污泥中微生物细胞体所占的比例有关,去除这部分水分必须破坏细胞膜使细胞液渗出,由内部结合水变为外部液体。内部结合水一般只占污泥总含水量的10%左右。

7.1.2.4 生物利用特性

一般污水处理厂产生的污泥为含水量在75%~99%不等的固体或流体状物质。其中的固体成分主要由有机残片、细菌菌体、无机颗粒、胶体及絮凝所用药剂等组成,是一种以有机成分为主,组分复杂的混合物。污泥中包含有潜在利用价值的有机质、氮(N)、磷(P)、钾(K)和各种微量元素,如表7-1所示。

表 7-1 不同种类的污泥营养物质含量范围

污泥类型	总氮(TN)(%)	磷(按 P_2O_5 计)(%)	钾(K)(%)	腐殖质(%)
初沉污泥	2.0～3.4	1.0～3.0	0.1～0.3	33
生物滤池污泥	2.8～3.1	1.0～2.0	0.11～0.8	47
活性污泥	3.5～7.2	3.3～5.0	0.2～0.4	41

7.1.2.5 热值特性

除了污泥中的营养元素可以作为生物处理的基础外，污泥还具有一定的燃烧热值特性，如表 7-2 所示。污泥的燃烧热值特性表明，干污泥具有较高的热值，该特性也为污泥的干化焚烧及资源化利用奠定了基础。

表 7-2 典型污泥燃烧热值

污泥种类		每 1kg 干污泥的燃烧热值(kJ)
初沉污泥	生污泥 经消化	15 000～18 000 7200
初沉污泥与活性污泥混合	新鲜 经消化	17 000 7400
初沉污泥与生物膜污泥混合	生污泥 经消化	14 000 6700～8100
生污泥		14 900～15 200
剩余污泥		13 300～24 000

7.1.3 污泥对环境的影响

污泥有机物含量高，易腐烂，有强烈的臭味，并且含有寄生虫卵、病原微生物和铜、锌、铬、汞等重金属以及盐类、多氯联苯、二噁英、放射性核素等难降解的有毒有害物质，如不加以妥善处理，任意排放，将会造成二次污染。

污泥中主要污染物质简单介绍如下。

7.1.3.1 有机污染物

污泥中有机污染物主要有苯、氯酚、多氯联苯、多氯二苯并呋喃和多氯二苯并二噁英(PCDD/PCDF)等。污泥中含有的有机污染物不易降解，毒性残留长，这些有毒有害物质进入水体与土壤中将造成环境污染。

7.1.3.2 病原微生物

污水中的病原微生物和寄生虫卵经过处理会进入污泥，污泥中病原体对人类或动物的污染途径包括：①直接与污泥接触；②通过食物链与污泥直接接触；③水源被病原体污染；④病原体首先污染了土壤，然后污染水体。

7.1.3.3 重金属

在污水处理过程中，70%～90%的重金属元素会通过吸附或沉淀而转移到污泥中。一部分重金属元素主要来源于工业排放的废水，如镉、铬，另一部分重金属来源于家庭生活的管道系统，如铜、锌等。

7.1.3.4 其他危害

污泥对环境的二次污染还包括污泥盐分的污染和氮、磷等养分的污染。污泥含盐量较高时，会明显提高土壤导电率，破坏植物养分平衡，抑制植物对养分的吸收，甚至对植物根系造成直接伤害。在降雨量较大、土质疏松的地区大量施用富含氮、磷等的污泥之后，当有机物的分解速度大于植物对氮、磷的吸收速度时，氮、磷等养分就有可能随水流失而进入地表水体造成水体的富营养化，或进入地下引起地下水的污染。

7.2 污泥处理与资源化基本方法

7.2.1 污泥处理基本方法概述

污泥处理是对污泥进行稳定化、减量化处理的过程，一般包括浓缩、脱水、稳定（厌氧消化、好氧消化、堆肥）和干化、焚烧等。污泥浓缩、脱水、干化主要是降低污泥水分，干固体没有发生减量变化；污泥稳定主要是分解降低干固体中有机物数量，水分几乎没有变化；污泥焚烧是完全消除有机物、可燃物质和水分，是最彻底的稳定化、减量化。

7.2.1.1 污泥浓缩

污泥浓缩主要是去除污泥颗粒间的间隙水，浓缩后的污泥含水率为95%～98%，污泥仍然可保持流体特性。

我国过去的一些污水处理厂常采用重力浓缩池进行污泥浓缩，兼顾污泥匀质和调节，重力浓缩电耗低、无药耗、运行成本低。但随着脱氮除磷要求的提高，重力浓缩时间长、易释磷，重力浓缩池上清液回流至进水，增加污水处理的负荷，因此，新建污水处理厂大部分采用机械浓缩，有些小型污水处理厂采用更简便的浓缩脱水一机体。

7.2.1.2 污泥机械脱水

污泥机械脱水主要是去除污泥颗粒间的毛细水，机械脱水后的污泥含水率为65%～80%，呈泥饼状。机械脱水设备主要有带式压滤机、板框压滤机和卧螺沉降离心机。

采用污泥填埋时，污泥脱水可大大减少污泥的堆积场地，节约运输过程中发生的费用。在对污泥进行堆肥处理时，污泥脱水能保证堆肥顺利进行(堆肥过程中一般要求污泥有较低的含水率)。如若进行污泥焚烧，污泥脱水率高可大大减少热能消耗。

但是污泥成分复杂、相对密度较小、颗粒较细，并往往是胶态状况，决定了其不易脱水的特点，所以到目前为止，污泥脱水程度的进一步提高是国内外研究的热门课题。

带式压滤机电耗低，板框压滤机滤饼含水率低，卧螺沉降离心机对污泥流量波动的适应性强、密闭性能好、处理量大、占地小。我国新建污水处理厂大多采用离心机、带式压滤机和板框压滤机，小型污水处理厂一般采用浓缩脱水一机体。

7.2.1.3 污泥干化

污泥干化主要是去除污泥颗粒间的吸附水和内部水，干化后的污泥呈颗粒状或粉末状。自然干化由于占用土地较多，而且受气候条件影响大、散发臭味，在污水处理厂污泥的处理中已很少采用。

机械干化主要是利用热能进一步除脱污泥中的水分，是污泥与热媒之间传热的过程。机械干化分为全干化(含固率大于90%)和半干化(含固率小于90%)。污泥含水率在40%～50%范围时，污泥流变学特征发生显著变化，污泥的黏滞性较强，而导致输送性能很差。

在干化过程中，污泥逐步失去水分而形成颗粒，在低含水率时具有较大的表面积。

在污泥逐步形成颗粒时，表面比内部干燥，内部水的蒸发更加困难，随着含水率的降低，蒸发效率也逐渐降低。

根据污泥与热媒之间的传热方式，污泥干化分为对流干化、传导干化和热辐射干化。在污泥干化行业主要采用对流和传导两种方式，或者两者结合的方式。另外，对流形式的干化机易增加后续处理负担，因为热媒与蒸发出来的水汽、副产气一同排出干化机，排出气体量大。

7.2.1.4 污泥稳定

污泥稳定是指去除污泥中的部分有机物质或将污泥中的不稳定有机物转化为较稳定的物质，使污泥的有机物含量减少40%以上，不再散发异味，即使污泥以后经过较长时间的堆置，其主要成分也不再发生明显的变化。

污泥稳定方法包括厌氧消化、好氧消化和堆肥等方法。

厌氧消化是在无氧条件下污泥中的厌氧有机物由厌氧微生物进行降解和稳定的过程。为了减少工程投资，通常将活性污泥浓缩后再进行消化，在密闭消化池的缺氧条件下，一部分菌体逐渐转化为厌氧菌或兼性菌，降解有机污染物，污泥逐渐被消化掉，同时放出热量和甲烷气。经过厌氧消化，可使污泥中部分有机物质转化为甲烷，同时可消灭恶臭及各种病原菌和寄生虫，使污泥达到安全稳定的程度。在污泥厌氧消化工艺中，中温消化(33～35℃)最为常用。

在欧洲和北美洲的污水处理厂，污泥厌氧消化成功的案例较多。在我国，杭州四堡污水处理厂、北京高碑殿污水处理厂、天津东郊污水处理厂采用中温厌氧消化，上海市白龙岗污水处理厂的污泥中温厌氧消化也在建设中。

污泥好氧消化的基本原理就是对污泥进行长时间的曝气，污泥中的微生物处于内源呼吸而自身氧化阶段，此时细胞质被氧化成 CO_2、H_2O、NO_3^- 得到稳定。好氧消化的动力消耗较高，适用于小型污水处理厂。

大部分污泥堆肥是在有氧的条件下进行，利用嗜温菌、嗜热菌的作用，使污泥中有机物分解成为 CO_2、H_2O，达到杀菌稳定和提高肥分的作用。

为了使堆肥有良好的通风环境，通常使用膨胀剂与污泥混合，以增加孔隙度、调节污泥含水率和碳氮摩尔比。堆肥时间大约需一个月。因此，该法适用于污泥堆肥小型、周边环境不敏感的污水处理厂。

7.2.1.5 污泥焚烧

污泥焚烧是利用焚烧炉在有氧条件下高温氧化污泥中的有机物，使污泥完全矿化为少量灰烬的处置方式。以焚烧技术为核心的污泥处理方法是最彻底的处理方式，在工业发达国家得到普遍采用。

污泥焚烧主要可分为两大类：一类是将脱水污泥直接送焚烧炉焚烧，另一类是将脱水污泥干化后再焚烧。

污泥焚烧设备主要有回转焚烧炉、立式焚烧炉、立式多段焚烧炉、流化床式焚烧炉等，过去国外常用立式多段焚烧炉，现在逐渐演变采用流化床式焚烧炉。

焚烧处理污泥的优点是占用场地小、处理快速、量大、减量明显，但灰渣中的重金属不易浸出，污泥灰可送入水泥厂掺和在原料中一并制作建材等。国内已开始意识到焚烧的优点，各地均在积极探索研究因地制宜的应用方案。

7.2.2 污泥处置基本方法概述

污泥处置是对处理后污泥进行消纳的过程，一般包括土地利用、填埋、建筑材料利用等。

7.2.2.1 土地利用

污泥的土地利用是将污泥作为肥料或土壤改良材料，用于园林绿化、林业或农业等场合的处理方式。污泥土地利用需要具备的一个重要条件是：其所含的有害成分不超过环境所能承受的容量范围。

由于污泥来源于各种不同成分和性质的污水，不可避免地含有一些有害成分，如各种病原菌、重金属和有机污染物等，这在一定程度上限制了污泥在土地利用方面的发展。因此，污泥土地利用需要充分考虑污泥的类型及质量、施用地的选择，并且一般需要经过一定的处理，来降低污泥中易腐化发臭的有机物，减少污泥的体积和数量，杀死病原体，降低有害成分的危险性。

污泥土地利用可能会造成土壤、植物系统重金属污染，这是污泥土地利用中最主要的环境问题。污泥中存在相当数量的病原微生物和寄生虫卵，也能在一定程度上加速植物病害的传播。

一般城市污水含有20%～40%的工业废水，重金属含量超标概率高，污泥土地利用带有一定风险性。一些工厂排放的污水含有一定的有机污染物，如聚氯二酚、多环芳烃以及农药的残留物，这些物质在污水污泥的处理过程中会得到一定程度的降解但一般难以完全去除，在污泥的使用时还需考虑其可能产生的危害。

污泥天天排放，而土地利用却是有季节性的，这种矛盾使得污泥必须找地方贮存，这既增加了管理与场地费用，又使污泥得不到及时处置。

显然，污泥用于土地利用必须经过稳定化、减量化、无害化处理，即使如此，污泥的产量也无法与土地所需要的污泥量在时间上匹配，因此通过土地利用途径能够消耗的污泥量是非常有限的。

7.2.2.2 污泥填埋

污泥填埋是指运用一定的工程措施将污泥埋于天然或人工开挖地内的处置方式，填埋处置地投资较少、建设期短，但实现卫生填埋必须进行防渗和覆盖。

污泥填埋必须满足相应的填埋操作条件，考虑病原体和其他污染物扩散、渗漏等问题，另外，填埋的技术要求也越来越高，发达国家已规定较低的污泥有机物含量，当填埋场较远时，其运费也很高，运输途中也会产生污染。污泥填埋场的作业环境较差，容易引起二次污染。所以，污泥填埋是污泥处置的初级阶段，一般应用在土地资源丰富、经济落后、污泥量较少的地区。

填埋污泥在运行管理过程存在一些问题，主要问题有：

①污泥承压极低，无法承受普通填埋作业机械，无法进行正常摊铺、压实和覆盖等填埋作业。

②污泥渗透系数小，雨天无法排水，大量降水渗入填埋场内，导致脱水污泥含水率增加，污泥发生流变，承压进一步下降。

③污泥填埋容易产生臭气、蚊蝇、导气井堵塞等系列环境问题。

7.2.2.3 污泥建材利用

污泥建材利用是指将污泥作为制作建筑材料的部分原料的处置方式，应用于制砖、水泥、陶粒、活性炭、熔融轻质材料以及生化纤维板的制作，在日本已经有许多工程实例。

上海石洞口污泥焚烧厂已运行多年，其焚烧灰分根据 GB 5085.1.2.3《危险废物鉴别标准》检测，证明不属于危险废物。一方面，污泥灰及黏土的主要成分均为 SiO_2，这一特性成为污泥可做制砖材料的基础；另一方面，污泥灰中 Fe_2O_3 和 P_2O_5 含量远高于黏土。此外，灰中铁盐和钙盐的含量会改变砖的压缩张力。由于污泥中含有的无机成分与黏土成分较为接近，说明使用污泥焚烧灰制砖是基本可行的。

污泥焚烧灰的基本成分为 SiO_2、Al_2O_3、Fe_2O_3、CaO，在制造水泥时，污泥焚烧灰加入一定量的石灰和石灰石，经煅烧即可制成灰渣硅酸盐水泥。

利用污泥焚烧灰为原料生产的水泥与普通硅酸盐水泥相比，在颗粒度、相对密度、反应性能等方面基本相似，而在稳固性、膨胀密度、固化时间方面较好。

污泥除了可以用来生产砖块和水泥外，还可用来生产陶瓷和轻质骨料等。

从经济角度来看，污泥建材利用不但具有实用价值还具有经济效益。至于污泥中的重金属等有毒有害物质，研究表明，污泥制成建材后，一部分会随灰渣进入建材而被固化其中，使重金属失去游离性。因此，一般不会随浸出液渗透到环境中，不会对环境造成较大的危害。

7.3 污泥处理与资源化相关标准规范及解读

7.3.1 污泥处理与资源化相关标准规范

与国外相对成熟的污泥处理标准相比，我国的污水污泥处置标准体系目前刚刚起步。标准规范的缺失导致污泥处置工作的开展和污泥处置工程实践缺乏实际指导，严重影响污泥的最终处置和污泥资源化发展的进程。

基于我国污泥处置的现状，在国家建房和城乡建设部的牵头下，国内从事城镇污水处理厂设计和运行的多家单位联合开展了标准研究。第一批标准已经公布，其他标准正在逐步制定和完善中。该系列标准还将结合我国的国情，逐步开展技术政策和技术规程的研究，形成具有我国特点的系列标准规范、技术规程，规范我国的污泥处置工作，使城镇污水处理厂产生的污泥得到妥善处置，实现污泥减量化、稳定化、无害化，并逐步提高资源化利用率。

目前，污泥处理处置与资源化利用相关的主要规范标准如下：

GB 50014—2016 室外排水设计规范；

CJJ 60—2011 城市污水处理厂运行、维护及其安全技术规程；

CJJ 131—2009 城镇污水处理厂污泥处理技术规程；

GB 24188—2009 城镇污水处理厂污泥泥质；

GB/T 23484—2009 城镇污水处理厂污泥处置分类；

GB/T 23486—2009 城镇污水处理厂污泥处置　园林绿化用泥质；

CJ/T 291—2008 城镇污水处理厂污泥处置　土地改良用泥质；

CJ/T 309—2009 城镇污水处理厂污泥处置　农用泥质；

CJ/T 249—2007 城镇污水处理厂污泥处置　混合填埋泥质；

CJ/T 289—2008 城镇污水处理厂污泥处置　制砖用泥质；

CJ/T 290—2008 城镇污水处理厂污泥处置　单独焚烧用泥质；

CJ/T 314—2009 城镇污水处理厂污泥处置　水泥熟料生产用泥质；

CJ/T 510—2017 城镇污水处理厂污泥处理稳定标准；

CECS 250:2008 城镇污水污泥流化床干化焚烧技术规程。

另外，国家环保部颁发了《污水处理厂污泥处置最佳可行技术导则》，住房和城乡建设部、环境保护部和科学技术部联合制定了《城镇污水处理厂污泥处理处置及污染防止技术政策(试行)》等。

7.3.2 相关标准规范解读

7.3.2.1 《城镇污水处理厂污泥泥质》(GB 24188—2009)

标准规定了城镇污水处理厂污泥中污染物的控制项目和限值，该标准将控制项目分为基本控制项目和选择性控制项目(表 7-3、表 7-4)。

表 7-3　泥质基本控制指标及限值

序号	基本控制指标	限值
1	pH	5～10
2	含水率(%)	<80
3	粪大肠菌群菌值	>0.01
4	细菌总数(MPN/kg 干污泥)	<10^8

表 7-4　泥质选择性控制指标及限值

序号	选择性控制指标	限值(mg/kg)
1	总镉	<20
2	总汞	<25
3	总铅	<1000
4	总铬	<1000
5	总砷	<75
6	总铜	<1000

续表 7-4

序号	选择性控制指标	限值(mg/kg)
7	总锌	<4000
8	总镍	<200
9	矿物油	<3000
10	挥发酚	<40
11	总氰化物	<10
12	—	—

从基本项目可知，城镇污水处理厂的污泥含水率必须小于80%，这对于目前一些城镇污水处理厂是一种考验，必须进行整改降低含水率。从污泥泥质选择性控制项目和限值来看，较GB 4284《农用污泥中污染物控制标准》有所变化，主要是总铜、总锌结合国外标准和我国实际进行了适当的调整。

7.3.2.2 《城镇污水处理厂污泥处置分类》(GB/T 23484—2009)

标准规定了城镇污水处理厂污泥处置方式的分类，确定污泥处置方式按污泥的消纳方式进行分类，标准规定了污泥处置的分类原则，对四类污泥处置方式进行了分类规定(表 7-5)。

表 7-5 城镇污水处理厂污泥处置分类

序号	分类	范围	备注
1	污泥土地利用	园林绿化	城镇绿地系统或郊区林建造和养护等的基质材料或肥料原料
		土地改良	盐碱地、沙化地和废弃矿场的土壤改良材料
		农用*	农用肥料或农田土壤改良材料
2	污泥填埋	单独填埋	在专门填埋污泥的填埋场进行填埋处理
		混合填埋	在城市生活垃圾填埋场进行混合填埋(含填埋场覆盖材料利用)
3	污泥建筑材料利用	制水泥	制水泥的部分原料或添加料
		制砖	制砖的部分原料
		制轻质骨料	制轻质骨料(陶瓷等)的部分原料
4	污泥焚烧	单独焚烧	在专门污泥焚烧炉焚烧
		与垃圾混合焚烧	与生活垃圾一同焚烧
		污泥燃料利用	在工业焚烧炉或火力发电厂焚烧炉中做燃料利用

注：* 农用包括进食物链利用和不进食物链两种。

1)污泥土地利用

污泥经稳定化、无害化处理后，达到土地利用标准后应积极推广污泥的土地利用，如污泥园林绿化，用来种植草皮及数目以达到保护土地和改善环境的作用；污泥土地改良，改善盐碱地和沙化地的性能；污泥还可以用来种植不进入人类食物链的植物，如玉米等，可用做生产工业酒精的原料。

2)污泥填埋

污泥填埋指污泥与生活垃圾混合在填埋场进行填埋处置，将污泥与生活垃圾进行尽可能充分的混合，然后将混合物平展、压实，进行填埋。

单独填埋指污泥在专用填埋场进行填埋处置，可分为沟填、掩埋和堤坝式填埋三种类型。

3)污泥建筑材料利用

污泥建筑材料利用一般包括用作水泥添加料、制砖和制轻质骨料等，这几方面技术比较成熟，消纳量较大，市场前景较好，可以作为污泥消纳手段。

4)污泥焚烧

标准认为污泥焚烧既是污泥处理又是污泥处置。因为污泥在焚烧过程中，尤其是在火力发电厂中与煤混烧，利用了污泥本身热量，且经过焚烧后有机物完全矿化，自身性质已完全改变，符合污泥处置的定义。

7.3.2.3 《城镇污水处理厂污泥处置　园林绿化用泥质》(GB/T 23486—2009)

标准规定城镇污水处理厂污泥园林绿化利用的泥质指标、取样和监测等技术要求，对于泥质指标，从外观和嗅觉、稳定化要求、理化性质和营养指标、污染物浓度限值和生物学指标以及种子发芽指数五方面进行了规定。

①外观和嗅觉必须比较疏松，无明显臭味。

②稳定化要求必须满足 GB 18918—2002《城镇污水处理厂污染物排放标准》中的相关规定。

③污泥园林绿化利用时，应控制污泥中的盐分，避免对园林植物造成伤害。污泥施用到绿地后，要求对盐分敏感的植物根系周围土壤的 EC 值宜小于 1.0mS/cm，对某些耐盐的园林植物可以适当放宽到小于 2.0mS/cm，其他理化指标应满足表 7－6 的要求，养分指标应满足表 7－7 的要求。

表 7－6　其他理化指标及限值

序号	其他理化指标	限值	
1	pH	酸性土壤(pH<6.5)	中性和碱性土壤(pH≥6.5)
		6.5～8.5	5.5～7.8
2	含水率(%)	<40	

表 7-7 养分指标及限值

序号	养分指标	限值
1	总养分[总氮(以 N 计)+总磷(以 P_2O_5 计)+总钾(以 K_2O 计)](%)	≥3
2	有机含量(%)	≥25

④污染物浓度限值应满足表 7-8 的要求。污泥园林绿化利用与人群接触场合时,其生物学指标应满足表 7-9 的要求,同时不得检测出传染性病原菌。

表 7-8 污染物指标及限值

序号	污染物指标	限值	
		酸性土壤(pH<6.5)	中性和碱性土壤(pH≥6.5)
1	总镉(mg/kg 干污泥)	<5	<20
2	总汞(mg/kg 干污泥)	<5	<15
3	总铅(mg/kg 干污泥)	<300	<1000
4	总铬(mg/kg 干污泥)	<600	<1000
5	总砷(mg/kg 干污泥)	<75	<75
6	总镍(mg/kg 干污泥)	<100	<200
7	总锌(mf/kg 干污泥)	<2000	<4000
8	总铜(mg/kg 干污泥)	<800	<1500
9	硼(mg/kg 干污泥)	<150	<150
10	矿物油(mg/kg 干污泥)	<3000	<3000
11	苯并(a)芘(mg/kg 干污泥)	<3	<3
12	可吸附有机卤化物(AOX)(以 Cl 计)(mg/kg 干污泥)	<500	<500

表 7-9 生物学指标及限值

序号	生物学指标	限值
1	粪大肠菌群菌值 g(ml)/个	>0.01
2	蠕虫卵死亡率(%)	>95

⑤种子发芽指数应大于 70%。

为规范污泥的园林绿化利用，提出了一些具体规定，根据污泥使用地点的面积、土壤污染物本底值和植物的需氮量，合理确定污泥使用量；污泥使用后，有关部门应进行跟踪检测；污泥使用地的地下水和土壤的相关指标应满足相应的规定；为了防止地下水的污染，在地下水水位较高的地点不应使用污泥，在饮用水水源保护地带严禁使用污泥。

7.3.2.4 《城镇污水处理厂污泥处理　混合填埋泥质》(CJ/T 249—2007)

标准规定了城镇污水处理厂污泥进入生活垃圾卫生填埋场混合填埋处置和用作覆盖土的泥质指标、取样与监测等技术要求，对于泥质指标，分为基本指标和安全指标。基本指标如表 7－10 所示，安全指标中的污染物的浓度限值应满足表 7－11 的要求。对于用作覆盖土的污泥泥质，也提出了基本指标和卫生学指标，其基本指标应满足表 7－12 的要求，卫生学指标需满足 GB 18918—2002《城镇污水处理厂污染物排放标准》中的指标要求，还应满足表 7－13 的要求，同时不得检测出传染性病原菌。

表 7－10　基本指标限值

序号	控制项目	限值
1	污泥含水率	≤60%
2	pH	5～10
3	混合比例	≤8%

注：表中 pH 指标不限定采用亲水性材料（如石灰等）与污泥混合以降低其含水率措施。

表 7－11　污染物浓度限值

序号	控制项目	限值
1	总镉	<20
2	总汞	<25
3	总铅	<1000
4	总铬	<1000
5	总砷	<75
6	总镍	<200
7	总锌	<4000
8	总铜	<1500
9	矿物油	<3000
10	挥发酚	<40
11	总氰化物	<10

表 7-12 用作垃圾填埋场覆盖土的污泥基本指标

序号	控制项目	限值
1	含水率	<45%
2	臭气浓度	<2 级(六级臭度)
3	施用后苍蝇密度	<5 只/(笼·日)
4	横向剪切强度	>25kN/m^2

表 7-13 用作垃圾填埋场终场覆盖土的污泥卫生学指标

序号	控制项目	限值
1	粪大肠菌群菌值	>0.01
2	蠕虫卵死亡率(%)	>95

7.3.2.5 《城镇污水处理厂污泥处置 单独焚烧用泥质》(CJ/T 290—2008)

标准规定了城镇污水处理厂污泥单独焚烧时的泥质指标、取样与监测等技术要求,其中理化指标需满足表 7-14 的要求,同时,对焚烧炉的大气污染物排放标准和恶臭、工艺废水、残余物要求等进行了规定。

表 7-14 污泥焚烧理化指标限值

类别	控制项目			
	pH	含水率(%)	低位热值(kJ/kg)	有机物含量(%)
自持焚烧	5~10	<50	>5000	>50
助燃焚烧	5~10	<80	>3500	>50
干化焚烧	5~10	<80	>3500	>50

注:1. 干化焚烧含水率(<80%)是指污泥进入干化系统的含水率。

2. 在选择焚烧炉的炉型时要充分考虑污泥的含砂量。

7.3.2.6 《城镇污水处理厂 土地改良用泥质》(CJ/T 291—2008)

标准规定了用于土地(盐碱地、沙化地和废弃矿场土壤)改良的城镇污水处理厂污泥泥质准入标准,有理化指标、污染物浓度指标、卫生防疫安全和营养指标等。其中理化指标需满足表 7-15 的要求,营养指标满足表 7-16 的要求。除此之外,标准还规定了污泥必须经过稳定化处理,在饮水水源保护区和地下水位较高处不宜将污泥用于土地改良,在污泥用于土地改良后,其施用地的土壤和地下水相关指标符合相关规定;同时规定了污泥施用频率,每年每万平方米土地施用干污泥量不大于30 000kg。

表7-15 理化指标

序号	控制项目	限值
1	pH	6.5～10
2	含水率	<65%
3	臭度	<2级(六级臭度)

表7-16 营养指标

序号	控制项目	限值
1	总养分[总氮(以N计)+总磷(以P_2O_5计)+总钾(以K_2O计)]	≥1
2	有机质含量(%)	≥10

7.3.2.7 《城镇污水处理厂污泥处置 农用泥质》(CJ/T 309—2009)

标准规定了城镇污水处理厂污泥农用泥质指标、取样和监测等要求,将污染物安全指标分为A级和B级的污泥分别施用于不同的作物,其限值指标应满足表7-17的要求,其物理指标和营养指标满足表7-18和表7-19的要求。

表7-17 污染物浓度限值

序号	控制项目	限值	
		A级污泥	B级污泥
1	总砷	<3	<75
2	总镉	<30	<15
3	总铬	<500	<1000
4	总铜	<500	<1500
5	总汞	<3	<15
6	总镍	<100	<200
7	总铅	<300	<1000
8	总锌	<1500	<3000
9	苯并(a)芘	<2	<3
10	矿物油	<500	<3000
11	多环芳烃(PAHs)	<5	<6

表 7-18 物理指标

序号	控制项目	限值
1	含水率(%)	≤60
2	粒径(mm)	≤10
3	杂物	无粒度>5mm 的金属、玻璃、陶瓷、塑料、瓦片等有害物质,杂物质量≤3%

表 7-19 营养指标

序号	控制项目	限值
1	有机质含量(g/kg,干基)	≥200
2	氮磷钾($N+P_2O_5+K_2O$)含量(g/kg,干基)	≥30
3	pH	5.5~10

7.3.2.8 《城镇污水处理厂污泥处置 制砖用泥质》(CJ/T 289—2008)

标准规定了城镇污水处理厂污泥制烧结砖的泥质指标、取样和监测等技术要求,有烧失量、放射性核素指标等要求,基本指标应满足表 7-20 的要求,污泥烧失量和放射性核素指标应满足表 7-21 的要求。

表 7-20 基本指标

序号	控制项目	限值
1	pH	5~10
2	含水率	≤40%
3	混合比例	≤10%

表 7-21 烧失量和和放射性核素指标

序号	控制项目	限值
1	烧失量(干污泥)	≤50%
2	放射性核素(干污泥)	IRa≤1.0 Ir≤1.0

7.3.2.9 《城镇污水处理厂污泥处置 水泥熟料生产用泥质》(CJ/T 314—2009)

标准规定了城镇污水处理厂污泥用于水泥熟料生产的泥质指标、取样和监测等技术要求，有稳定化、理化指标等要求，还推荐了污泥用量和熟料产量的关系。污泥用于水泥熟料的生产时，其理化指标应满足表7－22的要求，污泥用于水泥熟料生产时，若随生料一同入窑，污泥的推荐用量如表7－23所示，若从窑头喷嘴添加污泥，污泥的含水率必须低于12%，且污泥的径粒小于5mm。污泥只能从水泥熟料煅烧工艺加入。

表7－22　理化指标限值

序号	控制项目	限值
1	pH	5～13
2	含水率(%)	≤80

表7－23　污泥推荐用量与熟料生产关系

类别	熟料生产	含水率(%)	低位热值(kJ/kg)
干法水泥生产工艺	1000～3000t	35～80	<10
		5～35	10～20
	3000t以上	35～80	<15
		5～35	15～25
湿法水泥生产工艺	无限制	80	<30

注：1. 立窑、立波尔窑等不推荐用城镇污水处理厂污泥生产水泥熟料。

2. 日产1000t熟料以下的干法水泥生产线，不推荐用城镇污水处理厂污泥生产水泥熟料。

7.3.2.10 《城镇污水污泥流化床干化焚烧技术规程》(CECS 250:2008)

本技术规程适用于流化床干化焚烧方法集中处置污泥的新建、改建和扩建工程及企业自建污泥流化床干化焚烧处置工程。该规程根据我国第一个大型污泥干化焚烧厂——上海市石洞口污泥处理厂获取的运行经验，从污泥的接收、储存、干化、焚烧到烟气进化、灰渣处置，都给出了具体的技术指标，对选择污泥干化焚烧处理技术的各个方面都有实际的指导意义。上海石洞口污泥处理采用的流化床干化技术规程中很多技术性的叙述对其他污泥干化形式也具有一定的借鉴意义。本规程主要内容包括总则，术语，污泥接收、分析鉴定和储存，污泥流化床干化焚烧系统，公用工程，环境保护和劳动卫生，运行管理七大部分。

规程对污泥处置、污泥干化、污泥焚烧、焚烧锅炉等基本术语进行了规定，其中热灼减率、燃烧温度、燃烧效率等术语与生活垃圾及危险废物处置标准的规定基本相同。由于篇幅原因，在此仅对污泥干化焚烧系统进行解读，其他内容不再赘述。

1)污泥接收、分析鉴定和储存

干化焚烧厂应设进厂污泥计量设施。地磅的规格应按运输车最大满载重量的1.7倍设置。干化焚烧工程应设置化验室，并配备污泥特性鉴别及污水烟气、灰渣等常规指标监测和分析设备。

化验室所用仪器的规格、数量及化验室的面积应根据焚烧厂的运行参数和规模等条件确定。污泥特性分析鉴别应包括：固定碳、灰分、挥发分、水分、灰熔点、低位热值；元素分析和有害物质含量；特性鉴别（腐蚀性、浸出毒性、急性毒性、易燃易爆性）。污泥采样和特性分析应符合《工业固体废物，采样制样技术规范》(HJ/T 20—1998)中的有关规定。

污泥储存容器应符合下列要求：应使用符合国家标准的容器盛装污泥；储存容器必须具有耐腐蚀、耐压、密封和不与所储存的污泥发生反应等特性。储存容器应保证完好无损并具有明显标志。污泥储存应综合投资运行成本以及使用年限等因素，选择混凝土结构和钢结构形式。因脱水污泥流动性较差，设计应选择合适的排泥方式，避免桥架。还需要注意的是，污泥在储存过程中会产生沼气等可燃性气体，而工程建设时往往忽略对此部分气体进行收集和处理。

2)干化焚烧系统

污泥输送一般采用螺杆泵或柱塞泵两种。选型时兼顾最大处理量、管道材质和弯头数，布置时尽量缩短输送距离，降低动力消耗。流化床适合对污泥全干化处理，85℃的干化温度可以增强系统操作的安全性，同时干化效率可达95%。干化工艺必须要有一套完备的控制系统，包括循环气体控制、干污泥控制和传热介质控制三方面。

①循环气体控制要素包括通沟流量调节控制循环气体的相对湿度和含湿量，通沟补充惰性气体中的含氧量和干燥温度等。

②干污泥控制要素包括惰性环境的控制、干污泥料仓内部压力的控制、各干污泥输送设备的控制和干污泥冷却装置的控制。

③传热介质控制要素包括导热油和饱和蒸汽，导热油系统的设计和运行应遵循《有机热载体炉安全技术监察规程》，饱和蒸汽系统应遵循《锅炉房设计规范》。

焚烧系统相对规范较多，主要参照生活垃圾焚烧相关标准编制。系统主要包含：干污泥和辅助燃料进料系统、锅炉焚烧系统（助燃油系统、助燃风系统、炉渣系统等）、炉内脱硫系统等。

3)辅助系统

辅助系统包括水系统、压缩空气系统、氮气保护系统、导热油系统。

4)烟气净化系统

污泥干化焚烧系统必须配备烟气净化系统，以确保尾气的达标排放。烟气净化系统主要有脱酸系统和布袋除尘系统。同时，该技术规程中建议：

①污泥集中流化床干化焚烧工程建设规模的确定和技术路线的选择，应根据污水处理厂污泥的产生量和成分特点、城市社会经济发展水平、城市整体规划、环境保护专业规划以及焚烧技术的适用性等确定。

②污泥集中处理流化床干化焚烧项目的建设，宜近远期结合，统筹规划，以近期为主。

建设规模、布局和选址应进行技术经济论证,环境影响评价和环境风险评价。

③污泥集中流化床干化焚烧工程应采用成熟可靠的技术、工艺和设备,并做到稳定运行、维修方便、经济合理、管理科学、环境保护、安全卫生。

④污泥焚烧以污泥无害化、减量化为基本原则和主要目标,污泥焚烧产生的热能可采取适当形式利用。

7.4 国内外污泥处理与资源化应用进展

7.4.1 国外污泥处理与资源化应用进展

随着全球经济的不断发展、人口的剧增,市政污水处理厂的建设规模、处理程度也在不断扩大与提高,从而导致污泥的产量与日俱增。在全球普遍倡导可持续发展战略的影响下,污泥作为一种可以回收利用的资源与能源的载体,对它们的处理处置正朝着无害化、减量化、稳定化、资源化的方向发展。

不同地区、不同国家的经济发展水平和环境保护法规各不相同,因此,对污泥的处理、处置的方法和管理办法也不尽相同。但唯一能获得共识的是:应终止污泥粗放或简单的任意排放,以避免对环境和人体健康造成不利影响;应将污泥有效回用以达到可持续发展的目的。

许多工业发达国家已确定了污泥循环利用的技术策略,主要指污泥回用至农业、森林或地表修复等途径,但是必须对污泥连续应用可能带来不利于土壤结构的问题进行长期观察。也有一些工业发达国家,例如日本已对污泥处理方法进行了升级,该国早在 20 世纪末已不再青睐污泥广泛回用于农业的做法,取而代之的是将污泥进行高温处理——热干化与焚烧。韩国也积极开发污泥用于制造水泥的技术。为数众多的发展中国家对污泥处理的近期目标仅仅是就近建设最基本的分散式处理设施,维持这些设施的安全、有效的运行。

7.4.1.1 欧洲

欧盟各成员国所采用的污泥处理处置方法差别很大,其中采用填埋方法处置污泥的比例(至 2008 年)最低为 8%(英国),最高为 90%(希腊、卢森堡);农业利用的比例最低为 10%(希腊、爱尔兰),最高为 60%(法国);焚烧比例最低为 1%(意大利),最高为 24%(丹麦);仅有三个国家采用填海处置方法,比例最低为 1%(西班牙),最高为 35%(爱尔兰)。

欧盟最初的废物处理法令(86/278/EEC)只要求将废物处理分为三个等级,即再使用、再循环和土壤恢复。考虑到公众对废物处理分三个等级能否满足环境保护的质疑,欧盟于 2006 年把此法令的三个等级增加到了五个等级,即环境保护、再使用、再循环、土壤恢复和最终处置,相应制订了严格的标准,以尽可能地降低污泥填埋给环境带来的不利影响,特别是对地表水、地下水、土壤、空气和公众健康的影响。此标准定义了废物的不同分类(市政废物、危险废物、无危险废物和难降解废物),并且规定了废物的处置地点和填埋方式(表面填埋和深度填埋)。

由于污泥填埋存在许多问题,所以鼓励采用更好的污泥处理处置方法——污泥的农业利用。西欧各国通过严格的法规,倡导污泥的农业利用,在保护土壤、消除污泥不利影响的同时,最大限度地发挥污泥回用于农业的使用价值。欧洲环保委员会在环境保护的法令中指出污泥回用于农业必须是安全的,污泥中不应含有对农作物有害的病原菌。然而,公众却对该污泥管理策略颇有微词,甚至提出了严重质疑。公众担心污泥农用对环境的影响主要体现在:①不能满足农作物的营养要求;②不利于对地表水、地下水的保护;③污泥中的氮可能造成地下水的污染。

对于工业废水处理过程中产生的污泥,因其含有重金属等有害成分不宜农用,否则会在一段时间内影响土壤结构,对农作物和人类健康造成极大危害。在这种情况下,有关污泥的焚烧处理方法在欧洲的一部分地区,还是受到了相当程度的重视。

随着东欧一些国家成为欧盟的成员国后,其污水处理厂的处理规模不断扩大,这些国家的污泥处理处置已经进入了一个快速发展时期。根据立法规定,欧盟新成员国都要改变原有法规,使其与欧盟现行法规一致,新法规对污泥的最终处理处置和农用及卫生安全方面的限制非常严格,而欧盟以外其他国家的法规则要求相对较低。

目前,东欧各国污泥产量迅速增长,波兰 2007 年的干污泥排放量为 50×10^4 t/a,预计 5 年后会增加至 80×10^4 t/a,而到 2015 年污泥的数量会增加 2 倍多。与西欧国家相比,波兰更多的是采用高温厌氧消化沼气,使用沼气产生的能量焚烧,最后剩余的灰分可用于建筑行业作为建材使用。

俄罗斯和土耳其在废物处理、环境保护等方面与欧盟采用相同的法规,并不断更新旧法规、完善新法规。俄罗斯联邦政府公布的污泥产生量为 8000×10^4 t/a,主要采用自然干化床处理,封闭干化床一般被用于寒冷潮湿的地区,或用于要求减少占用空间和消除气味的地区。土耳其的法规制定受欧盟的影响较大,包括浓缩、稳定、脱水和干化在内的现代处理技术已应用在污泥处理过程之中,同时通过焚烧将灰分回用于建筑材料。

7.4.1.2 北美洲

生物固体(污泥)管理政策的制定、实施吸引了北美各国政府和民众的更多注意力,但能否用于工程实践还需要更多科学验证。这说明污泥的使用价值和风险并存,该情况虽给污泥管理者、环境保护者及民众和政府较大信心,但也存在部分疑虑。美国国家环保局以保护公众健康和环境为目的,在“503”条款《Section 503 of Clean Water Act Amendments》中制定了市政污泥管理政策。此管理政策是建立在公众风险评估和 25 年以上独立研究基础上的,并制定了生物固体中的病原菌的灭除标准和重金属容许浓度标准。对于污泥能否作为有益于土壤的改良剂,“503”条款制定了严格标准,鼓励有益污泥回用。

污泥中含有大量氮、磷、钾及其他有益微量元素，并富含有机物质，因此，适当的回用可改善土壤质量，提高农作物的产量，减少土壤腐蚀。污泥可通过焚烧、表面处置、填埋等方法回用，或者作为土壤改良剂回用。

尽管加拿大和美国的污泥产生量相差很大（美国干污泥产生量为 760×10^4 t/a，加拿大干污泥产生量为 40×10^4 t/a），但它们遵循相同的限制条件。美国的质量控制政策和法规属整个联邦政府管辖，而在加拿大则分属各省管辖。加拿大大多数省像美国联邦政府一样，采用三等级质量系统，把污泥分门别类地应用于农业土地，相关处理过程也非常相似，加拿大对其他污染物的控制也日趋严格。针对处理过程中二噁英类物质在污泥抗菌剂中聚集、病原菌的再生和继续生长以及处理过程中的臭气等问题都在进一步研究之中。

7.4.1.3 拉丁美洲

该地区 5.88 亿人口中约 40%的人处于贫困之中，0.82 亿人的饮用水不安全，1.31 亿人没有足够的卫生设施，这些问题主要与水的供应有关。同时，恶劣的环境卫生条件往往与污水的输送和处理有关。据世界水资源协会估计，南美现有的污水处理厂仅处理了所产生污水量的 10%左右，而能完全达标排放的还不到 2%。而污泥只经市政设施简易处理，给公众健康带来了一定风险。阿根廷、巴西、智利、哥伦比亚、墨西哥等一些国家参照美国国家环保局制定的“503”条款也相应制定了各自的法规，但是执行出现了较大的困难。

7.4.1.4 亚洲

(1)日本和韩国：焚烧、热干化、填海转向堆肥、焚烧灰分利用。

日本早在 20 年前就开始采用最先进的热干化和污泥焚烧处理方法，韩国则一直将大量的污泥（占污泥总量的 77%）填海处理。由于热干化和污泥焚烧处理的能耗高，且为满足严格的排放标准，进一步导致处理成本提高，所以日本已转向制定新的污泥管理政策，这将对污泥的安全排放起到重要作用。韩国从 2008 年开始禁止污泥填海处理而现行法律又不允许在农业土地上使用污泥堆肥产生的肥料，因此韩国也在寻求新的污泥处理方法。

目前，日本已制定了大区域污泥处置和资源利用的 ACE 计划：A(Agriculture)——污泥无害化后用于农业、园林或绿地；C(Construction use)——污泥焚烧后将灰分制成固体砖或其他建筑材料；E(Energy recovery)——利用污泥发电、供热。堆肥将在今后日本污泥处理中占相当份额，污泥用作发电厂燃料也具有应用前景。然而，堆肥处理还存在一些难以解决的问题，如污泥中的重金属问题。日本农民已了解和接受了动物粪便堆肥后作为肥料在市场上所具有的竞争力。目前，日本焚烧灰分利用率已经达到污泥总使用率的 27%，并呈继续增长趋势。

焚烧灰分在韩国也具有较高的应用前景，目前，已有 17 家水泥厂采用污泥焚烧灰分作为水泥的主要原料。热干化和焚烧处理也会成为韩国污泥处理发展方向。韩国也在尝试污泥作为蚯蚓饲料，或与混凝剂混合后作为一种保护性地表层等其他应用。

(2)亚洲其他国家:简单处理转向填埋、农业使用。

从拥有564万人口的新加坡到拥有9649万人口的越南,几乎均采用简单的污泥处理方法。越南只有胡志明市建有1座市政污水处理厂(另外还有6座规划建设中的市政污水处理厂),剩余污泥直接排入氧化塘处理,从该市15个工业园废水处理厂排出的污泥只采用带式机和离心机进行脱水处理。相比之下,新加坡全部污水均被收集并集中处理,所产生的污泥中除一小部分用作土壤调节剂外,其余部分则同城市垃圾一起进行填埋处理。

马来西亚计划到2022年污水收集和处理率达85%,预计干污泥产量会增加1倍,与此同时,将减少干化床和氧化塘的使用数量,取而代之的是在3个规划中的集中式污水处理厂进行机械脱水处理,最终将污泥进行填埋或农业使用。

7.4.1.5 非洲

据报道,非洲多个国家已建立了分散式污水处理系统,如氧化塘系统(加纳、贝宁和马里)、人工湿地(马里)、氧化塘综合处理(布基纳法索)、污水氧化塘综合处理(博茨瓦纳、坦桑尼亚)、活性污泥处理厂综合处理(南非)。

与非洲大陆多数国家不同,南非拥有污水处理厂超过900座,污泥以各种传统方式得到了妥善处理,而且处理受到了国家法律和标准的严格约束。

7.4.1.6 大洋洲

澳大利亚和新西兰通过努力把有益的农田使用作为主要的污泥最终排放方式。澳大利亚已经很好地提高了此方法的使用率,其中6个主要城市中的5个(占国家人口50%的居住地)几乎将所有的污泥都进行了农业利用,只有墨尔本的污泥采用堆填方式。新西兰仍然采用填埋方法处理大部分污泥,但在奥克兰(约产生整个新西兰污泥产生量的50%,目前全部填埋)针对污泥的出路已开展了许多有益的研究。

7.4.1.7 国外污泥处理发展启示

尽管世界各地对污泥的处理处置和管理措施不尽相同,但最终的目的都是使污泥经过减量化、稳定和无害化处理后作为资源加以综合利用。

污泥处理和利用应同时考虑环境、经济、社会三方面的因素,污泥作为一种有价值的资源,进行稳定化、无害化处理后再利用,既解决了污泥的出路问题,又开发了新的资源,满足了可持续发展的要求。

结合全球普遍倡导的可持续发展理念,可以预见:生物处理和焚烧→灰分利用将是未来对污泥处理处置的目标。当然,各地区应根据各自的经济发展水平,制定和实施目前适宜的处理技术,但选择具体方法时应考虑短期施用目标与未来发展目标的渐进衔接。

7.4.2 国内污泥处理与资源化应用进展

国内污水处理事业有较大的发展，但污泥处理处置起步较晚，城市污泥处理处置问题直到 20 世纪 90 年代才被提上议事日程。长期以来，受我国污水处理界“重水轻泥”倾向的影响，污水处理厂的建设往往只注意污水处理要达到排放标准，对污泥处理和处置，在设计中一般只提将脱水污泥外运和综合利用，污泥的卫生化、无害化处理处置问题一直未得到重视与解决。

随着近些年来我国城市化步伐的加快，城市生活污水的处理能力和污泥的产生量急剧增长，至 2015 年 12 月，全国城市和县部分镇共建成污水处理厂 6910 座，处理能力达 1.87 亿 t/d，按污泥产生量占处理水量的 0.3%～0.5%(以含水率为 97%计)，全国城市污水处理厂污泥产生量为(56.1～93.5)$\times 10^4$ t/d(以含水率 97%计)。

我国的污泥处置目前以填埋、农业使用为主。虽然，堆肥复合肥的研究不少，但生产规模都较小，国内污泥综合利用实例不多，大规模污泥的处置问题仍停留在技术研究层次。不论何种处置方法，减小体积、提高含固率都是污泥处置难以回避的重要环节。

目前，城市污水处理厂污泥填埋造成的问题较多：一是消耗大量土地资源，不少城市很难找到新的填埋场；二是产生大量的渗滤液，由于污泥的含水率较高，加剧了垃圾填埋场渗滤液的污染，大部分混合填埋的垃圾场存在拒收污泥的现象；三是对填埋场产生的气体进行资源化利用的填埋场较少，填埋产生的废气不仅污染环境，还存在安全隐患。

污泥农用存在一定的隐患和风险，而我国关于污泥农用风险的研究体系尚不健全，对于污泥处置的风险研究主要涉及污泥土地施用对植物的影响、重金属从土壤到植物的迁移和重金属、氮、磷在土壤中的迁移等方面，可用数据不充分，这些数据通常是基于短期(1～3 年)的实验获得，而长期(10 年以上)的田间实验数据较为缺乏，若用短期的实验数据预测长期的影响，其本身就存在一定的风险。此外，污泥土地施用后对周围相关暴露人群的影响资料和可用数据几乎为零。

污泥建材利用是污泥资源化方式的一种，主要包括利用污泥及其焚烧产物制造砖块、水泥、陶粒、玻璃、生化纤维板等。我国在污泥建材利用发展方面较落后，虽然在污泥制砖方面的研究较多，但实际的工程应用不多。

针对污泥现状，自 2003 年开始，国内主要大城市开始尝试进行污泥处理处置专项规划，对其技术方案进行了系列论证，如广州市近期采取无害化处理后制砖，远期将用于农肥；深圳市已完成污泥转向规划，拟采用热干化＋焚烧工艺；上海市则根据不同情况，采取处理分散化、处置集约化、技术多元化的方针；天津市规划建设 3 座污泥处理场，采用污泥消化发电工艺，但尚无污泥最终处置的方法；北京市 2008 年日污水排放量高达 200 万 t，每年有 80 万 t 城市污泥需无害化处置和合理利用，土地利用将是其主要发展趋势之一；重庆市三峡库区污水处理厂污泥处理处置拟采用半干化＋填埋工艺。

以下是对主要城市污泥处理处置技术路线的介绍。

上海市污泥处理处置以污水处理系统的区域为基础,采取处理分散化、处置集约化、技术多元化的方针。在处理技术方面,根据各区域不同情况,因地制宜,各自采用了适当的处理工艺技术,如石洞口、竹园区域采用了污泥脱水+干化+焚烧处理技术,而白龙港区域则采用了污泥厌氧消化+干化处理技术。在处置技术方面,结合上海地理位置的特点,在绿化、森林、固体废物和滩涂规划的指导下确定上海污泥处置的主要途径,垃圾填埋场覆盖土、园林绿化用土、制作建材、制作肥料、滩涂填土和盐碱地改良等是上海污泥的主要处置途径。上海污泥处理处置规划中,脱水+干化+焚烧+建材利用和脱水+固态好氧发酵+土地利用这两种处理处置方案是主要工艺,且规模较大的污泥处理厂[污泥(DS)量不小于 60t/d]大部分均考虑采用脱水+干化+焚烧+建材利用的处理处置方案。而规模较小的污泥处理厂一般采用脱水+固态好氧发酵+土地利用的方案。

北京市污泥处理处置比较多样化,主要有污泥堆肥、污泥热干化、污泥焚烧、污泥制作建材等。此外,北京市将重点研究城市污泥无害化处理技术、污泥无害化农用技术、污泥建材化利用技术。在各项规划中,土地利用将是主要发展趋势。

天津市现已运行生产的污水处理厂共有 4 座,污泥处理均采用中温厌氧消化技术,使污泥能基本稳定,然后将消化污泥脱水,使含水量降低到 70%~80%之间。但脱水后的污泥没有合适的最终处理方式,只通过各种渠道运至城郊倾倒。

广州市污泥规划近期以污泥综合利用为主,污泥焚烧为辅,污泥填埋作为配套;远期以污泥焚烧为主,污泥综合利用为辅,污泥填埋作为配套。

深圳市已完成专项规划,拟采用热干化和焚烧工艺。基本思路就是利用发电厂余热干化污泥,而干化泥将作为低品质燃料送小型发电厂焚烧,目前项目正在实施中。

7.4.3 国内污泥处理与资源化应用启示

污水处理厂的污泥问题已经成为目前我国亟待解决的环境问题之一。城市污水处理厂的污泥处理与处置问题不仅仅是一个技术层面需要进行进一步研究的问题,而且还是一个观念上需要进一步重视、资金上需要进一步扶助、政策上需要进一步倾斜的环境问题。

目前,在国内城市污水处理厂的建设和运行中存在不少问题,新兴融资方式和建设、运行方式日益兴起,这在一定程度上解决了国家市政、环保建设的资金缺口,可是如果新建和已建的污水处理厂只重视污水的处理而忽视了污水处理过程中产生的污泥,那么其结果只能是表面上解决了水污染的问题,实际上却造成了严重的污泥问题,而后者在根本上又造成了地下水等水体污染,如此造成的恶性循环将对我国的环境保护造成极大的伤害。

根据对当前污泥处理与处置的研究和应用现状的考察,可得到以下几点关于污泥处理与处置的发展现状及启示:

①污泥处理日益被人们重视,以上海石洞口污泥干化焚烧工程为代表的污泥处理处置

项目的建设，标志着我国污泥处理与处置已经进入工程实施阶段。

②在污泥浓缩处理中已经渐渐淘汰效率低、占地大的污泥重力浓缩池，取而代之的是机械浓缩设备的应用和浓缩脱水一体化装置的大量应用。

③目前，国内污泥脱水设备以带式压滤机为主，而且目前国内的带式压滤机的产品性能已逐渐向国际产品靠拢，并且向浓缩脱水一体机方向发展。离心脱水机因其脱水效率高、占地小等优点在国外应用很多，目前，国内也已经开发了大型、高效的离心脱水机械，随着技术的进步，离心脱水机噪声大等缺点逐渐被消减，其应用前景还是比较好的。

④污泥干化技术在国内应用不多，相关的设备生产厂商也比较少，国内的技术水平与国外相比还存在比较大的差距。国外的污泥干化技术设备种类很多，但是由于在国内的应用较少，所以在选择的时候还应当慎重，同时，应该考虑与后继污泥处置工艺的衔接。鉴于国外产品昂贵的价格，在现阶段引进国外技术、开发自主产品比单纯进口国外产品更适合我国国情，或者投入一定的精力和经费研究开发适合我国国情的污泥干化技术设备。

8 固体废物的生物处理

固体废物的生物处理是指直接或间接利用生物体的机能，对固体废物的某些组成进行转化以建立降低或消除污染物产生的生产工艺，或者能够高效净化环境污染，同时又生产有用物质的工程技术。采用生物处理技术，利用微生物（细菌、放线菌、真菌）、动物（蚯蚓等）或植物的新陈代谢作用，固体废物可通过各种工艺转换成有用的物质和能源（如提取各种有价金属、生产肥料、产生沼气、生产单细胞蛋白等），既能实现减量化、资源化和无害化，又能解决环境污染问题。因此，固体废物生物处理技术在废物排放量大且资源和能源短缺的情况下，具有深远的意义。

8.1 固体废物的好氧堆肥处理

堆肥化实际上是利用微生物在一定条件下对有机物进行氧化分解的过程，因此根据微生物生长的环境可以将堆肥化分为好氧堆肥和厌氧堆肥两种。但通常所说的堆肥化一般是指好氧堆肥，这是因为厌氧微生物对有机物分解速率缓慢，处理效率低，容易产生恶臭，其工艺条件也较难控制。最近，在欧洲一些国家已经对堆肥化的概念进行了统一，定义堆肥化为“在有控制的条件下，微生物对固体、半固体的有机废物进行好氧的中温或高温分解，并产生稳定腐殖质的过程”。

堆肥化就是在人工控制的条件下，依靠自然界中广泛分布的细菌、放线菌、真菌等微生物，人为地促进可生物降解的有机物向稳定的腐殖质转化的微生物学过程。堆肥化的产物称为堆肥，也可以说堆肥即人工腐殖质。

8.1.1 堆肥化的基本原理与影响因素

8.1.1.1 基本原理

依据堆肥过程中微生物对氧气的不同需求情况，可把堆肥分为好氧堆肥和厌氧堆肥。这里仅讨论好氧堆肥。

1)好氧堆肥的基本原理

好氧堆肥是好氧微生物在与空气充分接触的条件下,使堆肥原料中的有机物发生一系列放热分解反应,最终使有机物转化为简单而稳定的腐殖质的过程。在堆肥过程中,微生物通过同化和异化作用,把一部分有机物氧化成简单的无机物,并释放出能量,把另一部分有机物转化合成新的细胞物质,供微生物生长繁殖。图 8-1 可以简单地说明这个过程。

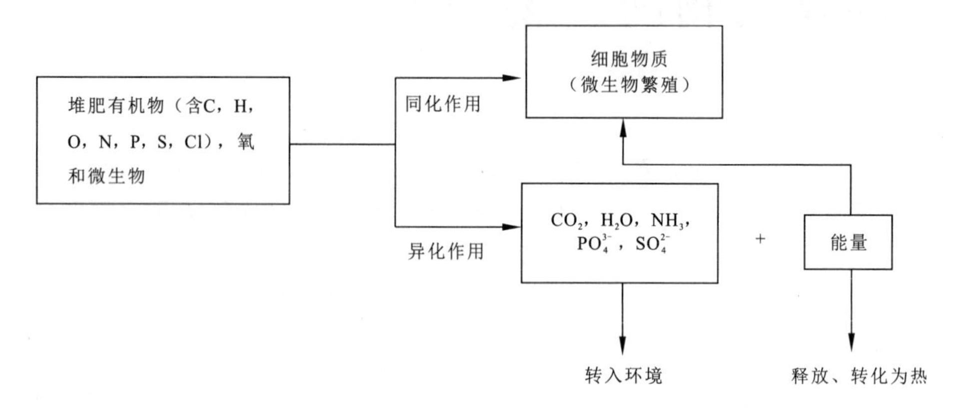

图 8-1 好氧堆肥基本原理示意图

堆肥过程中有机物氧化分解总的关系可用下式表示:

$$C_sH_tN_uO_v\cdot aH_2O+bO_2\rightarrow C_wH_xN_yO_z\cdot cH_2O+dH_2O_{(气)}\uparrow+eH_2O_{(液)}+fCO_2\uparrow+gNH_3\uparrow+能量$$

通常情况下,堆肥产品 $C_wH_xN_yO_z\cdot cH_2O$ 与堆肥原料 $C_sH_tN_uO_v\cdot aH_2O$ 的质量之比为 0.3~0.5。这是由于氧化分解后减量化的结果。一般情况,w、x、y、z 可取值范围为:$w=5\sim10$,$x=7\sim17$,$y=1$,$z=2\sim8$。

下列方程式反映了堆肥过程中有机物的氧化和合成:

(1)有机物的氧化。

①不含氮有机物($C_xH_yO_z$)的氧化

$$C_xH_yO_z+\left(x+\frac{1}{4}y-\frac{1}{2}z\right)O_2\rightarrow xO_2\uparrow+\frac{1}{2}yH_2O+能量$$

②含氮有机物($C_xH_yO_z$)的氧化

$$C_sH_tN_uO_v\cdot aH_2O+bO_2\rightarrow C_wH_xN_yO_z\cdot cH_2O+dH_2O_{(气)}\uparrow+eH_2O_{(液)}+fCO_2\uparrow+gNH_3\uparrow+能量$$

(2)细胞物质的合成(包括有机物的氧化,并以 NH_3 为氮源)。

$$nC_xH_yO_z+NH_3+\left(nx+\frac{ny}{4}-\frac{nz}{2}-5\right)O_2\rightarrow C_5H_7NO_2(细胞物质)+(nx-5)CO_2\uparrow+\frac{1}{2}(nx-4)H_2O+能量$$

(3)细胞物质的氧化。

$$C_5H_7NO_2(\text{细胞物质})+5O_2\uparrow \rightarrow 5CO_2\uparrow +2H_2O+NH_3\uparrow +\text{能量}$$

以纤维素为例,好氧堆肥中纤维素的分解反应如下:

$$(C_6H_{12}O_6)_n \xrightarrow{\text{纤维素酶}} n(C_6H_{12}O_6)(\text{葡萄糖})$$

$$n(C_6H_{12}O_6)+6nO_2 \xrightarrow{\text{微生物}} 6nH_2O+6nCO_2\uparrow +\text{能量}$$

2)好氧堆肥化过程

堆肥是一系列微生物活动的复杂过程,包含着堆肥原料的矿质化和腐殖化过程。在该过程中,堆内的有机物、无机物发生着复杂的分解与合成的变化,微生物的组成也发生着相应的变化。

好氧堆肥化从废物堆积到腐熟的微生物生化过程比较复杂,可以分为如图 8-2 所示的几个阶段。

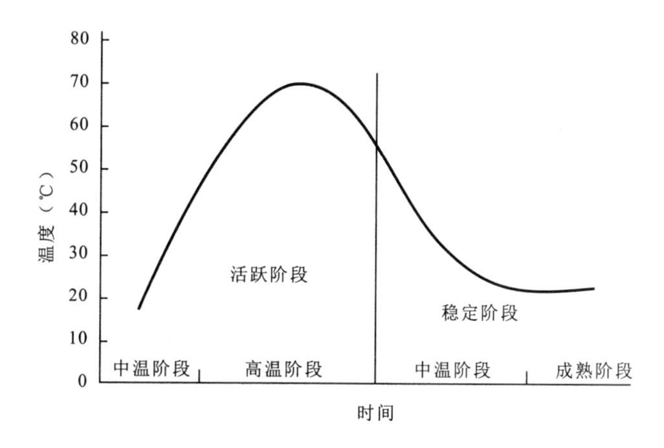

图 8-2 堆肥过程中的温度变化

(1)潜伏阶段(亦称驯化阶段)。

指堆肥化开始时微生物适应新环境的过程,即驯化过程。

(2)中温阶段(亦称产热阶段)。

在此阶段,嗜温性细菌、酵母菌和放线菌等嗜温性微生物利用堆肥中最容易分解的可溶性物质如淀粉、糖类等而迅速增殖,并释放热量使堆肥温度不断升高。当堆肥温度升到 45℃以上时,即进入高温阶段。

(3)高温阶段。

在此阶段,嗜热性微生物逐渐代替了嗜温性微生物的活动,堆肥中残留和新形成的可溶性有机物质继续分解转化,复杂的有机化合物如半纤维素纤维素和蛋白质等开始被强烈分解。通常在 50℃左右进行活动的主要是嗜热性真菌和放线菌;温度上升到 60℃时,真菌几乎完全停止活动,仅有嗜热性放线菌与细菌活动;温度升到 70℃时,对大多数嗜热性微生物已不适宜，微生物大量死亡或进入休眠状态。

(4)腐熟阶段。

当高温持续一段时间后，易分解的有机物(包括纤维素等)已大部分分解，只剩下部分较难分解的有机物和新形成的腐殖质，此时微生物活性下降，发热量减少，温度下降。在此阶段嗜温性微生物又占优势，对残余的较难分解的有机物作进一步分解，腐殖质不断增多且稳定化，此时堆肥即进入腐熟阶段，堆肥可施用。

8.1.1.2 影响因素

1)供氧量

氧气是堆肥过程有机物降解和微生物生长所必需的物质。因此，保证较好的通风条件，提供充足的氧气是好氧堆肥过程正常运行的基本保证。通风可使堆层内的水分以水蒸气的形式散失掉，达到调节堆温和堆内水分含量的双重目的，可避免后期堆肥温度过高。但在高温堆肥后期，主发酵排除的废气温度较高，会从堆肥中带走大量水分，从而使物料干化，因此需考虑通风与干化间的关系。

2)含水率

水分是维持微生物生长代谢活动的基本条件之一，水分适当与否直接影响堆肥发酵速率和腐熟程度，是影响好氧堆肥的关键因素之一。堆肥的最适含水率为50%～60%(质量分数)，此时微生物分解速率最快。当含水率在40%～50%之间时，微生物的活性开始下降，堆肥温度随之降低。当含水率小于20%时，微生物的活动就基本停止。当水分超过70%时，温度难以上升，有机物分解速率降低，由于堆肥物料之间充满水，有碍于通风，从而造成厌氧状态，不利于好氧微生物生长，还会产生 H_2S 等恶臭气体。

3)温度和有机物含量

温度是堆肥得以顺利进行的重要因素。堆肥初期，堆体温度与环境温度相一致，经过中温菌的作用，堆体温度逐渐上升。随着堆体温度的升高，一方面加速分解消化过程；另一方面也可杀灭虫卵致病菌以及杂草籽等，使得堆肥产品可以安全地用于农田。堆体最佳温度为55～60℃。

有机质含量过低分解产生的热量不足以维持堆肥所需要的温度，会影响无害化处理，且产生的堆肥成品由于肥效低而影响其使用价值。如果有机质含量过高则给通风供氧带来困难，有可能产生厌氧状态。

4)颗粒度

堆肥过程中供给的氧气是通过颗粒间的空隙分布到物料内部的，因此，颗粒度的大小对通风供氧有重要影响。从理论上来说，堆肥物颗粒应尽可能小，才能使空气有较大的接触面积，并使得好氧微生物更易更快将其分解。如果太小，易造成厌氧条件，不利于好氧微生物的生长繁殖。因此堆肥前需要通过破碎、分选等方法去除不可堆肥化物质，使堆肥物料粒度达到一定程度的均匀化。

5)C/N 值和 C/P 值

堆肥原料中的 C/N 值是影响堆肥微生物对有机物分解的最重要因子之一。碳是堆肥化反应的能量来源，是生物发酵过程中的动力和热源；氮是微生物的营养来源，主要用于合成微生物体，是控制生物合成的重要因素，也是反应速率的控制因素。如果 C/N 值过小，容易引起菌体衰老和自溶，造成氮源浪费和酶产量下降；如果 C/N 值过大，容易引起杂菌感染，同时由于没有足够量的微生物来产酶，会造成碳源浪费和酶产量下降，也会导致成品堆肥的 C/N 过高，这样堆肥施入土壤后，将夺取土壤中的氮素，使土壤陷入“氮饥饿”状态，影响作物生长。因此，应根据各种微生物的特性，恰当地选择适宜的 C/N 值。调整的方法是加入人粪尿、牲畜粪尿以及城市污泥等。常见有机废物的 C/N 值如表 8-1 所示。

表 8-1 常见有机废物的 C/N 值

有机废物	C/N 值	有机废物	C/N 值
稻草、麦秆	70～100	猪粪	7～15
木屑	200～1700	鸡粪	5～10
稻壳	70～100	污泥	6～12
树皮	100～350	杂草	12～19
牛粪	8～26	厨余	20～25
水果废物	34.8	活性污泥	6.3

除碳和氮之外，磷也是微生物必需的营养元素，它是磷酸和细胞核的重要组成元素，也是生物能 ATP 的重要组成部分，对微生物的生长也有重要的影响。有时，在垃圾中会添加一些污泥进行混合堆肥，利用污泥中丰富的磷来调整堆肥原料的 C/P 值。一般要求堆肥原料的 C/P 值为 75～150。

建议：污泥与庭院垃圾混合来增加氮源的堆肥方法是合理的，但由于污泥中病原菌和重金属的问题，对堆肥的质量必须严格监控。

6)pH 值

pH 值是微生物生长的一个重要环境条件。一般微生物最适宜的 pH 值是中性或弱碱性，pH 值太高或太低都会使堆肥处理遇到困难。pH 值是一个可以对微生物作为估价的参数，在整个堆肥过程中，pH 值随时间和温度的变化而变化。适宜的 pH 值可使微生物发挥有效作用，一般来说，pH 值在 7.5～8.5 之间，可获得最佳的堆肥效果。

8.1.2 好氧堆肥工艺

传统的堆肥化技术采用厌氧野外堆肥法，这种方法占地面积大、时间长。现代化的堆肥生产一般采用好氧堆肥工艺，它通常由前(预)处理、主发酵、后发酵、后处理、脱臭及储存等工序组成。

8.1.2.1 前处理

前处理往往包括分选、破碎、筛分和混合等预处理工序。主要是去除大块和非堆肥化物料如石块、金属物等。这些物质的存在会影响堆肥处理机械的正常运行，并降低发酵仓的有效容积，使堆肥温度不易达到无害化的要求，从而影响堆肥产品的质量。此外，前处理还应包括养分和水分的调节，如添加氮、磷以调节碳氮比和碳磷比。

在前处理时应注意：①在调节堆肥物料颗粒度时，颗粒不能太小，否则会影响通气性。一般适宜的粒径范围是2～60mm，最佳粒径随垃圾物理特性的变化而变化，如果堆肥物质坚固，不易挤压，则粒径应小些，否则，粒径应大些。②用含水率较高的固体废物(如污水污泥、人畜粪便等)为主要原料时，前处理的主要任务是调整水分和C/N值，有时需要添加菌种和酶制剂，以使发酵过程正常进行。

8.1.2.2 主发酵

主发酵主要在发酵仓内进行，也可露天堆积，靠强制通风或翻堆搅拌来供给氧气。在堆肥时由于原科和土壤中存在微生物的作用开始发酵，首先是易分解的物质分解，产生二氧化碳和水同时产生热量，使堆温上升。微生物吸收有机物的碳氮营养成分，在细菌自身繁殖的同时，将细胞中吸收的物质分解而产生热量。

发酵初期物质的分解作用是靠中温菌(也称嗜温菌)进行的。随着堆温的升高，温度为45～60℃的高温菌(也称嗜热菌)代替了中温菌，在60～70℃或更高温度下能进行高效率的分解(高温分解比低温分解快得多)。然后将进入降温阶段，通常将温度升高到开始降低的阶段，称为主发酵期。以生活垃圾和家禽粪尿为主体的好氧堆肥，主发酵期为4～12d。

8.1.2.3 后发酵

后发酵是将主发酵工序尚未分解的易分解有机物和较难分解的有机物进一步分解，使之变成腐殖酸、氨基酸等比较稳定的有机物，得到完全腐熟的堆肥制品。后发酵可在封闭的反应器内进行，但在敞开的场地、料仓内进行较多。此时，通常采用条堆或静态堆肥的方式，物料堆积高度一般为1～2m。有时还需要翻堆或通气，但通常采用每周进行一次翻堆。后发酵时间的长短取决于堆肥的使用情况，通常在20～30d之间。

8.1.2.4 后处理

经过后发酵的物料中，几乎所有的有机物都被稳定化和减量化。但在前处理工序中还没有完全去除的塑料玻璃、金属、小石块等杂物还要经过道分法工序去除。可以用回转式振动筛、磁选机、风选机等预处理设备去除上述杂质，并根据需要进行再破碎(如生产精肥)。

也可根据土壤的情况，在收装堆肥中加入 N、P、K 等添加剂后生产复合肥。

8.1.2.5 脱臭

在堆肥化工艺过程中，因微生物的分解，会有臭味产生，必须进行脱臭。常见的产生臭味的物质有氨、硫化氢、甲基硫醇、胺类等。去除臭气的方法主要有：化学除臭剂除臭；碱水和水溶液过滤；熟堆肥或活性炭、沸石等吸附剂吸附等。其中，经济而实用的方法是熟堆肥吸附的生物除臭法。

8.1.2.6 贮存

堆肥一般在春秋两季使用，在夏冬两季需贮存，所以一般的堆肥化工厂有必要设置至少能容纳 6 个月产量的贮存设备。贮存方式可直接堆存在发酵池中或装袋，要求干燥透气，闭气和受潮会影响堆肥产品的质量。

8.1.3 堆肥腐熟度评价

腐熟度是衡量堆肥进行程度的指标。堆肥腐熟度是指堆肥中的有机质经过矿化腐殖化过程最后达到稳定的程度。由于堆肥的腐熟度评价是一个很复杂的问题，迄今为止，还未形成一个完整的评价指标体系。评价指标一般可分为物理学指标、化学指标、生物学指标以及工艺指标，下面主要介绍物理学指标和化学指标。

物理学指标随堆肥过程的变化比较直观，易于监测，常用于定性描述堆肥过程所处的状态，但不能定量说明堆肥的腐熟程度。常用的物理学指标有以下几种：①气味。在堆肥进行过程中，臭味逐渐减弱并在堆肥结束后消失，此时也就不再吸引蚊虫。②粒度。腐熟后的堆肥产品呈现疏松的团粒结构。③色度。堆肥的色度受其原料成分的影响很大，很难建立统一的色度标准以判别各种堆肥的腐熟程度。一般堆肥过程中堆料逐渐变黑，腐熟后的堆肥产品呈深褐色或黑色。

由于物理指标只能直观反映堆肥过程，所以常通过分析堆肥过程中堆料的化学成分或性质的变化以评价腐熟度。常用的化学指标有以下几种：①pH 值。pH 值随堆肥的进行而变化，可作为评价腐熟程度的一个指标。②有机质变化指标。反映有机质变化的参数有化学需氧量(COD)、生化需氧量(BOD)、挥发性固体(VS)。在堆肥过程中，由于有机物的降解。物料中的含量会有所变化，因而可用 BOD、COD、VS 来反映堆肥有机物降解和稳定化的程度。③碳氮比。固相(C/N)是最常用的堆肥腐熟度评估方法之一。当 C/N 值降至(10～20)∶1 时，可认为堆肥达到腐熟。④氮化合物。由于堆肥中含有大量的有机氮化合物，而在堆肥中伴随着明显的硝化反应过程，在堆肥后期，部分氨态氮可被氧化成硝态氮或亚硝态氮。因此，氨态氮、硝态氨及亚硝态氮的浓度变化，也是堆肥腐熟度评价的常用参数。⑤腐殖酸。随着堆肥腐熟化过程的进行，腐殖酸的含量上升。因此，腐殖酸含量是一个相对有效的反映堆肥质量的参数。

另外，不同腐熟度的堆肥耗氧速率、释放二氧化碳的速率、堆温、肥效等皆有区别，利用这些特征也可对堆肥的腐熟度作出判断。

8.2 固体废物的厌氧消化处理

厌氧消化或称厌氧发酵是一种普遍存在于自然界的微生物过程。凡是存在有机物和一定水分的地方，只要供氧条件差和有机物含量多，都会发生厌氧消化现象，有机物经厌氧分解产生 CH_4、CO_2 和 H_2S 等气体。因此，厌氧消化处理是指在厌氧状态下利用厌氧微生物使固体废物中的有机物转化为 CH_4 和 CO_2 的过程。由于厌氧消化可产生以 CH_4 为主要成分的沼气，故又称之为甲烷发酵。厌氧消化可以去除废物中 30%～50%的有机物并使之稳定化。20 世纪 70 年代初，由于能源危机和石油价格的上涨，许多国家开始寻找新的替代能源，使得厌氧消化技术显示出其优势。

厌氧消化技术具有以下特点：过程可控性、降解快、生产过程全封闭；资源化效果好，可将潜在于废弃有机物中的低品位生物能转化为可以直接利用的高品位沼气；易操作，与好氧处理相比，厌氧消化处理不需要通风动力，设施简单，运行成本低；产物可再利用，经厌氧消化后的废物基本得到稳定，可作农肥饲料或堆肥化原料；可杀死传染性病原菌，有利于防疫；厌氧过程中会产生 H_2S 等恶臭气体；厌氧微生物的生长速率低，常规方法的处理效率低，设备体积大。

8.2.1 厌氧消化处理原理

参与厌氧分解的微生物可以分为两类，一类是由一个十分复杂的混合发酵细菌群将复杂的有机物水解，并进一步分解为以有机酸为主的简单产物，通常称之为水解菌。在中温沼气发酵中，水解菌主要属于厌氧细菌，包括梭菌属、拟杆菌属、真细菌属、双歧杆菌属等。在高温厌氧发酵中，有梭菌属、无芽孢的革兰氏阴性杆菌、链球菌和肠道菌等兼性厌氧细菌。另一类是绝对厌氧细菌，其功能是将有机酸转变为甲烷，被称为产甲烷细菌。产甲烷细菌的繁殖相当缓慢，且对于温度、抑制物的存在等外界条件的变化相当敏感。产甲烷阶段在厌氧硝化过程中是十分重要的环节，产甲烷细菌除了产生甲烷外，还起到分解脂肪酸、调节 pH 值的作用。同时，通过将氢气转化为甲烷，可以减小氢的分压，有利于产酸菌的活动。

有机物厌氧消化的生物化学反应过程与堆肥过程同样都是非常复杂的，中间反应及中间产物有数百种，每种反应都是在酶或其他物质的催化下进行的，总的反应式为：

$$\text{有机物}+H_2O+\text{营养物}\xrightarrow{\text{厌氧微生物}}\text{细胞物质}+CH_4\uparrow+CO_2\uparrow+NH_3\uparrow+H_2\uparrow+H_2S\uparrow+\cdots+\text{抗性物质}+\text{热量}$$

有机废物厌氧发酵的工艺原理如图 8－3 所示。

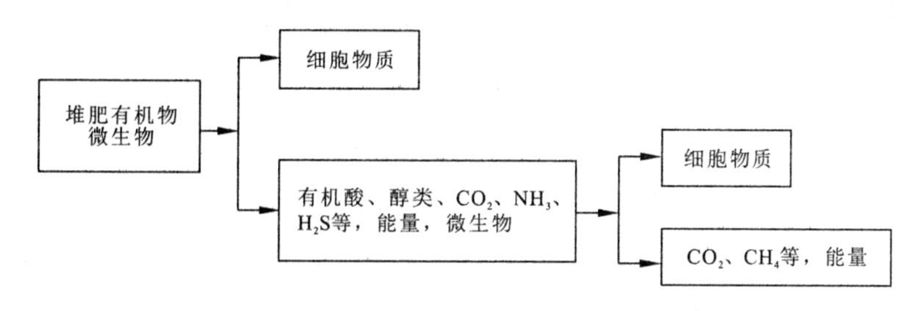

图 8－3 有机物的厌氧发酵分解

厌氧发酵是有机物在无氧条件下被微生物分解、转化成甲烷和二氧化碳等，并合成自身细胞物质的生物学过程。由于厌氧发酵的原料来源复杂，参加反应的微生物种类繁多，使得厌氧发酵过程变得非常复杂。一些学者对厌氧发酵过程中物质的代谢、转化和各种菌群的作用等进行了大量的研究，但仍有许多问题有待进一步的探讨。目前，对厌氧发酵的生化过程有两段理论、三段理论和四段理论。下面主要介绍三段理论和两段理论。

8.2.1.1 三段理论

厌氧发酵一般可以分为 3 个阶段，即水解阶段、产酸阶段和产甲烷阶段，每一阶段各有其独特的微生物类群起作用。水解阶段起作用的细菌称为发酵细菌，包括纤维素分解菌、蛋白质水解菌。产酸阶段起作用的细菌是醋酸分解菌。这两个阶段起作用的细菌统称为不产甲烷细菌。产甲烷阶段起作用的细菌是产甲烷细菌。有机物分解三阶段过程如图 8－4 所示。

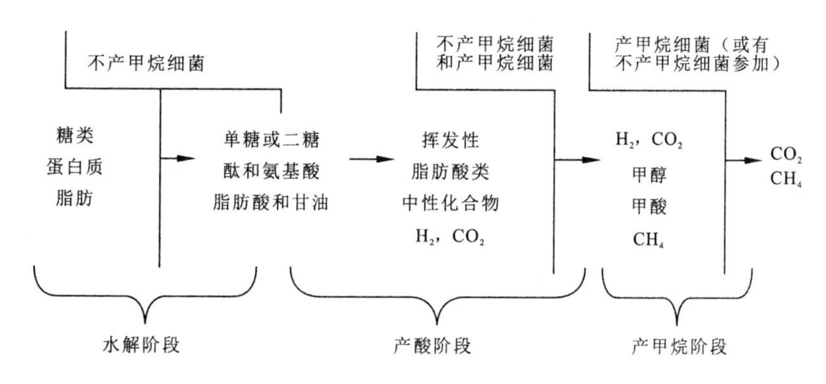

图 8－4 有机物的厌氧发酵过程（三段理论）

1）水解阶段

发酵细菌利用胞外酶对有机物进行体外酶解，使固体物质变成可溶于水的物质，然后，细菌再吸收可溶于水的物质，并将其分解成为不同产物。高分子有机物的水解速率很低，它取决于物料的性质、微生物的浓度，以及温度、酸碱度等环境条件。纤维素、淀粉等水解成单糖类，蛋白质水解成氨基酸，再经脱氨基作用形成有机酸和氨，脂肪水解后形成甘油和脂肪酸。

2)产酸阶段

水解阶段产生的简单的可溶性有机物在产氢和产酸细菌的作用下，进一步分解成挥发性脂肪酸(如丙酸、乙酸、丁酸、长链脂肪酸)、醇、酮、醛、CO_2 和 H_2 等。

3)产甲烷阶段

产甲烷细菌将第二阶段的产物进一步降解成 CH_4 和 CO_2，同时利用产酸阶段所产生的 H_2 将部分 CO_2 再转变为 CH_4。产甲烷阶段的生化反应相当复杂，其中 72%的 CH_4 来自乙酸，目前已经得到验证的主要反应有：

$$CH_3COOH \rightarrow CH_4\uparrow + CO_2\uparrow$$

$$4H_2 + CO_2 \rightarrow CH_4 + 2H_2O$$

$$4HCOOH \rightarrow CH_4\uparrow + 3CO_2 + 2H_2O$$

$$4CH_3OH \rightarrow 3CH_4\uparrow + CO_2\uparrow + 2H_2O$$

$$4(CH_3)_3N + 6H_2O \rightarrow 9CH_4\uparrow + 3CO_2\uparrow + 4NH_3\uparrow$$

$$4CO + 2H_2O \rightarrow CH_4 + 3CO_2$$

由式中可见，除乙酸外，CO_2 和 H_2 的反应也能产生一部分 CH_4，少量 CH_4 来自其他一些物质的转化。产甲烷细菌的活性大小取决于在水解和产酸阶段所提供的营养物质。对于以可溶性有机物为主的有机废水来说，由于产甲烷细菌的生长速率低，对环境和底物要求苛刻，产甲烷阶段是整个反应过程的控制步骤。而对于以不溶性高分子有机物为主的污泥垃圾等废物，水解阶段是整个厌氧消化过程的控制步骤。

8.2.1.2 两段理论

厌氧发酵的两段理论也较为简单、清楚，被人们所普遍接受。

两段理论将厌氧消化过程分成两个阶段，即酸性发酵阶段和碱性发酵阶段(图 8-5)。在分解初期，产酸菌的活动占主导地位，有机物被分解成有机酸、醇、二氧化碳、氨、硫化氢等，由于有机酸大量积累，pH 值随之下降，故把这一阶段称作酸性发酵阶段。在分解后期，产甲烷细菌占主导作用，在酸性发酵阶段产生的有机酸和醇等被产甲烷细菌进一步分解产生 CH_4 和 CO_2 等。由于有机酸的分解和所产生的氨的中和作用，使得 pH 值迅速上升，发酵从而进入第二个阶段——碱性发酵阶段。到碱性发酵后期，可降解有机物大都已经被分解，消化过程也就趋于完成。厌氧消化利用的是厌氧微生物的活动，可产生生物气体，生产可再生能源，且无需氧气的供给，动力消耗低；但缺点是发酵效率低、消化速率低、稳定时间长。

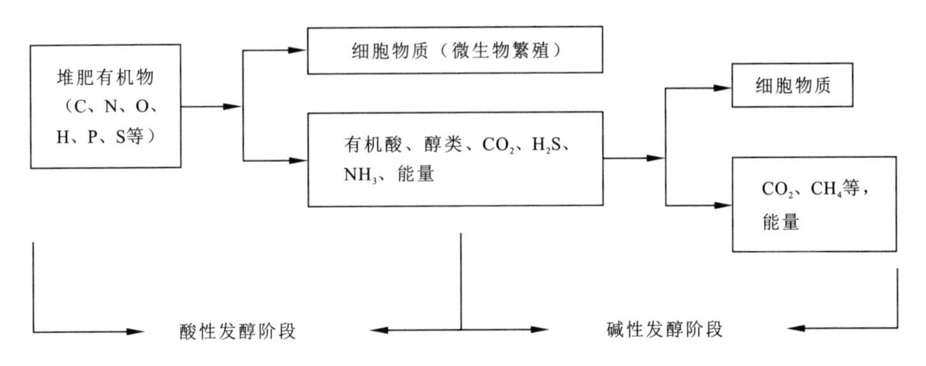

图 8－5 有机物厌氧发酵的两段理论

8.2.2 厌氧消化的影响因素

8.2.2.1 厌氧条件

厌氧消化最显著的一个特点是有机物在无氧的条件下被某些微生物分解，最终转化成 CH_4 和 CO_2。产酸阶段微生物大多数是厌氧菌，需要在厌氧的条件下才能把复杂的有机质分解成简单的有机酸等。而产气阶段的细菌是专性厌氧菌，氧对产甲烷细菌有毒害作用，因而需要严格的厌氧环境。判断厌氧程度可用氧化还原电位(Eh)表示。当厌氧消化正常进行时，Eh 应维持在－300mV 左右。

8.2.2.2 原料配比

厌氧消化原料的碳氮比以(20～30)∶1 为宜。碳氮比过小，细菌增殖量降低，氮不能被充分利用，过剩的氮变成游离的 NH_3，抑制了产甲烷细菌的活动，厌氧消化不易进行。但碳氮比过大，反应速率降低，产气量明显下降。磷含量(以磷酸盐计)一般为有机物量的 1/1000 为宜。

8.2.2.3 温度

温度是影响产气量的重要因素，厌氧消化可在较为广泛的温度范围内进行(40～65℃)。温度过低，厌氧消化的速率低、产气量低，不易达到卫生要求上杀灭病原菌的目的；温度过高，微生物处于休眠状态，不利于消化。研究发现，厌氧微生物的代谢速率在 35～38℃ 和 50～65℃时各有一个高峰。因此，一般厌氧消化常把温度控制在这两个范围内，以获得尽可能高的消化效率和降解速率。

8.2.3.4 pH 值

产甲烷微生物细胞内的细胞质 pH 值一般呈中性。但对于产甲烷细菌来说，维持弱碱性环境是十分必要的，当 pH 值低于 6.2 时，它就会失去活性。因此，在产酸菌和产甲烷细菌共存的厌氧消化过程中，系统的 pH 值应控制在 6.5～7.5 之间，最佳 pH 值范围是 7.0～7.2。为提高系统对 pH 值的缓冲能力，需要维持一定的碱度，可通过投加石灰或含氮物料的办法进行调节。

8.2.3.5 添加物和抑制物

在发酵液中添加少量的硫酸锌、磷矿粉、炼钢渣、碳酸钙、炉灰等，有助于促进厌氧发酵，提高产气量和原料利用率，其中以添加磷矿粉的效果最佳。同时添加少量钾、钠、镁、锌、磷等元素也能提高产气率。但是也有些化学物质能抑制发酵微生物的生命活力，当原料中含氮化合物过多时，如蛋白质、氨基酸、尿素等被分解成铵盐，从而抑制甲烷发酵。因此当原料中氮化合物比较高的时候应适当添加碳源，调节 C/N 值在(20～30)∶1 范围内。此外，如铜、锌、铬等重金属及氰化物等含量过高时，也会不同程度地抑制厌氧消化。因此在厌氧消化过程中应尽量避免这些物质的混入。

8.2.3.6 接种物

厌氧消化中细菌数量和种群会直接影响甲烷的生成。不同来源的厌氧发酵接种物，对产气量有不同的影响。添加接种物可有效提高消化液中微生物的种类和数量，从而提高反应器的消化处理能力，加快有机物的分解速率，提高产气量，还可使开始产气的时间提前。用添加接种物的方法开始发酵时，一般要求菌种量达到料液量的 5%以上。

8.2.3.7 搅拌

搅拌可使消化原料分布均匀，增加微生物与消化基质的接触，使消化产物及时分离，也可防止局部出现酸积累和排除抑制厌氧菌活动的气体，从而提高产气量。

8.2.3 厌氧消化工艺

一个完整的厌氧消化系统包括预处理、厌氧消化反应器、消化气净化与贮存、消化液与污泥的分离、处理和利用。厌氧消化工艺类型较多，按消化温度、消化方式、消化级差的不同划分成几种类型。通常是按消化温度划分厌氧消化工艺类型。

8.2.3.1 根据消化温度划分的工艺类型

根据消化温度，厌氧消化工艺可分为高温消化工艺和自然消化工艺两种。

1)高温消化工艺

高温消化工艺的最佳温度范围是 47～55℃，此时有机物分解旺盛，消化快，物料在厌氧池内停留时间短，非常适用于城市垃圾、粪便和有机污泥的处理。其程序如下：

(1)高温消化菌的培养。高温消化菌种的来源一般是将污水池或地下水道有气泡产生的中性偏碱的污泥加到备好的培养基上,进行逐级扩大培养,直到消化稳定后即可为接种用的菌种。

(2)高温的维持。通常是在消化池内布设盘管,通入蒸汽加热料浆。我国有城市利用余热和废热作为高温消化的热源,是一种十分经济的方法。

(3)原料投入与排出。在高温消化过程中,原料的消化速率快,要求连续投入新料与排出消化液。

(4)消化物料的搅拌。高温厌氧消化过程要求对物料进行搅拌,以迅速消除邻近蒸汽管道区域的高温状态和保持全池温度的均一。

2)自然消化工艺

自然温度厌氧消化是指在自然温度影响下消化温度发生变化的厌氧消化。目前我国农村基本上都采用这种消化类型,其工艺流程如图 8-6 所示。

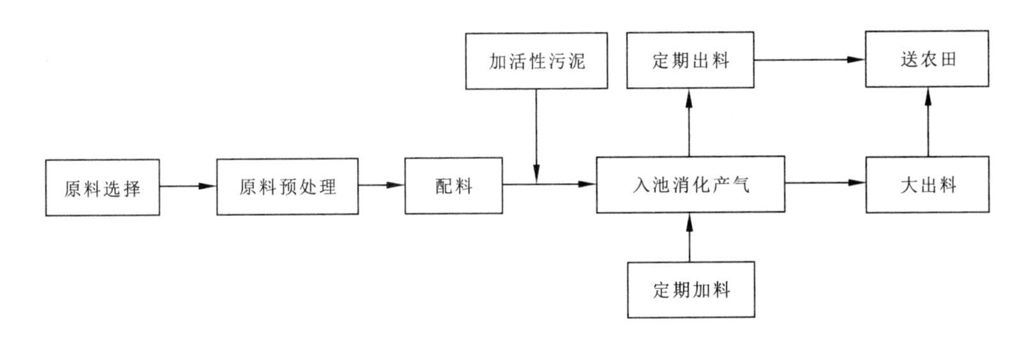

图 8-6　自然温度半批量投料沼气消化工艺流程

这种工艺的消化池结构简单,成本低廉,施工容易,便于推广。但该工艺的消化温度不受人为控制,基本上是随气温变化而不断变化,通常夏季产气率较高,冬季产气率较低,故其消化周期需视季节和地区的不同加以控制。

8.2.3.2　根据投料运转方式划分的工艺类型

根据投料运转方式,厌氧消化工艺可分为连续消化、半连续消化、两步消化等。

1)连续消化工艺

该工艺是从投料启动后,经过一段时间的消化产气,随时连续定量地添加消化原料和排出旧料,其消化时间能够长期连续进行。此消化工艺易于控制,能保持稳定的有机物消化速率和产气率,但该工艺要求较低的原料固形物浓度。其工艺流程如图 8-7 所示。

2)半连续消化工艺

半连续消化的工艺特点是:启动时一次性投入较多的消化原料,当产气量趋于下降时,开始定期或不定期添加新料和排出旧料,以维持比较稳定的产气率。由于我国广大农村的

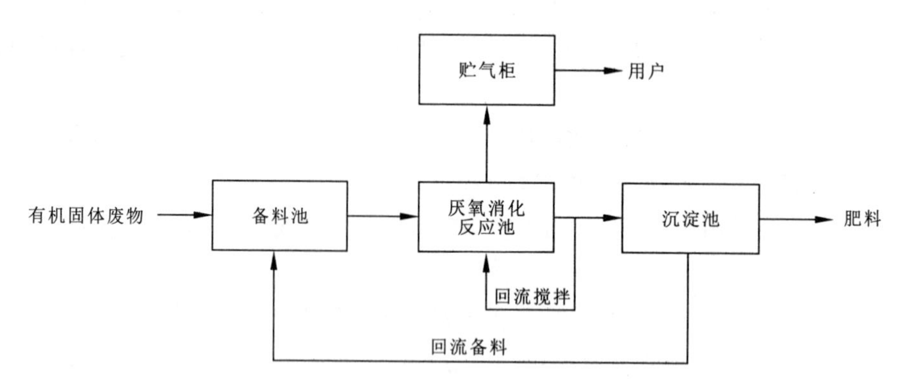

图 8-7　固体废物连续消化工艺流程

原料特点和农村用肥集中等原因,该工艺在农村沼气池的应用已比较成熟。半连续消化工艺是固体有机原料沼气消化最常采用的消化工艺。如图 8-8 所示为半连续沼气消化工艺处理有机原料的工艺流程。

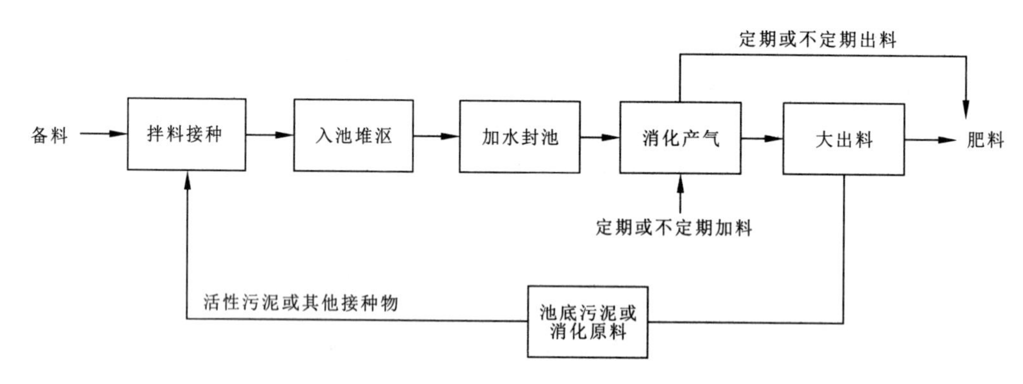

图 8-8　固体废物半连续消化工艺流程

3)两步消化工艺

两步消化工艺是根据沼气消化过程分为产酸和产甲烷两个阶段的原理开发的。两步消化工艺特点是将沼气消化全过程分成两个阶段,在两个反应器中进行。第一个反应器的功能是:水解和液化固态有机物为有机酸;缓冲和稀释负荷冲击与有害物质,并截留难降解的固体物质。第二个反应器的功能是:保持严格的厌氧条件和 pH 值,以利于产甲烷细菌的生长;消化、降解来自前段反应器的产物,把它们转化成甲烷含量较高的消化气,并截留悬浮固体、改善出料性质。因此,两步消化工艺可大幅度地提高产气率,气体中甲烷含量也有所提高。同时实现了渣和液的分离,使得在固体有机物的处理中,引入高效厌氧处理器成为可能。

8.2.4 厌氧消化装置

厌氧消化池亦称厌氧消化器。消化罐是整套装置的核心部分,附属设备有气压表、导气管、出料机、预处理设备(粉碎、升温、预处理池等)、搅拌器等。附属设备可以进行原料的处理,产气的控制、监测,以提高沼气的质量。

厌氧消化池的种类很多,按消化间的结构形式,有圆形池、长方形(或方形)池;按贮气方式有气袋式、水压式和浮罩式。

8.2.4.1 水压式沼气池

水压式沼气池产气时,沼气将消化料液压向水压箱,使水压箱内液面升高;用气时料液压沼气供气。产气、用气循环工作,依靠水压箱内料液的自动提升使气室内的水压自动调节。

水压式沼气池结构简单、造价低、施工方便;但由于温度不稳定,产气量不稳定,因此原料的利用率低。

8.2.4.2 长方形(或方形)甲烷消化池

这种消化池的结构由消化室、气体储藏室、贮水库、进料口和出料口、搅拌器导气喇叭口等部分组成。长方形(或方形)甲烷消化池的主要特点是:气体储藏室与消化室相通,位于消化室的上方,设一贮水库来调节气体储藏室的压力。若室内气压很高时,就可将消化室内经消化的废液通过进料间的通水穴压入贮水库内。相反,若气体储藏室内压力不足时,贮水库内的水由于自重便流入消化室,这样通过水量调节气体储藏室的空间,使气压相对稳定。搅拌器的搅拌可加速消化。产生的气体通过导气喇叭口输送到外面导气管。

8.2.4.3 红泥塑料沼气池

红泥塑料沼气池是一种将红泥塑料(红泥—聚氯乙烯复合材料)用作池盖或池体材料,该工艺多采用批量进料方式。红泥塑料沼气池有半塑式、两模全塑式、袋式全塑式和干湿交替式等。

1)半塑式沼气池

半塑式沼气池由水泥料池和红泥塑料气罩两大部分组成。料池上沿部设有水封池,用来密封气罩与料池的结合处。这种消化池适于高浓度料液或干发酵,成批量进料,可以不设进出料间。

2)两模全塑式沼气池

两模全塑式沼气池的池体与池盖由两块红泥塑料膜组成。它仅需挖一个浅土坑,压平整成形后即可安装。安装时,先铺上池底膜,然后装料,再将池盖膜覆上,把池盖膜的边沿和池底膜的边沿对齐，以便黏合紧密。待合拢后向上翻折数卷，卷紧后用砖或泥把卷紧处压在池边沿上，其加料液面应高于两块膜黏合处，这样可以防止漏气。

3)袋式全塑式沼气池

袋式全塑式沼气池的整个池体由红泥塑料膜热合加工制成，设进料口和出料口，安装时需建槽，主要用于处理牲畜粪便的沼气发酵，是半连续进料。

4)干湿交替式消化沼气池

干湿交替式消化沼气池设有两个消化室，上消化室用来进行批量投料、干消化，所产沼气由红泥塑料罩收集。下消化室用来半连续进料、湿消化，所产沼气储存在消化室的气室内。下消化室中的气室在上消化室料液的覆盖下，密封性好。上、下消化室之间有连通管连通，在产气和用气过程中，两个消化室的料液可随着压力的变化而上、下流动。下消化室产气时，一部分料被通过连通管压入上消化室浸泡干消化原料。用气时，进入上消化室的浸泡液又流入下消化室。

为了能用消化技术处理大量污泥和有机废物，满足城市污水处理厂以及城市垃圾的处理与处置要求，提高沼气的产量与质量，扩大沼气的利用途径和效率，缩短消化周期，实现沼气消化系统化、自动化管理，近年来，国内外逐步开发了现代化大型工业化消化设备，目前常用的集中消化罐有欧美型、经典型、蛋型以及欧洲平底型，如图 8-9 所示。这些消化罐用钢筋混凝土浇筑，并配备循环装置，使反应物处于不断循环的状态。

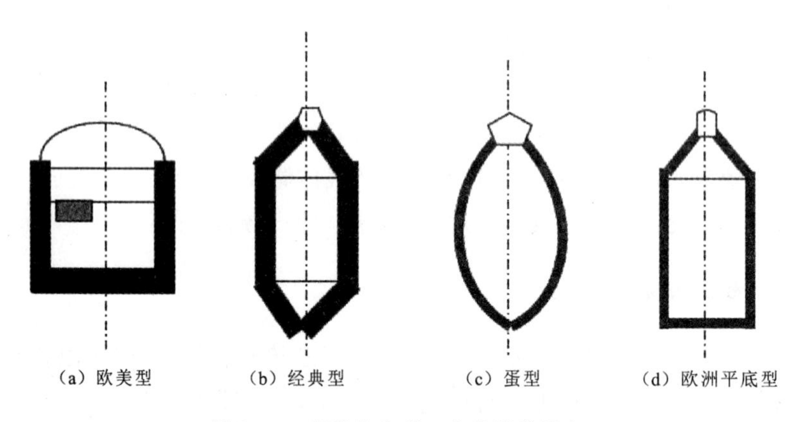

(a) 欧美型　(b) 经典型　(c) 蛋型　(d) 欧洲平底型

图 8-9　现代化大型工业化消化设备

为了实现循环，一般消化罐的外部设动力泵。循环用的混合器是一种专门制作的一级或二级螺旋转轮，既可起到混合作用，又可借以形成物料的环流。在污泥的厌氧消化中，利用产生的沼气在气体压缩泵的作用下进入消化罐底部并形成气泡，气泡在上升的过程中带动消化液向上运动，完成循环和搅拌。

8.3 固体废物的微生物浸出

8.3.1 概述

早在1887年就有报道指出：有些细菌能够把硫单质氧化成硫酸。

$$S + O_2 + H_2O \xrightarrow{\text{细菌}} H_2SO_4$$

1922年有人成功地利用细菌氧化浸出 ZnS。

1947年美国的 Colmer 等发现矿井酸性水中有一种细菌，能把水里的 Fe^{2+} 氧化成 Fe^{3+}，还有一种细菌能把 S 或还原性硫化物氧化为硫酸获得能源，从空气中摄取 CO_2、O_2 以及水中其他元素(如 N、P 等)来合成细胞组织，到1951年人们才研究出这些细菌为硫杆菌属的一个新种，并命名为氧化铁硫杆菌。

1954年，美国、苏联、英格兰、刚果等国家发现，氧化铁硫杆菌在酸性溶液中对硫化矿的氧化速率比溶于水中的氧进行一般化学氧化的速率要高10～20倍。

1958年，美国肯科特(Kennecott)铜矿公司获得了利用细菌浸出回收各种硫化矿中有价金属的专利。1965年美国用此法生产 Cu 13万 t，1970年达20万 t。

细菌浸出的工业利用仅几十年的历史，但发展很快，目前国外每年利用细菌浸出从贫矿、尾矿废渣中回收的 Cu 达40万 t。除能浸出 Cu 外，还能浸出 U、Zn、Mn、As、Ni、Co、Mo 等金属。我国目前也有一些矿山利用细菌浸出回收 Cu、U 等金属。

8.3.2 细菌浸出机理

8.3.2.1 *浸矿细菌*

自 Colmer 等(2009)指出能浸出硫化矿中有价金属为硫杆菌属的一个新种以来，又进行了大量的研究，现在一般认为主要有：氧化硫杆菌、氧化铁杆菌、氧化铁硫杆菌。

它们都属自养菌，经扫描电镜观察外形为短杆状和球状，它们能生长在普通细菌难以生存的较强的酸性介质里，通过对 S、Fe、N 等的氧化获得能量，从 CO_2 中获得碳、从铵盐中获得氮来构成自身细胞。最适宜的生长温度为25～35℃，在 pH 值2.5～4的范围内能生长良好。在含硫的矿泉水、硫化矿床的坑道水、下水道以及某些沼泽地里都有这类细菌生长。只要取回这些水中的某种菌来加以驯化、培养，即可接种于所要浸出的废渣中进行细菌浸出。

常见矿物浸出细菌及其生理特性如表8-2所示。

表 8-2 浸矿细菌及主要生理特性

菌种	主要生理特性	最佳 pH 值
氧化铁硫杆菌	$Fe^{2+} \rightarrow Fe^{3+}$，$S_2O_3^{2-} \rightarrow SO_4^{2-}$	2.5～5.3
氧化铁杆菌	$Fe^{2+} \rightarrow Fe^{3+}$	3.5
氧化硫铁杆菌	$S \rightarrow SO_4^{2-}$，$Fe^{2+} \rightarrow Fe^{3+}$	2.8
氧化硫杆菌	$S \rightarrow SO_4^{2-}$，$S_2O_3^{2-} \rightarrow SO_4^{2-}$	2.0～3.5
聚生硫杆菌	$S \rightarrow SO_4^{2-}$，$H_2S \rightarrow SO_4^{2-}$	2.0～4.0

8.3.2.2 浸出机理

目前细菌浸出机理有两种学说，即化学反应说和直接作用说。

1)化学反应说

这种学说认为，废料中所含金属硫化物，如 FeS_2，先被水中的氧氧化成 $FeSO_4$，细菌的作用仅在于把 $FeSO_4$ 氧化成化学溶剂 $Fe_2(SO_4)_3$，把浸出金属硫化物生成的 S 氧化为化学溶剂 H_2SO_4，即：

$$2FeS_2 + 7O_2 + 2H_2O \xrightarrow{\text{氧化硫杆菌}} 2FeSO_4 + 2H_2SO_4$$

$$2S + 3O_3 + H_2O + H_2O \xrightarrow{\text{氧化硫杆菌}} 2H_2SO_4$$

$$4FeSO_4 + 2H_2SO_4 + O_2 \xrightarrow{\text{氧化硫(铁硫)杆菌}} 2Fe_2(SO_4)_3 + 2H_2O$$

换言之，化学反应说认为细菌的作用仅在于生产优良浸出剂 H_2SO_4 和 $Fe_2(SO_4)_3$，而金属的溶解浸出则是纯化学反应过程。至少 Cu_2O、CuS、UO_2、MnS 等化合物的细菌浸出确系化学反应过程。即：

$$Cu_2S + Fe_2(SO_4)_3 \rightarrow CuSO_4 + 2FeSO_4 + CuS$$

$$CuS + Fe_2(SO_4)_3 \rightarrow CuSO_4 + 2FeSO_4 + S$$

$$Cu_2O + Fe_2(SO_4)_3 + H_2SO_4 \rightarrow 2CuSO_4 + 2FeSO_4 + H_2O$$

$$UO_2 + Fe_2(SO_4)_3 \rightarrow UO_2SO_4 + 2FeSO_4$$

$$MnS + Fe_2(SO_4)_3 \rightarrow MnSO_4 + 2FeSO_4 + S$$

通过纯化学反应浸出过程，$Fe_2(SO_4)_3$ 转化为 $FeSO_4$，$FeSO_4$ 再通过细菌转化成 $Fe_2(SO_4)_3$，而生成的 S 通过细菌转化生成 H_2SO_4，这些反应反复发生，浸出作业则不断进行。这样就把废渣尾矿中的重金属硫化物转化成可溶解的硫酸盐进入液相。

2)直接作用说

这种学说认为，附着于矿物表面的细菌能通过酶活性直接催化矿物而使矿物氧化分解，并从中直接得到能源和其他矿物营养元素满足自身生长需要。据研究，细菌能直接利用铜的硫化物($CuFeS_2$、CuS)中低价铁和硫的还原能力,导致矿物结晶晶格结构破坏,从而易于氧化溶解,其可能的反应如下:

$$CuFeS_2 + 4O_2 \xrightarrow{细菌} CuSO_4 + FeSO_4$$

$$Cu_2S + H_2SO_4 + \frac{5}{2}O_2 \xrightarrow{细菌} 2CuSO_4 + H_2O$$

关于细菌直接作用学说,国内外还在进一步研究。

8.3.3 细菌浸出工艺

细菌浸出通常采用就地浸出、堆浸和槽浸。它主要包括浸出、金属回收和细菌再生三个过程。图 8-10 为含铜废渣细菌浸出的工艺流程。

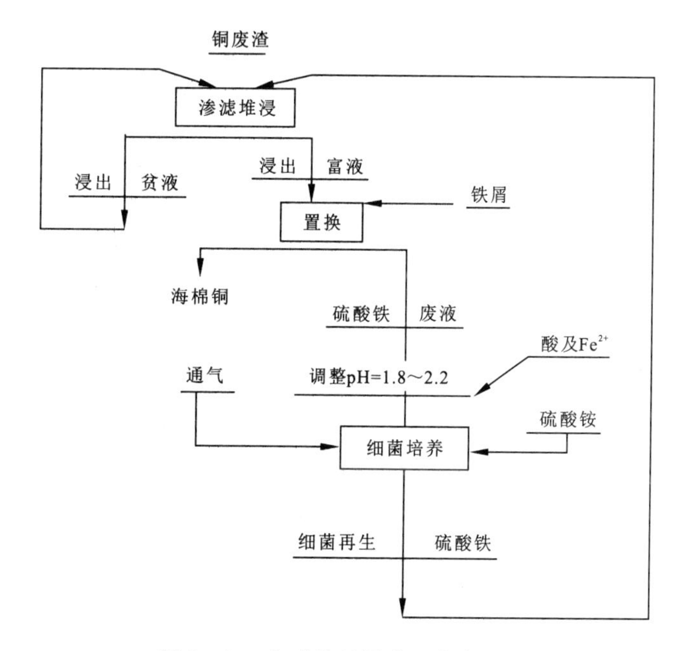

图 8-10 细菌渗滤浸出工艺流程图

8.3.3.1 浸出

废渣堆积可选择不渗透的山谷,利用自然坡度收集浸出液,也可选在微倾斜的平地,开出沟槽并铺上防渗材料,利用沟槽来收集浸出液。每堆数十万吨至数百万吨,用推土机推平即成浸出场。

1)布液方法

可以用喷洒法、灌溉法和垂直管法进行布液,这应根据当地气候条件、堆高和表面积、操作周期、浸出物料组成和浸出要求等仔细考虑研究决定。

(1)喷洒法:通常用多孔塑料管将浸出液均匀地淋洒于堆表面。这样做的优点是浸出液分布均匀;缺点是蒸发损失大,干旱地区可达60%。

(2)灌溉法:用推土机或挖沟机在堆表面上挖掘沟、槽、渠或浅塘,然后用灌溉法或浅塘法将浸出液分布于堆表面。

(3)垂直管法:浸出液通过多孔塑料流入堆内深处,在间距管交点30m处用钢绳冲击钻打直径15cm的钻孔,并在堆高2/3的深度上加套管。钻孔间距由30m×30m至15m×7.5m不等,浸出液由高位槽注入。沿管网线挖有沟槽,浸出液沿沟槽流入垂直管内。此法的优点是有利于浸出液和空气在堆内均匀分布。

2)操作控制

(1)浸出液在堆内均匀分布,但因卡车卸料置堆时,大块沿斜坡滚落下来,并随推土机平整过程形成自然分级,使得堆内出现粗细物料层交替,浸出液总是沿阻力小的路径流过,容易从周边而不是从堆底流出。必须在置堆时注意使物料分布均匀才能克服这个问题。

(2)当pH值大于3时,铁盐等许多化合物会产生沉淀,形成不透水层,妨碍浸出液在堆内流动,管道也容易堵塞,使浸出效果不好。所以要将pH值控制在2以下,经常取样测定其中金属含量和溶液的pH值,随时加以调整。

8.3.3.2 金属回收

经过一定时间的循环浸出后,废料中的铜含量降低,提出液中铜含量增高,一般可达1g/L,可采用常规的铁屑置换法或萃取电积法回收铜。同时要注意废料中的其他金属,如镍、钴等在浸出液中有一定浓度时也要加以综合回收。

8.3.3.3 菌液再生

一般有两种方法进行菌液再生:一种方法是将贫液和回收金属之后的废液调节pH值后直接送矿堆,让它在渗滤过程中自行氧化再生;另一种方法是将这些溶液放在专门的菌液再生池中培养,除了调pH值外,还要加入营养液,鼓空气以及控制Fe^{3+}的含量,培养好后再送去用作浸出液。

8.3.4 细菌浸出处理放射性废渣

在整个核燃料的循环过程中,即核燃料的生产、使用和回收的过程中,包括核燃料(主要指铀矿)的开采、提炼、净化、转化,U235的浓缩、制备、加工、燃烧,废料的运输、处理和回收以及废料的储存和处理等整个过程都要产生废水、废气、废渣,如果处理不当,就会导致环境的严重污染。放射性物质对人体的危害主要是由于射线的电离辐射(外照射和内照射)引起人类各种疾病甚至死亡,还可以引起基因突变和染色体畸变,影响人类的生存和发展。

人们对矿产的开采利用是随着科学技术的发展,逐步向低品位、多元素的复合矿、共生矿过渡的。过去认为含铀0.1%的矿才能开采利用，而现在含铀0.05%的矿也要开采利用，甚至把边界品位降至0.03%。过去对含铀较高的废渣，多采用深海投弃处理，现在采用固化处理，但对那些含铀较低、数量较大的尾矿、废石、冶炼渣等大多还是靠露天堆放、回填坑道等办法来处理。

近年来，许多国家采用细菌浸出处理这些放射性废渣，取得了较大的进展，主要还是利用氧化硫杆菌、氧化铁杆菌和氧化铁硫杆菌来处理(处理流程如图8-11所示)。这些细菌在自然界分布很广，只要有硫或 H_2S 存在，并且有水的地方，如含硫矿泉水、含硫化矿坑道水、下水道和沼泽地里就有可能存在这种细菌。一般经"选种→驯化→扩大"几个步骤制取所需的大量浸出液来浸出废渣。

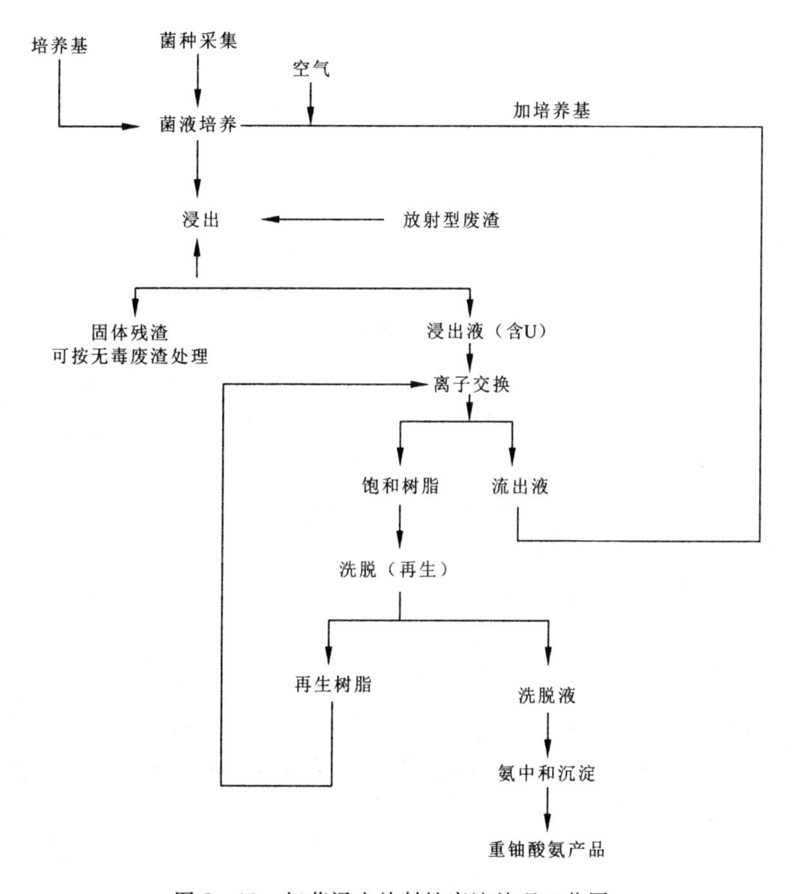

图8-11　细菌浸出放射性废渣处理工艺图

浸出过程中氧化硫杆菌能把硫单质氧化成 H_2SO_4。

$$2S+3O_2+2H_2O \xrightarrow{\text{氧化硫杆菌}} 2H_2SO_4$$

同时：

$$2FeS_2 + 7O_2 + 2H_2O \xrightarrow{\text{氧化硫杆菌}} 2FeSO_4 + 2H_2SO_4$$

而氧化铁杆菌和氧化铁硫杆菌则以氧化 Fe^{2+} 来作为能源，在含有矿物盐类的酸性介质中生长：

$$4FeSO_4 + 2H_2SO_4 + O_2 \xrightarrow{\text{氧化铁(铁硫)杆菌}} 2Fe(SO_4)_3 + 2H_2O$$

然后是对废渣中铀的浸出：

$$UO_2 + Fe_2(SO_4)_3 \rightarrow UO_2SO_4 + 2FeSO_4$$

$$3U_3O_8 + 9H_2SO_4 + \frac{3}{2}O_2 \rightarrow 9UO_2SO_4 + 9H_2O$$

因此，上述反应不断发生，浸出作业不断进行。浸出液即可按常规离子交换沉淀方法制取重铀酸铵产品。

8.4 固体废物的其他生物处理技术

这里主要介绍利用蚯蚓处理有机固体废物的相关技术。固体废物的蚯蚓分解处理是近年发展起来的一项主要针对农林废物、城市生活垃圾和污水处理污泥的生物处理技术。由于蚯蚓分布广、适应性强、繁殖快、抗病力强、养殖简单，可以大规模进行饲养与野外自然增殖。故利用蚯蚓处理有机固体废物是一种投资少、见效快、简单易行且效益高的工艺技术。

蚯蚓处理固体废物的过程实际上是蚯蚓和微生物共同处理的过程，构成了以蚯蚓为主导的蚯蚓—微生物处理系统。在此系统中，一方面蚯蚓直接吞食垃圾，经消化后，可将垃圾中有机物质转化为可给态物质，这些物质同蚯蚓排出的钙盐与黏液结合即形成蚓粪颗粒，蚓粪颗粒是微生物生长的理想基质。另一方面微生物分解或半分解的有机物质是蚯蚓的优质食物，二者构成了相互依存的关系，共同促进有机固体废物的分解。

蚯蚓是杂食性动物，喜欢吞食腐烂的落叶枯草、蔬菜碎屑、作物秸秆、畜禽粪及居民的生活垃圾。蚯蚓消化力极强，它的消化道分泌蛋白酶、脂肪分解酶、纤维素酶、甲壳酶、淀粉酶等，除金属玻璃、塑料及橡胶外，几乎所有的有机物质都可被它消化。

8.4.1 有机固体废物的蚯蚓处理技术

8.4.1.1 生活垃圾的蚯蚓处理技术

1)蚯蚓在垃圾处理中的作用

在垃圾的生物发酵处理中，蚯蚓的引入可以起到以下几个方面的作用：①蚯蚓对垃圾中的有机物质有选择作用。②通过沙囊和消化道，蚯蚓具有研磨和破碎有机物质的功能。③垃圾中的有机物通过消化道的作用后，以颗粒状形式排出体外，利于与垃圾中其他物质的分离。④蚯蚓的活动改善垃圾中的水气循环，同时也使得垃圾和其中的微生物得以运动。⑤蚯蚓自身通过同化和代谢作用使得垃圾中的有机物质逐步降解，并释放出可为植物所利用的N、P、K等营养元素。⑥可以非常方便地对整个垃圾处理过程及其产品进行毒理监察。

2)蚯蚓处理生活垃圾的工艺流程

生活垃圾的蚯蚓处理技术是指将生活垃圾经过分选，除去垃圾中的金属、玻璃、塑料、橡胶等物质后，经初步破碎喷湿、堆沤、发酵等处理，再经过蚯蚓吞食加工制成有机复合肥料的过程。从收集垃圾到蚯蚓处理获得最终肥料产品的工艺流程如图8-12所示。

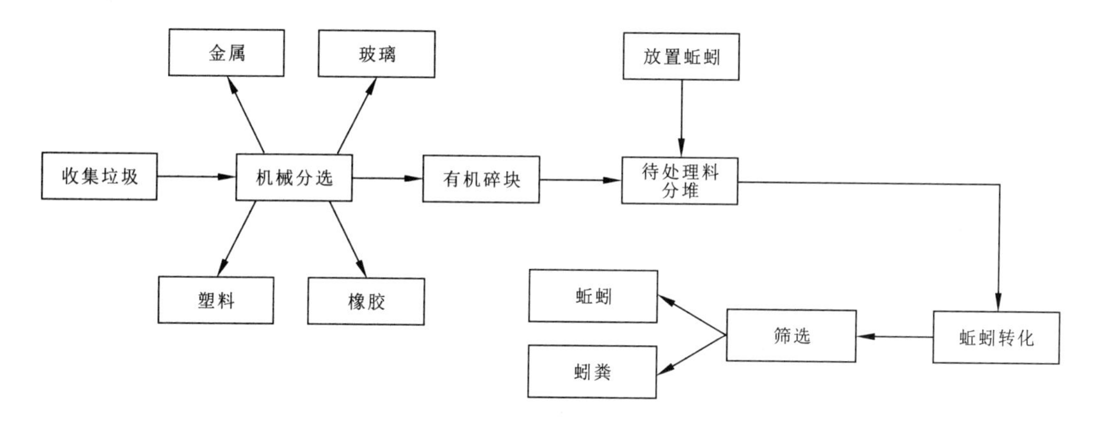

图8-12　蚯蚓处理生活垃圾的工艺流程

(1)垃圾的预处理：主要是将垃圾粉碎，以利于分离。

(2)垃圾的分离：把金属、玻璃、塑料和橡胶等分离除去，再进一步粉碎，以增加微生物的接触表面积，利于与蚯蚓一起作用。

(3)垃圾的堆放：将处理后的垃圾进行分堆，堆的大小为宽度180～200cm，长度按需要而定，高度为40～50cm。

(4)放置蚯蚓：垃圾发酵熟化后达到蚯蚓生长的最佳条件时，在分堆10～20d后，就可以放置蚯蚓，开始转化垃圾。

(5)检查正在转化的料堆状况：要定期检测，修正可能发生变化的所有参数，如温度、湿度和酸碱度，保证蚯蚓迅速繁殖，加快垃圾的转化。

(6)收集堆料和最终产品的处理：在垃圾完全转化后，需将堆肥表面5～6cm的肥料层收集起来，剩下的蚯蚓粪经过筛分、干燥、装袋，即得有机复合肥料。

(7)添加有益微生物：适量的微生物将有利于堆肥快速而有效地进行，蚯蚓以真菌为食，故在垃圾处理过程中应有选择地添加真菌群落。

3)蚯蚓处理生活垃圾的物料配比

城市生活垃圾的特点是有机物含量相当高，最高可超过80%，最低为30%左右。由于蚯蚓是利用垃圾中腐烂的有机物质为食，垃圾中有机物质含量多少直接关系到蚯蚓的生长繁殖。许多实验研究表明,当城市生活垃圾中有机成分比例小于40%时,就会影响蚯蚓的正常生存和繁殖。因此,为了保证蚯蚓的正常生存和快速繁殖,城市生活垃圾中的有机物含量需大于40%。

8.4.1.2 农林废物的蚯蚓处理技术

1)农林废物的种类及性质

农林废物主要是指各种农作物的秸秆、牧草残渣、树叶、花卉残枝、蔬菜瓜果等。农林废物的主要成分有纤维素、半纤维素、木质素等,此外还含有一定量的粗蛋白、粗脂肪等。例如,作物残体一般含纤维素30%~45%,半纤维素16%~27%,木质素3%~13%。因此,农林废物都能被蚯蚓分解转化成优质的有机肥料。

2)农林废物的蚯蚓处理技术

(1)农林废物的发酵腐熟。

①废物的预处理:将杂草树叶、稻草麦秸、玉米秸秆、高粱秸秆等铡切、粉碎成1cm左右;蔬菜瓜果、禽畜下脚料要切剁成小块,以利于发酵腐烂。

②发酵腐熟废物的条件:良好的通气条件;适当的水分;微生物所需要的营养;料堆内的温度;料堆的酸碱度。

③堆制发酵:第一,预湿,将植物秸秆浸泡吸足水分,预堆10~20h。干畜禽粪同时淋水调湿、预堆。第二,建堆,原料包括植物秸秆(约40%)、粪料(约60%)和适量的土。先在地面上按2m宽铺一层20~30cm厚的湿植物秸秆,接着铺一层3~6cm厚的湿畜禽粪,然后再铺6~9cm厚的植物秸秆、3~6cm厚的湿畜禽粪。这样按植物秸秆、粪料交替铺放,直至铺完为止。堆料时,边堆料边分层浇水,下层少浇,上层多浇,直到堆底出水为止。料堆应松散,不要压实,料堆高度1m左右。料堆呈梯形、龟背形或圆锥形,最后堆外面用塘泥封好或用塑料薄膜覆盖,以保温保湿。第三,翻堆,堆制后第二天堆温开始上升,4~5d后堆内温度可达60~70℃。待温度开始下降时,要翻堆以便进行二次发酵。翻堆时要求把底部的料翻到上部,边缘的料翻到中间,中间的料翻到边缘,同时充分拌松拌和,适量淋水,使其干湿均匀。第一次翻堆7d后再进行第二次翻堆,以后隔6d、4d各翻堆一次,共翻堆3~4次。

(2)蚯蚓分解转化发酵腐熟料。

①物料腐熟程度的鉴定:废弃物堆沤发酵30d左右,需要鉴定物料的腐熟程度,发酵腐熟的物料应无臭味、无酸味,色泽为茶褐色,手抓有弹性,用力一拉即断,有一种特殊的香味。

②投喂前腐熟料的处理:将发酵好的物料摊开混合均匀,然后堆积压实,用清水从料堆顶部喷淋冲洗,直到堆底有水流出;检查物料的酸碱度是否合适,一般pH值在6.5~8.0之间都可以使用,过酸可添加适量石灰,碱度过大用水淋洗;含水量需要控制在37%~40%,即用手抓一把物料挤捏,指缝间有水即可。

③蚯蚓对腐熟料的分解转化:经过上述处理的物料先用少量蚯蚓进行饲养实验,经1~2d后,如果有大量蚯蚓自由进入栖息、取食,无任何异常反应,即可大量正式喂养。

④蚯蚓和蚯蚓粪的分离:在废物的蚯蚓处理过程中要定期清理蚯蚓粪并将蚯蚓分离出来,这是促进蚯蚓正常生长的重要环节。

8.4.1.3　畜禽粪便的蚯蚓处理技术

当前对畜牧废物进行无害化处理的方法很多,而利用蚯蚓的生命活动来外理畜禽粪便是很受人们欢迎的一种方法。此方法能获得优质有机肥料和高级平白质饲料,不产生二次污染,具有显著的环境效益、经济效益和社会效益,符合社会经济的可持续发展要求,是一种很有发展前途的畜禽废物处理方法。

8.4.1.4　蚯蚓对固体废物中重金属的富集

蚯蚓对某些重金属具有很强的富集作用,因此,可以利用蚯蚓来处理含这类重金属的废弃物,从而实现重金属污染的生物净化。在蚯蚓处理废物的过程中,废物中的重金属可被摄入蚯蚓体内,通过消化过程,一部分重金属会蓄积在蚯蚓体内,其余部分则排泄出体外。蚯蚓对镉有明显的富集作用,且对不同重金属有着不同的耐受能力。当某一种重金属元素的浓度超过蚯蚓的耐受极限时,它就会通过排粪或其他方式被排出体外。

8.4.2　利用蚯蚓处理固体废物的优势及局限性

8.4.2.1　优势

同单纯的堆肥工艺相比,废弃物的蚯蚓处理工艺有以下一些优点:

(1)其过程为生物处理过程,无不良环境影响,对有机物消化完全彻底,其最终产物较单纯堆肥具有更高的肥效。

(2)使养殖业和种植业产生的大量副产物能合理地得到利用,避免资源浪费。

(3)对废物减容作用更为明显。实验表明,单纯堆肥法减容效果一般为15%~20%,经蚯蚓处理后,其减容效果可超过30%。

(4)除获得大量高效优质有机肥外,还可以获得由废物生产的大量蚓体。

8.4.2.2　局限性

在利用蚯蚓处理废物中,通常选用那些喜有机物质和能耐受较高温度的蚯蚓种类,以获得最好的处理效果。但即使是最耐热的蚯蚓种类,温度也不宜超过30℃,否则蚯蚓不能生存。另外,蚯蚓的生存还需要一个较为潮湿的环境,理想的湿度为60%~70%。因此,在利用蚯蚓处理固体废物时,应该从技术上考虑到避免不利于蚯蚓生长的因素,才能获得最佳的生态效益和经济效益。

9 固体废物的热处理

固体废物处理所利用的热处理法，包括高温下的焚烧、热解（裂解）、焙烧、烧成、热分解、煅烧、烧结等。其中煅烧和烧结较简单，本章重点介绍焚烧、热解和焙烧。

9.1 固体废物的焚烧处理

9.1.1 概述

固体废物焚烧处理就是将固体废物进行高温分解和深度氧化的处理过程。在燃烧过程中，具有强烈的放热效应，有基态和激发态自由基生成，并伴随着光辐射。由于焚烧法处理固体废物具有减量化效果显著、无害化程度彻底等优点，焚烧处理早已成为城市生活垃圾和危险废物处理的基本方法，同时在对其他固体废物的处理中，也得到了越来越广泛的应用。

现代固体废物焚烧技术，大大强化了焚烧效率和焚烧烟气的净化处理。在固体废物焚烧系统中，普遍在原有除尘处理的基础上，进一步发展了湿式洗涤、半湿式洗涤、袋式过滤、吸附等技术，净化处理颗粒状污染物和气态污染物（如 HCl、HF、SO_2、NO_x、二噁英等）。特别是20世纪90年代以来，一些国家在焚烧烟气处理系统中，除了使用机械除尘、静电除尘、洗涤除尘和袋式过滤外，甚至还配置了催化脱硝、脱硫设施，如静电除尘—半干式洗涤—袋式过滤—催化脱硝、静电除尘—湿洗涤—袋式过滤—催化脱硝—活性炭喷雾吸附等烟气处理工艺，取得了非常好的治理效果。同时焚烧烟气处理系统投资也大幅度增加，通常可达整个焚烧系统总投资的1/2～2/3。

随着科学技术的不断进步，环境保护和安全要求的进一步提高，固体废物焚烧处理技术正向资源化、智能化、多功能、综合性方向发展。高温焚烧已发展成为一种应用最广、最有前途的生活垃圾和危险废物的处理方法之一。焚烧处理早已从过去的单纯处理废物，发展为集焚烧、发电、供热、环境美化等功能为一体的自动化控制、全天候运行的综合性系统工程。

近年来，世界各国的焚烧技术有了空前快速的发展。如日本，目前有数千座垃圾焚烧炉、数百座垃圾发电站，垃圾发电容量达到2000MW以上，其中，垃圾处理能力为1000万t

以上(最大为1800Vd)的垃圾发电站8座。美国的垃圾焚烧率高达40%以上，垃圾发电容量也达2000MW以上，近年建设的垃圾电站可处理垃圾2000万t，蒸汽温度达430～450℃，发电量高达85MW。英国最大的垃圾电站位于伦敦，有5台滚动炉排式焚烧炉，年处理垃圾40万t。法国现有垃圾焚烧炉300多台，可处理40%以上的城市垃圾。德国建有世界上效率最高的垃圾发电厂。新加坡垃圾100%进行高温焚烧处理。

我国对生活垃圾和危险废物焚烧技术的研究、应用，开始于20世纪80年代，虽然受技术、经济、垃圾性质等因素的影响，起步较晚，但发展却非常迅速。目前全国主要城市均已建设了生活垃圾焚烧处理场。现在我国生活垃圾虽然仍以卫生填埋为主，但生活垃圾的焚烧处理呈快速增长的良好发展势头。可以断言，焚烧技术也会成为我国生活垃圾危险废物处理的最主要的方法之一。

9.1.2 焚烧原理

9.1.2.1 燃烧与焚烧

通常把具有强烈放热效应、有基态和电子激发态的自由基出现并伴有光辐射的化学反应现象称为燃烧。燃烧过程可以产生火焰，而燃烧火焰又能在一定条件和适当可燃介质中自行传播。人们常说的燃烧一般都是指这种有焰燃烧。生活垃圾和危险废物的燃烧称为焚烧，是包括蒸发、挥发、分解、烧结、熔融和氧化还原等一系列复杂的物理变化、化学反应，以及相应的传质和传热的综合过程。

进行燃烧必须具备3个基本条件：可燃物质、助燃物质和引燃火源，并在着火条件下才会着火燃烧。着火是可燃物质与助燃物质由缓慢放热反应转变为强烈放热反应的过程，也就是可燃物质与助燃物质从缓慢的无焰反应变为剧烈的有焰氧化反应的过程。反之，从剧烈的有焰氧化反应向无反应状态过渡的过程就叫熄火。可燃物质着火必须满足一定的初始条件或边界条件，及着火条件。可燃物质着火实际是燃烧系统与热力学、动力学、流体力学等有关的各种因素共同作用的综合结果。

常见的燃烧着火方式有化学自然燃烧、热燃烧、强迫点燃燃烧3种。生活垃圾和危险废物的焚烧处理，属于强迫点燃燃烧。当焚烧炉在启动点火时，可用电火花、火焰、炽热物体或热气流等引燃炉内的可燃物质。而在正常焚烧过程中，高温炉料和火焰自行传播就可正常点燃可燃物质，维持正常燃烧过程。

9.1.2.2 焚烧原理

可燃物质燃烧，特别是生活垃圾的焚烧过程，是一系列十分复杂的物理变化和化学反应过程，通常可将焚烧过程划分为干燥、热分解、燃烧3个阶段。焚烧过程实际上是干燥脱水、热化学分解、氧化还原反应的综合作用过程。

1)干燥

干燥是利用焚烧系统热能,使入炉固体废物水分汽化蒸发的过程。按热量传递的方式,可将干燥分为传导干燥、对流干燥和辐射干燥3种方式。进入焚烧炉的固体废物,通过高温烟气、火焰、高温炉料的热辐射和热传导,首先进行加温蒸发、干燥脱水,以改善固体废物的着火条件和燃烧效果。因此,干燥过程需要消耗较多的热能。固体废物含水率的高低,决定了干燥阶段所需时间的长短,这在很大程度上也影响着固体废物焚烧过程。对于高水分固体废物,特别是污泥、废水等,为了蒸发、干燥、脱水和保证焚烧过程的正常运行,常常不得不加入辅助燃料。

2)热分解

热分解是固体废物中的有机可燃物质,在高温作用下进行化学分解和聚合反应的过程。热分解既有放热反应,也可能有吸热反应。热分解的转化率取决于热分解反应的热力学特性和动力学行为。通常热分解的温度越高,有机可燃物质的热分解越彻底,热分解速率就越快。热分解动力学服从阿仑尼乌斯公式。

3)燃烧

燃烧是可燃物质的快速分解和高温氧化过程。根据可燃物质种类和性质的不同,燃烧过程亦不同,一般可划分为蒸发燃烧、分解燃烧和表面燃烧3种机理,当可燃物质受热融化形成蒸汽后进行燃烧反应,就属于蒸发燃烧;若可燃物质中的碳氢化合物等,受热分解、挥发为较小分子可燃气体后再进行燃烧,就是分解燃烧;而当可燃物质在未发生明显的蒸发、分解反应时,与空气接触就直接进行燃烧反应,则称为表面燃烧。在生活垃圾焚烧过程中,垃圾中的纸、木材类固体废物的燃烧属于较典型的分解燃烧;蜡质类固体废物的燃烧可视为蒸发燃烧;而垃圾中的木炭、焦炭类物质燃烧则属于较典型的表面燃烧。

完全燃烧或理论燃烧反应,可用如下反应式表示:

$$C_xH_yO_zN_uS_vCl_w+\left(x+v\frac{y}{4}-\frac{w}{4}-\frac{z}{2}\right)O_2\rightarrow xCO_2\uparrow+wHCl+\frac{1}{2}uN_2\uparrow+$$

$$vSO_2\uparrow+\frac{(y-w)}{2}H_2O$$

式中,$C_xH_yO_zN_uS_vCl_w$ 为可燃物质化学组成式。

经过焚烧处理,生活垃圾、危险废物和辅助燃料中的C、H、O、N、S、Cl等元素,分别转化为碳氧化物、氮氧化物、硫氧化物、氯化物及水等物质组成的烟,不可燃物质、灰分等成为炉渣。

焚烧炉烟气和残渣是固体废物焚烧处理的最主要污染物。焚烧炉烟气由颗粒污染物和气态污染物组成。颗粒污染物主要是由于燃烧气体带出的颗粒物和不完全燃烧形成的灰分颗粒,包括粉尘和烟雾;粉尘是悬浮于气体介质中的微小固体颗粒、黑烟颗粒等,粒径多为1～200mm;烟雾是指粒径为0.01～1μm的气溶胶。吸入的细小粉尘会深入人体肺部,引起各种肺部疾病。尤其是具有很大表面积和吸附活性的黑烟颗粒、微细颗粒等,其上吸附苯并[a]芘等高毒性、强致癌物质,对人体健康具有很大的危害性。

焚烧炉烟气的气态污染物种类很多,如SO_x、CO_x、NO_x、HCl、HF、二噁英类物质等。其中，SO_x 主要来源于废纸和厨余垃圾，HCl 主要来源于废塑料。烟气中一部分 NO_x（热力型 NO_x）主要来源于空气中的氮，另一部分 NO_x（燃料型 NO_x）主要来源于厨余垃圾。而二噁英类物质，可能来源于固体废物的废塑料、废药品等，或由其前驱体物质在焚烧炉内焚烧过程中生成，也可能在特定条件下于炉外生成。

固体废物焚烧处理的产渣量及残渣性质，与固体废物种类焚烧技术、管理水平等有关。通常固体废物焚烧处理的产渣量较小，如生活垃圾焚烧处理产渣率一般为7%～15%。固体废物焚烧残渣的化学组成主要是Ca、Si、Fe、Al、Mg的氧化物及重金属氧化物，物理性质和化学性质较为稳定。

9.1.2.3 焚烧技术

1)层状燃烧技术

层状燃烧技术是一种最基本的焚烧技术。层状燃烧过程稳定，技术较为成熟，应用非常广泛，许多焚烧系统都采用了层状燃烧技术。应用层状燃烧技术的系统包括固定炉排焚烧炉、水平机械焚烧炉、倾斜机械焚烧炉等。垃圾在炉排上着火燃烧，热量来自上方的辐射、烟气的对流以及垃圾层内部。炉排上已着火的垃圾在炉排和气流的翻动或搅动作用下，使垃圾层松动，不断地推动下落，引起垃圾底部也开始着火。连续翻转和搅动明显改善了物料的透气性，促进了垃圾的着火和燃烧。合理的炉型设计和配风设计能有效地利用火焰下空气、火焰上空气的机械作用和高温烟气的热辐射，确保炉排上垃圾的预热、干燥、燃烧和燃烬的有效进行。

2)流化燃烧技术

流化燃烧技术也是一种较为成熟的固体废物焚烧技术，它是利用空气流和烟气流的快速运动，使媒介料和固体废物在焚烧过程中处于流态化状态，并在流态化状态下进行固体废物的干燥、燃烧和燃烬。采用流化燃烧技术的设备有流化床焚烧炉。为了使物料能够实现流态化，该技术对入炉固体废物的尺寸有较为严格的要求，需要对固体废物进行一系列筛分及粉碎等处理，使固体废物均匀化、细小化。流化燃烧技术由于具有热强度高的特点，较适宜焚烧处理低热值、高水分固体废物。

3)旋转燃烧技术

采用旋转燃烧技术的主要设备是回转窑焚烧炉。回转窑焚烧炉是一可旋转的倾斜钢制圆筒，筒内加装耐火衬里或由冷却水管和有孔钢板焊接成的内筒。在进行固体废物焚烧时，固体废物从加料端送入，随着炉体滚筒缓慢转动，内壁耐高温抄板将固体废物由筒体下部带到筒体上部，然后靠固体废物自重落下，使固体废物由加料端向出料口翻滚向下移动，同时进行固体废物热烟干燥、燃烧和燃烬过程。

9.1.2.4 焚烧的主要影响因素

固体废物焚烧处理过程是一个包括一系列物理变化和化学反应的过程，是一个复杂的系统工程。固体废物的焚烧效果受许多因素的影响，如焚烧炉类型、固体废物性质、物料停留时间、焚烧温度、供氧量、物料的混合程度等。其中停留时间、温度、湍流度和空气过剩系数就是人们常说的“3T+1E”，它们既是影响固体废物焚烧效果的主要因素，也是反映焚烧炉工况的重要技术指标。

1）固体废物性质

在很大程度上，固体废物性质是判断其是否适合进行焚烧处理以及焚烧处理效果好坏的决定性因素。如固体废物中可燃成分、有毒有害物质、水分等物质的种类和含量，决定这种固体废物的热值、可燃性和焚烧污染物治理的难易程度，也就决定了这种固体废物焚烧处理的技术经济可行性。

进行固体废物焚烧处理，要求固体废物具有一定的热值。固体废物热值越高，就越有利于焚烧过程的进行，越有利于回收热能或进行发电。生产实践表明，当生活垃圾的低位发热值小于等于 3350kJ/kg 时，焚烧过程通常需要添加辅助燃料，如掺煤或喷油助燃。

一般城市生活垃圾的含水量小于等于 50%，低位发热值多在 3350～8374kJ/kg。生活垃圾的组成具有非均质性和多变性，不同地区、不同季节、不同能源结构、不同经济发展水平等条件下，其生活垃圾的组成和性质有很大差异，这就给生活垃圾的焚烧处理造成一定的困难。此外，固体废物的尺寸、形状、均匀程度等，在焚烧时也会表现出不同的热力学、动力学、物理变化和化学反应行为，对焚烧过程产生重要影响。

2）焚烧温度

焚烧温度对焚烧处理的减量化程度和无害化程度有决定性的影响。焚烧温度对焚烧处理的影响，主要表现在温度的高低和焚烧炉内温度分布的均匀程度。在焚烧炉里的不同位置、不同高度，温度也可能不同，所以固体废物的焚烧效果也有差异。固体废物中的不少有毒、有害物质，必须在一定温度以上才能有效地进行分解、焚毁。焚烧温度越高，越有利于固体废物中有机污染物的分解和破坏，焚烧速率也就越快。因此，随着环保排放要求的提高，近年来固体废物的焚烧温度也有明显提高。

目前一般要求生活垃圾焚烧温度在 850～950℃，医疗垃圾、危险固体废物的焚烧温度要达到 1150℃，而对于危险废物中的某些较难氧化分解的物质，甚至需要在更高温度和催化剂作用下进行焚烧。

3）停留时间

物料停留时间主要是指固体废物在焚烧炉内的停留时间和烟气在焚烧炉内的停留时间。固体废物停留时间取决于固体废物在焚烧过程中蒸发、热分解、氧化还原反应等反应速率的大小。

烟气停留时间取决于烟气中颗粒状污染物和气态分子的分解、化学反应速率。当然在其他条件不变时，固体废物和烟气的停留时间越长，焚烧反应越彻底，焚烧效果就越好。但停留时间过长会使焚烧炉处理量减少，在经济上也不合理。反之，停留时间过短会造成固体废物和其他可燃成分的不完全燃烧。进行生活垃圾焚烧处理时，通常要求垃圾停留时间能达 1.5～2h,烟气停留时间能达到 2s 以上。

4)供氧量和物料混合程度

焚烧过程的氧气是由空气提供的。空气不仅能够起到助燃的作用,同时也起到冷却炉排、搅动炉气以及控制焚烧炉气氛等作用。显然,供给焚烧系统的空气越多,越有利于提高炉内氧气的浓度,越有利于炉排的冷却和炉内烟气的湍流混合。但过大的过剩空气系数,可能会导致炉温降低、烟气量增大,对焚烧过程产生副作用,给烟气的净化处理带来不利影响,最终会提高固体废物焚烧处理的运行成本。

除固体废物性质、物料停留时间、焚烧温度供氧量、物料的混合、炉气的湍流程度外,诸如固体废物料层厚度、运动方式、空气预热温度、进气方式、燃烧器性能、烟气净化系统阻力等,也会影响固体废物焚烧过程的进行,也是在实际生产中必须严格控制的基本工艺参数。

9.1.3 热平衡和烟气分析

9.1.3.1 固体废物热值

固体废物热值是指单位质量固体废物在完全燃烧时释放出来的热量。热值有两种表示方式,即高位热值(粗热值)和低位热值(净热值)。若热值包含烟气中水的潜热,则该热值是高位热值(粗热值)。反之,若不包含烟气中水的潜热,则该热值就是低位热值(净热值)。

要使固体废物能维持正常焚烧过程,就要求其具有足够的热值。即在进行焚烧时,垃圾焚烧释放出来的热量足以加热垃圾,并使之到达燃烧所需要的温度或者具备发生燃烧所必需的活化能。否则,便需要添加辅助燃料才能维持正常燃烧。

计算热值有许多方法,如热量衡算法(精确法)、工程算法。

工程上常用下列公式近似计算燃烧物料的热值。

Dulong 公式:

$$\mathrm{HHV}=34\ 000W_{\mathrm{C}}+143\ 000\left(W_{\mathrm{H}}-\frac{1}{8}W_{\mathrm{O}}\right)+10\ 500W_{\mathrm{S}} \qquad (9-1)$$

$$\mathrm{LHV}=2.32\left[14\ 000X_{\mathrm{C}}+45\ 000\left(X_{\mathrm{H}}-\frac{1}{8}X_{\mathrm{O}}\right)-760X_{\mathrm{Cl}}+4500X_{\mathrm{S}}\right] \qquad (9-2)$$

Steuer 公式:

$$\mathrm{HHV}=34\ 000\left(W_{\mathrm{C}}-\frac{3}{4}W_{\mathrm{O}}\right)+143\ 000W_{\mathrm{H}}+9400W_{\mathrm{S}}+23\ 800\times\frac{3}{4}W_{\mathrm{O}} \qquad (9-3)$$

Scheurer 公式:

$$\mathrm{HHV}=34\ 000\left(W_{\mathrm{C}}-\frac{3}{4}W_{\mathrm{O}}\right)+23\ 800\times\frac{3}{8}W_{\mathrm{O}}+144\ 200\left(W_{\mathrm{H}}-\frac{1}{16}W_{\mathrm{O}}\right)+10\ 500W_{\mathrm{S}} \qquad (9-4)$$

化学工业便览公式：

$$LHV=34\ 000W_C+143\ 000\left(W_H-\frac{W_O}{2}\right)+9300W_S \tag{9-5}$$

式中：HHV——可燃物质的高位热值(kJ/kg)；

LHV——可燃物质的低位热值(kJ/kg)；

W_C、W_H、W_S、W_O——分别表示可燃物质中元素碳、氢、硫、氧的质量分数；

X_C、X_S、X_O、X_H、X_{Cl}——分别表示可燃物质中元素碳、硫、氧、氢、氯的摩尔分数。

高位热值(粗热值)、低位热值(净热值)的相互关系，可用以下公式表示和近似计算：

$$HHV=LHV+Q_S \tag{9-6}$$

$$LHV=HHV-2420\left[W_{水}+9\left(W_H-\frac{W_{Cl}}{35.5}-\frac{W_F}{19}\right)\right] \tag{9-7}$$

式中：Q_S——烟气中水的潜热[kJ/kg(水)]；

$W_{水}$——可燃物质中水的质量分数；

W_{Cl}——可燃物质中元素氯的质量分数；

W_F——可燃物质中元素氟的质量分数。

焚烧过程进行着一系列能转换和能量传递，是一个热能和化学能的转换过程。固体废物和辅助燃料的热值、燃烧效率、机械热损失及各物料的潜热和显热等，决定了系统的有用热量，最终也决定了焚烧炉的火焰温度和烟气温度。

在整个焚烧系统中，能量是守恒的，即：

$$Q_w+Q_f+Q_a=Q_1+Q_2+Q_3+Q_4+Q_5 \tag{9-8}$$

式中：Q_w——固体废物的热量(kJ)；

Q_f——辅助燃料的热量(kJ)；

Q_a——助燃空气的热量(kJ)；

Q_1——有用热量(kJ)；

Q_2——化学不完全燃烧热损失(kJ)；

Q_3——机械热损失(kJ)；

Q_4——烟气显热(含热量)(kJ)；

Q_5——灰渣显热(含热量)(kJ)。

9.1.3.2 燃烧温度

许多有毒有害可燃污染物质，只有在高温和一定条件下才能被有效分解和破坏。维持足够高的焚烧温度和时间是确保固体废物焚烧减量化、无害化的基本前提。假如焚烧系统处于恒压绝热状态，则焚烧系统所有能量都用于提高系统温度和物料的含热。该系统的最终温度称为理论燃烧温度或绝热燃烧温度。

实际燃烧温度可以通过系统能量平衡精确计算，也可利用经验公式进行近似计算：

$$\mathrm{LHV}=\sum_{i=1}^{n}\int_{T_1}^{T_2}W_i c_{pi}\,\mathrm{d}T\approx\sum_{i=1}^{n}W_i C_{pi}(T_2-T_1) \tag{9-9}$$

式中：LHV——系统的有用热量(kJ)；

T_1——室温(K)；

T_2——焚烧炉火焰温度(K)；

W_i——烟气中第 i 种成分的质量分数；

C_{pi}——烟气各成分质量定压热容[J/(kg·K)]。

烟气组成往往十分复杂，给上式的应用造成困难。若以烃类化合物替代固体废物，并设25℃烃类化合物燃烧时每产生4.18kJ低位热值约需 1.5×10^{-3}kg理论空气，则：

$$m_{理空}=1.5\times10^{-3}\times\frac{\mathrm{LHV}}{4.18}=3.59\times10^{-4}\mathrm{LHV} \tag{9-10}$$

式中：$m_{理空}$——理论空气质量(kg)。

如果烃类化合物和辅助燃料完全燃烧总量以1kg计。烟气各组成成分在燃烧温度范围内的质量定压热容均为1254kJ/(kg·K)，并且假设低位热值等于有用热量，则低位热值与焚烧火焰温度之间的关系可简化为：

$$\mathrm{LHV}=m_{烟}\,c_p(T_2-T_1)$$

或：

$$\mathrm{LHV}=m_{理烟}c_p(T_2-T_1)+m_{过空}c_p(T_2-T_1) \tag{9-11}$$

式中：$m_{烟}$——烟气质量(kg)；

$m_{理烟}$——理论烟气质量(kg)；

c_p——近似质量定压热容，4.18[kJ/(kg·K)]；

$m_{过空}$——过剩空气质量(kg)。

如果空气过剩率为 $\mathrm{EA}=m_{过空}/m_{理空}$，即可用下式近似计算焚烧炉火焰温度 T：

$$T=\left\{\frac{\mathrm{LHV}}{1.254[1+3.59\times10^{-4}\mathrm{LHV}(1+\mathrm{EA})]}+298\right\}(\mathrm{K}) \tag{9-12}$$

9.1.3.3 空气和烟气量计算

1)空气量

空气中氧是助燃物质，它与固体废物中可燃成分反应后形成烟气。完成燃烧反应的最少空气量就是理论空气量，即化学计量的空气量。计算理论空气量和实际空气量有许多公式，如先利用可燃物料中碳、氢、硫、氧等元素的含量来计算焚烧需要的理论空气量，然后再通过过剩空气系数计算出实际空气量，即空气量。计算公式如下：

$$V_{理氧}=1.866W_{\mathrm{C}}+5.56W_{\mathrm{H}}+0.7W_{\mathrm{S}}-0.7W_{\mathrm{O}} \tag{9-13}$$

$$V_{理空}=\frac{V_{理氧}}{0.21}=8.89W_{\mathrm{C}}+26.5W_{\mathrm{H}}+3.33W_{\mathrm{S}}-3.33W_{\mathrm{O}} \tag{9-14}$$

式中：$V_{理氧}$——焚烧理论氧气量($\mathrm{m^3/kg}$)；

$V_{理空}$——焚烧理论空气(干)量(m^3/kg)；

W_C、W_H、W_S、W_O——分别表示碳、氢、硫、氧元素在可燃物料中的质量分数。

若过剩空气系数为：

$$\lambda=\frac{V_{空}}{V_{理空}}$$

则实际空气量为：

$$V_{空}=\lambda\cdot V_{理空}$$

2)烟气量

计算焚烧烟气量，常常是首先利用烟气的成分和经验公式计算出理论烟气量，然后再通过过剩空气系数计算烟气量。计算公式如下：

$$V_{理烟}=V_{CO_2}+V_{SO_2}+V_{N_2}+V_{H_2O} \tag{9-15}$$

其中：

$$V_{CO_2}=1.866W_C$$

$$V_{SO_2}=0.7W_S$$

$$V_{N_2}=0.79V_{理空}+0.8W_{N_2}$$

$$V_{H_2O}=11.1W_H+1.24W_{H_2O}+0.0161V_{理空}$$

式中：V_{CO_2}——烟气中 CO_2 的理论量(m^3/kg)；

V_{SO_2}——烟气中 SO_2 的理论量(m^3/kg)；

V_{N_2}——烟气中 N_2 的理论量(m^3/kg)；

V_{H_2O}——烟气中 H_2O 的理论量(m^3/kg)；

W_{N_2}——烟气中 N_2 的质量分数；

W_{H_2O}——烟气中 H_2O 的质量分数。

由理论烟气量和过剩空气系数可求得烟气量：

$$V=(\lambda-0.21)V_{理空}+1.866W_C+11.1W_H+0.7W_S+0.8W_N+1.24W_{H_2O}$$

或：

$$V=V_{理烟}+(\lambda-1)V_{理空}+0.016(\lambda-1)V_{理空} \tag{9-16}$$

式中：V——湿烟气量(m^3/kg)；

$V_{理空}$——理论烟气量(m^3/kg)；

λ——过剩空气系数，$\lambda=V_{空}/V_{理空}$。

9.1.4 焚烧工艺

9.1.4.1 概述

就不同时期、不同炉型以及不同的固体废物种类和处理要求而言，固体废物焚烧技术和工艺流程也各不相同，如间歇焚烧、连续焚烧、固定炉排焚烧、流化床焚烧、回转窑焚烧、机械炉排焚烧、单室焚烧、多室焚烧等。不同焚烧技术和工艺流程,有着各自不同的特点。

目前大型现代化生活垃圾焚烧技术的基本过程大体相同,如图 9-1 所示。现代化生活垃圾焚烧工艺系统主要由前处理系统、进料系统、焚烧炉系统、空气系统、烟气系统、灰渣系统、余热利用系统及自动化控制系统组成。

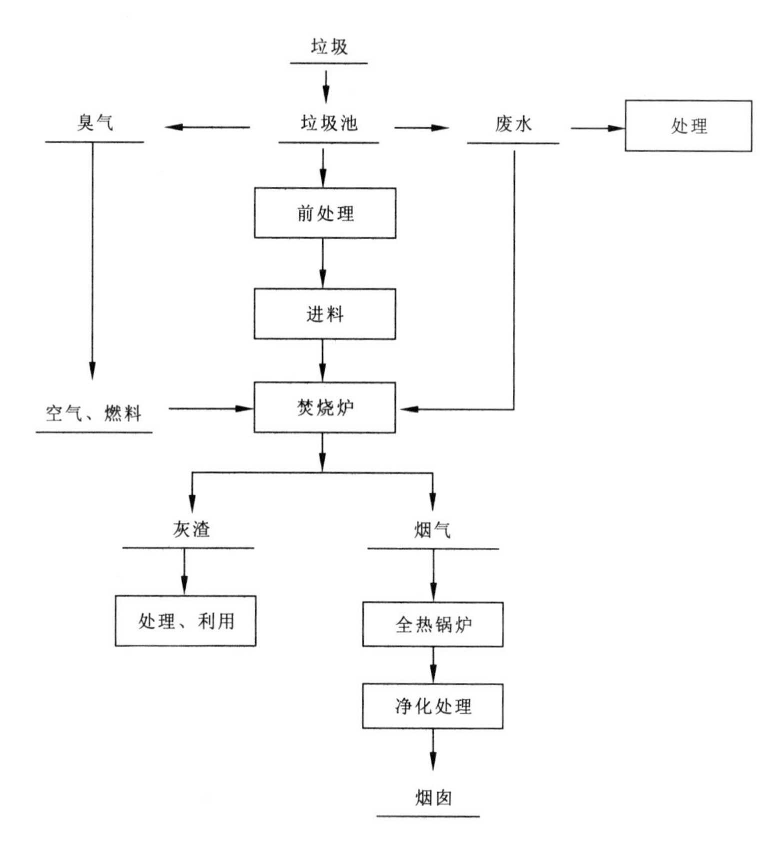

图 9-1　生活垃圾焚烧工艺流程图

9.1.4.2　工艺系统

1)前处理系统

固体废物焚烧的前处理系统,主要指固体废物的接受、贮存、分选或破碎,具体包括固体废物运输、计量、登记进场、卸料混料、破碎、手选磁选筛分等。由于垃圾的成分十分复杂,既有坚硬的金属类废物和砖石,又有韧性很强的条类物质,这就要求破碎和筛分设备既要有足够的抗缠绕剪切能力,又要能够击碎坚硬的金属和砖石固体废物。前处理系统,特别是对于我国非常普遍的混装生活垃圾的破碎和筛分处理过程,在某种意义上往往是整个工艺系统的关键步骤。

前处理系统的设备设施和构筑物，主要包括车辆、地衡、控制间、垃圾池、吊车抓斗、破碎和筛分设备、磁选机，以及臭气和渗滤液收集、处理设施等。

2)进料系统

进料系统的主要作用是向焚烧炉定量给料，同时要将垃圾池中的垃圾与焚烧炉的高温火焰和高温烟气隔开、密闭，以防止焚烧炉火焰通过进料口向垃圾池垃圾反烧和高温烟气反窜。

目前应用较广的进料方法有炉排进料、螺旋给料、推料器给料等几种形式。

3)焚烧炉系统

焚烧炉系统是整个工艺系统的核心，是固体废物进行蒸发、干燥、热分解和燃烧的场所。焚烧炉系统的核心装置就是焚烧炉。焚烧炉有多种炉型，如固定炉排焚烧炉、水平链条炉排焚烧炉、倾斜机械炉排焚烧炉、回转式焚烧炉、流化床焚烧炉、立式焚烧炉气化热解炉、气化熔融炉、电子束焚烧炉、离子焚烧炉、催化焚烧炉等。

在现代生活垃圾焚烧工艺中，应用最多的是水平链条炉排焚烧炉和倾斜机械炉排焚烧炉。焚烧炉的炉排有效面积和燃烧室有效容积可分别按以下公式计算：

$$A=\max\left\{\frac{Q}{Q_{热}},\frac{W}{Q_{质}}\right\}$$

$$V=\max\left\{\frac{Q}{Q_{体热}},q_V\theta_{烟}\right\}$$

式中：A——炉排有效面积(m^2)；

$Q_{质}$——炉排机械负荷[$kg/(m^2\cdot h)$]；

$Q_{热}$——炉排热负荷[$kJ/(m^2\cdot h)$]；

Q——单位时间固体废物和燃料低位发热量热值(kJ/h)；

$Q_{体热}$——燃烧室容积热负荷[$kJ/(m^3\cdot h)$]；

W——单位时间垃圾和燃料质量(kg/h)；

V——燃烧室有效容积(m^3)；

q_V——烟气体积流量，$q_V=\gamma W/(3600\rho)$(m^3/s)[其中：γ为烟气产率(kg/kg)，ρ为烟气密度(kg/m^3)]；

$\theta_{烟}$——烟气停留时间(s)。

焚烧炉系统的固体废物和烟气停留时间，可用下式计算：

$$\theta_{烟}=\int_0^V d\left(\frac{V}{q_{V,空}}\right)$$

$$\theta_{固}=\frac{Qm}{Q_{体热}V}$$

不同类型生活垃圾焚烧炉的典型热负荷及过剩空气系数，如表9-1所示。现代生活垃圾焚烧工艺的焚烧炉火焰温度一般为850～1050℃，焚烧炉炉排的机械负荷和热负荷分别为150～400$kg/(m^2\cdot h)$和$(1.25\sim3.75)\times10^6$ $kJ/(m^2\cdot h)$，焚烧炉允许的负荷变化范围一般为 60%～110%，燃烧室出口烟气 CO 浓度小于 $60mg/m_N^3$，燃烧室出口烟气 O_2 的体积分数为 8%～16%。

表 9-1 焚烧炉典型热负荷及过剩空气系数

炉型	热负荷	过剩空气系数(%)
机械炉	150 000～400 000kJ/(m^2 · h)	150～200
流化床炉	350 000～500 000kJ/(m^2 · h)	40～60
气体废物	3 000 000～10 000 000kJ/(m^3 · h)	10～15
液体废物	1 000 000～3 000 000kJ/(m^3 · h)	15～30
多室焚烧炉	300 000～400 000kJ/(m^3 · h)	100～200
滚筒炉	150 000～5 000 000kJ/(m^3 · h)	100

4)空气系统

空气系统，即助燃空气系统，是焚烧炉非常重要的组成部分。空气系统除了为固体废物的正常焚烧提供必需的助燃氧气外，还有冷却炉排混合护料和控制烟气气流等作用。

助燃空气可分为一次助燃空气和二次助燃空气。一次助燃空气是指由炉排下送入焚烧炉的助燃空气，即火焰下空气。一次助燃空气占助燃空气总量的 60%～80%，主要起助燃、冷却炉排、搅动炉料的作用。一次助燃空气分别从炉排的干燥段(着火段)、燃烧段(主燃烧段)和燃烬段(后燃烧段)送入炉内，气量分配大致分别为 15%、75%和 10%。火焰上空气和二次燃烧室的空气属于二次助燃空气，二次助燃空气主要是为了助燃和控制气量的湍流程度。二次助燃空气一般为助燃空气总量的 20%～40%。

部分一次助燃空气可从垃圾池上方抽取，以防止垃圾池臭气对环境的污染。为了提高助燃空气的温度，常常将助燃空气通过设置在余热锅炉之后的换热器进行预热。预热助燃空气不仅能够改善焚烧效果，而且能够提高焚烧系统的有用热，有利于系统的余热回收。预热空气温度的高低主要取决于生活垃圾的热值和烟气余热利用的要求，通常要求预热空气的温度为 200～280℃。

空气系统的主要设施是通风管道进气系统、风机和空气预热器等。

5)烟气系统

焚烧炉烟气是固体废物焚烧炉系统的主要污染源。焚烧炉烟气含有大量颗粒状污染物质和气态污染物质。设置烟气系统的目的就是去除烟气中的这些污染物质，并使之达到国家有关排放标准的要求，最终排入大气。

烟气中的颗粒状污染物质，即各种烟尘，主要可通过重力沉降、离心分离、静电除尘袋式过滤等技术手段去除；而烟气中的气态污染物质，如 SO_x、NO_x、HCl 及有机气体物质等，则主要是利用吸收、吸附、氧化还原等技术途径净化。

烟气净化处理是防止固体废物焚烧造成二次环境污染的关键。国家现行有关标准对焚烧烟气排放作出了明确规定(表 9-2)。

表 9-2 焚烧炉大气污染物排放限值*

项目	单位	数值含义	限值
烟尘	mg/m^3	测定均值	80
烟气林格黑度	级	测定值**	1
一氧化碳	mg/m^3	小时均值	150
氯氧化物	mg/m^3	小时均值	400
二氧化硫	mg/m^3	小时均值	260
氯化氢	mg/m^3	小时均值	75
汞	mg/m^3	测定均值	0.2
镉	mg/m^3	测定均值	0.1
铅	mg/m^3	测定均值	1.6
二噁英类	$ngTEQ/m^3$	测定均值	1.0

注:* 均以标准状态下含 11% O_2 的干烟气为参考值换算;

** 烟气最高黑度时间,在任何 1h 内累计不得超过 5min。

氯化物、硫氧化物、氟化氢的去除工艺可分为干法、半干法和湿法工艺三类。干法工艺是将石灰粉喷入烟气净化反应器使之与氯化物、硫氧化物、氟化氢等酸性气体接触反应而生成固态物质,干法工艺对氟化氢的去除率一般为 80%~90%。半干法工艺是将限量的一定浓度的石灰浆喷入烟气净化反应器,使之与酸性气体接触反应而去除,同时石灰浆的水分被烟气加热蒸发,该法对氯化氢的去除率可高达 98%~99%以上。而湿法工艺是将过量的石灰浆喷入烟气净化反应器,净化烟气中酸性气体。湿法工艺通常对烟气中污染物有很高的去除率,但经过湿法处理的烟气往往温度较低、湿度较高,这可能会给后续的布袋过滤处理造成困难。此外,湿法净化工艺不可避免地存在废水处理问题。

目前,由于半干法烟气净化工艺具有对酸性气体去除率高、系统简单、设备成熟、废水零排放等特点,在生活垃圾焚烧处理中得到了广泛应用。

二噁英类物质(PCDDs)是已知的毒性最大的物质之一。二噁英类物质主要有两类:第一类是氧苯并二噁英(CDD),有 75 种化合物,其中毒性最大的是 2,3,7,8 -四苯二氯并二噁英(2,3,7,8 - TCDDs);第二类是二举呋哺类物质(PCDFs),共有 135 种物质。在生活垃圾焚烧过程中,特定条件下有可能生成二噁英类物质,对大气环境造成污染。

虽然二噁英类物质生成的机理非常复杂,但就生活垃圾焚烧而言,二噁英类物质生成的可能途径主要有三种:第一种是在生活垃圾中可能含有微量二噁英类物质或其前驱体物质,当焚烧不完全时这些物质会进入焚烧烟气;第二种是在垃圾焚烧过程中,一些二噁英类物质的前驱体物质等可能会反应生成二噁英类物质，当焚烧不完全时进入烟气；第三种可能的途径就是炉外生成二噁英类物质，即二噁英类物质前驱体物质和分解的二噁英类物质的化合物，在适当温度(300～500℃)和催化剂(如烟尘中的铜等过渡金属物质)存在的条件下，可能会重新反应合成二噁英类物质。

根据二噁英类物质生成的机理和可能途径，通常控制二噁英类物质可采用以下三个措施：一是严格控制焚烧炉燃烧室温度和固体废物、烟气的停留时间，确保固体废物及烟气中有机气体，包括二噁英类物质前驱体的有效焚毁率；二是减少烟气在200～500℃温度段的停留时间，以避免或减少二噁英类物质的炉外生成；三是对烟气进行有效的净化处理，以去除可能存在的微量二噁英类物质，如利用活性炭或多孔性吸附剂等去除二噁英类物质。

根据焚烧炉烟气成分和处理要求，常用的烟气处理技术有旋风除尘、静电除尘、湿式洗涤、半干式洗涤、干式洗涤、布袋过滤、活性炭吸附等。有时还设有催化脱硝、烟气再加热和减振降噪等设施。

焚烧炉烟气处理系统的主要设备和设施有沉降室、旋风除尘器、静电除尘器、洗涤塔、布袋过滤器等。

6)其他工艺系统

除以上工艺系统外，固体废物焚烧系统还包括灰渣系统、废水处理系统、余热利用系统、发电系统、自动化控制系统等。

其中，灰渣系统的典型工艺流程如图9-2所示。

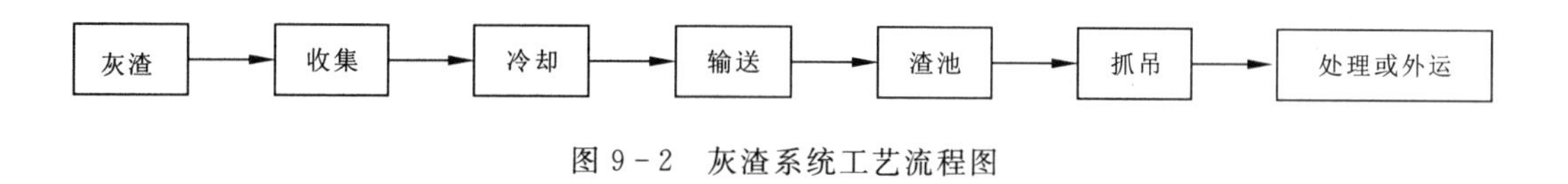

图9-2 灰渣系统工艺流程图

灰渣系统的工艺流程主要包括灰渣收集、冷却加湿处理、贮运、处理处置和资源化。灰渣系统的主要设备和设施有灰渣漏斗、渣池、排渣机械、滑槽、水池或喷水器、抓提设备、输送机械、磁选机等。

9.1.5 焚烧炉系统

焚烧炉系统的主体设备是焚烧炉，包括受料斗、饲料器、炉体、炉排、助燃器、出渣和进风装管等设备和设施。目前在垃圾焚烧中应用最广的是垃圾焚烧炉，主要有机械炉排焚烧炉、流化床焚烧炉和回转窑焚烧炉三种类型。

9.1.5.1 焚烧炉

1)机械炉排焚烧炉

机械炉排焚烧炉可分为水平链条机械炉排焚烧炉和倾斜机械炉排焚烧炉。倾斜机械炉排多为多级阶梯式炉排，有多种类型，其代表性炉排有并列摇动式、台阶式、往复移动式、倾斜履带式、滚筒式等。炉排是层状燃烧技术的关键，机械焚烧炉炉排通常可分为三个区或三个段：预热干燥区（干燥段）、燃烧区（主燃段）和燃烬区（后燃段）。在入炉固体废物从进料端（干燥段）向出料端（后燃段）移动的过程中，分别进行固体废物蒸发、干燥、热分解及燃烧反应，同时松散和翻动料层，并从炉排缝隙中漏出灰渣。大型倾斜机械炉排焚烧炉，如马丁炉等，具有工艺先进、技术可靠、焚烧效率和热回收效率高、对垃圾适应性强等优点，在国外应用较为广泛。但这种炉排材质要求高，而且炉排加工、制造复杂，设备造价昂贵，一次性投资大，因而在某种程度上不适合经济不发达地区和中小城镇的垃圾处理。

2)流化床焚烧炉

流化床焚烧炉采用一种相对较新的清洁燃烧技术，其基本特征在于炉膛内装有布风板、导流板、载热媒介惰性颗粒，在焚烧运行时物料呈沸腾状态。流化床焚烧炉传热和传质速率高，物料几乎呈完全混合状态，能迅速分散均匀。载热体贮存大量的热量，床层的温度保持均匀，避免了局部过热，温度易于控制。流化床焚烧炉具有固体废物焚烧效率高、负荷调节范围宽、污染物排放少、热强度高、适合燃烧低热值物料等优点。在中小城镇较有发展前景，尤其对于热值相对偏低的垃圾焚烧，是一种较佳的选择。

3)回转窑焚烧炉

回转窑焚烧炉是一可旋转的倾斜钢制圆筒，筒内加装耐火衬里或由冷却水管和有孔钢板焊接成的内筒。炉体向下方倾斜，分成干燥、燃烧、燃烬三段，并由前后两端滚轮支撑和电机链轮驱动装置驱动。固体废物在窑内由进到出的移动过程中，完成干燥、燃烧及燃烬过程。冷却后的灰渣由炉窑下方末端排出。在进行固体废物燃烧时，随着回转窑焚烧炉的缓慢转动，固体废物获得良好的翻搅并向前输送，预热空气由底部穿过有孔钢板至窑内，使垃圾能完全燃烧。回转窑焚烧炉通常在窑尾设置一个二次燃烧室，使烟中可燃成分在二次燃烧室得到充分燃烧。

回转窑焚烧炉具有对固体废物适应性广、故障少、可连续运行等特点。回转窑焚烧炉不仅能焚烧固体废物，还可焚烧液体废物和气体废物。但回转窑焚烧炉存在窑身较长、占地面积较大、热效率低、成本高等缺点。

除上述机械炉排焚烧炉、流化床焚烧炉和回转窑焚烧炉外，还有多种其他焚烧炉，针对于处理不同性质的固体废物并满足不同的技术经济要求。

9.1.5.2 焚烧效果

在实际固体废物焚烧处理过程中，焚烧效果是否达到设计要求和有关规定要求，是人们最关心的问题。因此，焚烧效果是焚烧处理的最基本、最重要的技术指标之一。

评价焚烧效果的方法很多，如目测法、热灼减量法、二氧化碳法及有害有机物破坏去除率法等。

1)目测法

目测法就是肉眼观测法。通过肉眼直接观测固体废物焚烧烟气的颜色,如黑度等,来判断固体废物的焚烧效果。通常如果固体废物焚烧炉烟气越黑、气量越大,往往表明固体废物焚烧的效果就越差。

2)热灼减量法

在固体废物焚烧过程中,可燃物质氧化焚毁越彻底,焚烧灰渣中残留的可燃成分也就会越少,即灰渣的热灼减量就越小。因此,可以用焚烧灰渣的热灼减量来评价固体废物焚烧效果。

$$\mathrm{MRC}=\frac{m-m_{灰}}{m-m_{渣}}$$

或:

$$R_c=\frac{m_{渣}-m_{灰}}{m_{渣}}\times 100\%$$

式中:MRC——热灼减量比;

R_c——热灼减量率(%);

m——固体废物的质量(kg);

$m_{灰}$——固体废物焚烧灰渣经(600±25)℃灼烧3h后的质量(kg);

$m_{渣}$——固体废物焚烧灰渣的质量(kg)。

通常,生活垃圾焚烧炉的炉渣热灼减量设计为5%以下,大型连续化作业机械焚烧炉的炉渣热灼减量设计为3%以下。

3)二氧化碳法

在固体废物焚烧烟气中,物料中的碳会转化为一氧化碳或二氧化碳。固体废物焚烧得越完全,二氧化碳的相对浓度就越高,即焚烧效率就越高。因此,可以利用一氧化碳和二氧化碳浓度或分压的相对比例,反映固体废物中可燃物质在焚烧过程中的氧化、焚毁程度。

$$E=\frac{C_{CO_2}}{C_{CO_2}+C_{CO}}\times 100\%$$

式中:E——焚烧效率;

C_{CO}、C_{CO_2}——分别表示焚烧烟气中CO、CO_2含量。

4)有害有机物破坏去除率法

对于生活垃圾和危险废物的焚烧处理,也可以用烟气、灰渣中的有害有机物含量的多少来评价焚烧效果,如利用有害有机物破坏去除率。

$$\mathrm{DRE}=\frac{m_{in}-m_{out}}{m_{in}}\times 100\%$$

式中:DRE——有害有机物破坏去除率(%);

m_{in}——固体废物中某种有害有机物的质量(kg);

m_{out}——焚烧灰渣中某种有害有机物的质量(kg)。

9.2 固体废物的热解处理

9.2.1 概述

热解是一种传统生产工艺，将木材和煤干馏后生成木炭和焦炭，用于人们的生活取暖和工业上冶炼钢铁，已经有非常悠久的历史。随着现代工业的发展，热解技术的应用范围也在逐步扩展，例如重油裂解生成轻质燃料油，煤炭气化生成燃料气等，采用的都是热解工艺。

随着国民经济的发展和人们生活水平的提高，人们在工业生产和日常生活中应用有机高分子材料的机会越来越多，固体废物中有机组分的比例也在逐步增大，对这些有机组分既可以采用焚烧的方式回收热能，也可以采用热解的方式获得油品和燃料气。

表 9－3 为 1997—2001 年广州市城市生活垃圾组成的变化情况。

表 9－3 广州市城市生活垃圾组成

时间	无机物（%）	纸（%）	塑料（%）	橡胶（%）	布类（%）	草木类（%）	厨余（%）	白塑料（%）	皮制品（%）
1997 年	19.1	5.7	15.4	1.2	5.3	5.2	45.8	1.5	0.8
1998 年	18.9	5.9	13.5	0.3	4.0	6.2	49.9	1.1	0.2
1999 年	18.4	5.8	14.0	0.3	6.5	6.4	47.4	1.1	0.1
2001 年	11.7	10.9	21.0	0.0	6.9	7.9	41.6	0.0	0.0

9.2.2 热解原理

9.2.2.1 热解的定义和特点

所谓热解，是将有机物在无氧或缺氧状态下加热，使之成为气态、液态或固态可燃物质的化学分解过程。

热解与焚烧二者的区别是：焚烧是需氧化反应过程；焚烧是放热的，热解是吸热的；焚烧的主要产物是二氧化碳和水，热解是无氧或缺氧反应过程，产物主要是可燃的低分子化合物；焚烧产生的热能限就近直接利用，热解形成的产物诸如可燃气、油及炭黑等则可以储存及远距离输送。

与焚烧相比，固体废物热解的主要特点是：①可将固体废物中的有机物转化为以燃料气、燃料油和炭黑为主的储存性能源；②由于是无氧或缺氧分解，排气量少，因此，采用热解工艺有利于减轻对大气环境的二次污染；③废物中的硫、重金属等有害成分大部分被固定在炭黑中;④由于保持还原条件,Cr^{3+}不会转化为Cr^{6+};⑤NO_x的产生量少。

9.2.2.2 热解的过程及产物

固体废物的热解是一个非常复杂的化学反应过程,包含了大分子键的断裂、异构化和小分子的聚合等反应,最后生成较小的分子。热解反应过程可用下述通式表示:

有机固体废物→气体(H_2、CH、CO、CO_2)+有机液体(有机酸、芳烃、焦油)+固体(炭黑、灰渣)

以纤维素分子为例,其热解产物如下:

$$3(C_6H_{10}O_5) \rightarrow 8H_2O + C_6H_8O(\text{可燃油}) + 2CO\uparrow + 2CO_2\uparrow + CH_4\uparrow + H_2\uparrow + 7C$$

固体废物热解能否获得高能量产物,取决于废物中氢转化为可燃气体与水的比例,不同固体燃料及废物的$C_6H_xO_y$组成如表 9-4 所示,表中最后一栏表示物料中所有的氧与氢结合成水以后,所余氢元素原子与碳元素原子的个数比值(即 H/C)。对一般固体燃料,H/C 在 0~0.5 之间。美国城市垃圾的 H/C 位于泥煤和褐煤之间;而日本城市垃圾的 H/C 则高于固体燃料,这主要是由于日本城市垃圾中的塑料含量相对较高的原因。

由于热解残留物中含有 H、O 和其他元素,同时热解过程还会发生 CO、CO_2 等生成反应,所以碳的含量大小视不同的热解过程而定,不能简单地以 H/C 值来评价城市垃圾的热解效果。如果热解的残留物中含有卤素、硫、氮等,随着温度升高,这些成分更趋于表现为挥发分,使固体废物热解产生更多的挥发性物质;反之,降低温度则会增加碳的比例。

Kaiser 等(1982)对城市垃圾中各种有机物进行过实验室间歇实验,得到的气体产物组成如表 9-4 所示,当操作条件改变时,其组成随之发生变化。

表 9-4 不同固体燃料及废物的 $C_6H_xO_y$ 组成

固体燃料	$C_6H_xO_y$	H/C	完全反应后的 H/C
纤维素	$C_6H_{10}O_4$	1.67	0.0/6=0.00
木材	$C_6H_{8.6}O_4$	1.43	0.6/6=0.10
泥炭	$C_6H_{7.2}O_{2.6}$	1.20	2.0/6=0.33
褐煤	$C_6H_{6.7}O_2$	1.12	2.7/6=0.45
烟煤	$C_6H_4O_{0.53}$	0.67	2.94/6=0.49
无烟煤	$C_6H_{1.5}O_{0.07}$	0.25	1.4/6=0.23
城市垃圾	$C_6H_{9.64}O_{3.75}$	1.61	2.14/6=0.20
新闻纸	$C_6H_{9.12}O_{3.75}$	1.52	1.2/6=0.20
塑料薄膜	$C_6H_{10.4}O_{1.06}$	1.73	8.28/1.38
厨余物	$C_6H_{9.93}O_{2.97}$	1.66	4.0/6=0.67

当有机物的成分不同时，整个热解过程的起始温度也不同。例如，纤维素开始热解的温度在180～200℃之间，而煤热解的起始温度根据煤质的不同在200～400℃之间。

废物热解是一个非常复杂、同时发生且连续进行的物理化学反应过程，不同的温度区间进行的反应过程有所不同，生成的产物组成也不相同。在这个反应中将出现有机物断链、异构等反应。其热解的中间产物一方面使大分子裂解成小分子直至气体，另一方面又使小分子聚合成较大的分子。

9.2.2.3 有机固体废物热解机理

1）可燃物热解的基本过程

以生活垃圾中含量较高的草木、厨余、塑料、布类、纸类为实验物，在氮气氛下管式炉内以10K/min的速率连续升温至1173K，在高速微分差热天平上测定，其热重（TG）和微分热重（DTG）曲线及相应数值由计算机输出。

实验表明，不同试样的失重过程表现出的规律大致相同。在初始阶段（初始温度至383K）失重较小，这是由于试样含有的水分受热后蒸发出来的结果。在升温至1173K的过程中，除厨余外的各试样物质般经历一次失重过程，DTG曲线显示只有一个峰，这显然是由于试样物质分解为气体造成的。而厨余物质则有些例外，在加热过程经历了两次失重，DTG曲线表现为两个峰。这可能是由于厨余中含有纤维类物质和含钙物质（如骨头等）的原因。第一个失重峰是由于厨余中的纤维类物质分解造成的，第二个失重峰则是由于含钙物质分解造成的。

2）热解动力学规律

有机可燃物的热解反应可以描述为：

$$A(\text{固}) \rightarrow B(\text{固}) + C(\text{气})$$

根据质量作用定律：

$$\frac{d\alpha}{dt} = kf(\alpha) = k(1-\alpha)^n$$

式中：k——反应速率常数；

α——反应过程中的失重率；

n——反应级数；

t——反应时间。

假设其服从 Arhenius 方程，则：

$$k = Ae^{-\frac{E}{RT}}$$

故：

$$\frac{d\alpha}{dt} = Ae^{-\frac{E}{RT}}(1-\alpha)^n$$

式中：A——频率因子（min^{-1}）；

E——活化能（kJ/mol）；

R——摩尔气体常数[8.314J/(mol·K)]；

T——反应温度(K)。

实验为恒速升温,升温速率 $\phi=\frac{dT}{dt}$,代入上式得:

$$\ln\left[\frac{\frac{d\alpha}{dT}}{(1-\alpha)^n}\right]=\ln\frac{A}{\phi}-\frac{E}{RT}$$

以 $\ln\left[\frac{\frac{d\alpha}{dT}}{(1-\alpha)^n}\right]$ 对 $1/T$ 作图,取 n 为 1,发现所获得的直线线性很好,由此可认为一级反应可正确地描述可燃物的热解行为,通过直线斜率和截距可得到动力学参数 E 和 A 的值。

对大部分生活垃圾而言,用一个一级反应就可很好地描述其热解过程,但对厨余废物来讲,不同的失重过程,对应不同的热解区,需采用不同区段的一级反应来描述其热解过程。

表 9-5 为不同可燃固体废物的热解动力学参数。

表 9-5 不同可燃固体废物热解动力学参数

样品	温度范围(K)	$A(\min^{-1})$
纸	527～628	2.77×10^6
布	483～628	1.34×10^6
草木	410～631	317.38
厨余	387～624	1.13
塑料	690～780	5.56×10^{19}
	920～1001	2.49×10^{15}

9.2.3 热解工艺

由于供热方式、产品状态、热解炉结构等方面的不同,固体废物的热分解过程也各不相同。

热解工艺的主要分类方法如下。

(1)按供热方式可分为直接加热法、间接加热法。

直接加热:热解反应所需的热量是被热解物直接燃烧或向热解反应器提供的补充燃料燃烧产生的热。

间接加热:将被热解物料与直接供热介质在热解反应器中分离开的一种热解方法。

(2)按热解温度的不同可分为高温热解、中温热解、低温热解。

高温热解:热解温度一般在 1000℃以上,其加热方式一般采用直接加热法。

中温热解:热解温度一般在600～700℃之间,主要用在对比较单一的物料进行能源和资源回收的工艺上,如废橡胶废塑料热解为类重油物质的工艺。

低温热解:热解温度一般在600℃以下,农林产品加工后的废物生产低硫低灰炭时就可采用这种方法,其产品可用作不同等级的活性炭和水煤气原料。

(3)按热解炉的结构可分为固定床、移动床流化床和旋转炉等。

(4)按热解产物的物理形态可分为气化方式、液化方式和炭化方式。

(5)按热分解与燃烧反应是否在同一设备中进行,可分为单塔式和双塔式。

(6)按热解过程是否生成炉渣,可分为造渣型和非造渣型。

9.2.4 典型固体废物的热解

9.2.4.1 城市垃圾的热解

1)城市垃圾热解技术的主要类型

目前,用于处理城市垃圾的热解技术方式主要有:移动床熔融炉方式、回转窑方式、流化床方式、多段炉方式及 Flush Pyrolysis 方式等。

在这些热解方式中,回转窑方式和 Flush Pyrolysis 方式是最早开发的城市垃圾热解技术,代表性系统有 Landgard 系统和 Occidental 系统。多段炉方式主要用于含水率较高的有机污泥的处理。流化床方式有单塔式和双塔式两种,双塔式流化床已经达到了工业化生产的规模。

在上述热解方式中,移动床熔融炉方式是城市垃圾热解技术中最成熟的方法,其代表性系统有新日铁系统、Purox 系统、Landgard 系统和 Occidental 系统。

2)城市垃圾主要热解技术简介

(1)新日铁系统。

新日铁系统实际上是一种热解和熔融为一体的复合处理工艺,通过控制温度及供氧条件,使垃圾在同一炉内完成干燥、热解、燃烧和熔融。炉内干燥段温度约为300℃;热解段温度为300～1000℃;熔融段温度为1700～1800℃。

系统工作时,垃圾由炉顶投料口加入炉内,投料口采用双重密封结构,以防止空气和热解气的漏入、逸出。炉体采用竖式结构,垃圾依自重在炉内由上而下移动,与上升的高温气体进行换热。在下移的干燥段脱去水分;热解段生成燃气和灰渣;灰残渣中的炭黑在燃烧段与下部通入的空气进行燃烧;随着温度的提高,燃烧后的剩余残渣在熔融段形成玻璃体和铁,将重金属等有害物质固化在固相中,因而可直接填埋或用作建材。热解得到的可燃气体的热值为6276～10 460kJ/m^3,一般用于二次燃烧产生热能发电。

(2)Purox 系统。

Purox 系统又称 U.C.C 纯氧高温热分解法,是由美国联合碳化公司(Union Carbide)开发的城市垃圾热解工艺,于1974年在西弗吉尼亚州建成了处理能力为180t/d的生产装置。

系统也采用竖式热解熔融炉，其工作原理与新日铁系统类似。纯氧由炉底送入燃烧区，参与垃圾燃烧。熔融渣由热解熔融炉底部连续排出，经水冷后形成坚硬的颗粒状物质。热解气以90℃的温度从炉顶排出，经洗涤去除其中的灰分和焦油后回收利用。净化后的热解气中含有约75%(体积分数)的CO和H_2，其体积之比约为2∶1，其他气体组分(包括CO_2、CH_4、N_2和其他低分子碳氢化合物)约占25%。气体的热值约为11 168kJ/m^3。

Purox系统的能量主要消耗在垃圾的破碎和垃圾热解所需助燃氧气的制造上。该系统每处理1kg垃圾可产生热值为11 168kJ/m^3的可燃气体约0.712m^3，用于回收热量的余热锅炉的热效率为90%，系统总体热效率为58%。

(3)Landgard系统。

Landgard系统采用的是回转窑处理方式。

系统工作时，从运输车上卸下的废物首先被送入破碎机，破碎后进入储料仓。加工处理后的废料从储料仓被连续送入回转窑进行热解。窑内气体与固体的运动方向刚好相反，废物被燃烧气体加热分解产生可燃气体。固体废物逐渐移向回转窑高温端，燃烧后的渣滓从炉内排出并进入分离室，在那里按黑色金属玻璃体和炭进行分类。热解产生的气体在后燃室完全燃烧，或者与油、煤或天然气一起用作锅炉燃料。

采用Landgard工艺流程，每1kg垃圾约产生可燃气体1.5m^3，其热值为4600～5000kJ/m^3。热值的大小与垃圾的组成有关。

该热解工艺由于前处理简单，对垃圾组成的适应性强，装置构造简单，操作可靠性高。

(4)Occidental系统。

Occidental系统是由美国Occidental Research Corporation(ORC)开发的以有机物液化为目标的热解技术，于1977年在圣迭戈(San Diego)建成了处理能力为200t/d的生产性设施，其总投资为1440万美元。整套工艺分为垃圾预处理和热解系统两大部分。在该系统中，首先经一次破碎将垃圾破碎至76mm以下，通过磁选分离出铁；接着通过风力分选将垃圾分为重组分(无机物)和轻组分(有机物)，再通过二次破碎使有机物粒径小于3mm，再由空气跳汰机分离出其中的玻璃等无机物，作为热解原料。热解设备为一不锈钢筒式反应器，有机原料由空气输送至炉内，与加热至760℃的炭黑混合在一起，在通过反应器的过程中实现热解。热解气固混合体首先经旋风分离器分离出炭黑颗粒，在炭黑燃烧器燃烧加温后送至热解反应器用作有机物热解的热源。热解气体经80℃急冷分离出燃料油进入油罐，未液化的残余气体一部分用作垃圾输送载体，其余部分用作加热炭黑和送料载气的热源。

采用该工艺得到的热解油的平均热值为24 401kJ/kg，低于普通燃料油的热值(424 001kJ/kg)，这主要是由于热解油中的碳、氢含量较低，而氧含量较高的缘故。

该系统的主要问题是炭黑产生量太大(约占垃圾总质量的20%，占总热值的30%)，大部分热量存于炭黑中，使系统的效益不能得到充分的发挥。

(5)流化床系统。

流化床热解系统的工艺流程是：首先将垃圾粒度破碎至50mm以下，由定量输送带经螺杆进料器加入热解炉内，与作为热载体的石英砂充分混合，再热解生成气和助燃空气的作用下形成流态化并进行充分的热交换，进入热解炉的有机物在大约500℃时发生热解，此时部分燃烧以补充热量。热解产生的可燃性气体经旋风分离器除去粉尘，再经分离塔分离出油、气和水。

分离出的热解气一部分用于燃烧，另一部分用于补充有机物热解所需热量。当热解气不足时，由热解油提供所需的那部分热量。

日本工业技术院的荏原和月岛机械采用的是双塔循环流化床热解系统。其中荏原式是把生成的气体作为热解炉的流态化气体进行循环；而月岛式则是以蒸汽作为流态化气体。此外，荏原式的双塔都是流化床，使用分布板，原料是经过筛选以塑料为主的垃圾；而月岛式是没有分布板的喷流床，以混合垃圾为原料。

(6)Garret系统。

该系统是由美国Garret研究和发展公司开发的热分解系统，其工艺流程如图9－3所示。垃圾从贮料坑被抓斗吊至皮带运输机，由前破碎机破碎至粒度约50mm，经风力分选后干燥脱水，再经筛分除去不燃组分。不燃组分送到磁选及浮选工段，分选后可得到纯度为99.7%的玻璃，可回收70%的玻璃和金属。由风力分选获得的轻组分，经二次破碎(细破碎)后粒度约0.36mm，由气流送入管式热解炉，该炉为外加热式热解炉，炉温约500℃，有机物在送入的瞬时即已分解，产品经旋风分离器除去炭粒，再经冷凝分离后得到油品。

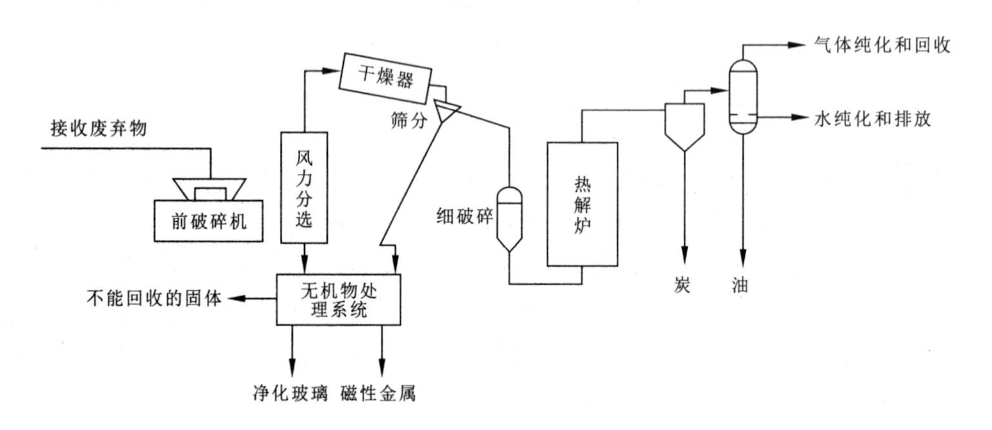

图9－3　Garret热分解系统工艺流程图

由于是间接加热得到的油、气，所以其发热量都较高，其中油的热值为31 800kJ/L，气的热值为18 600kJ/m^3。1t垃圾可得到油136L，铁约60kg，炭70kg(热值为20 900kJ/kg)。

此法由于前处理工艺复杂，破碎过程动力消耗大，运转费用高，故难以长期稳定运行。

3)城市垃圾热解方式的经济技术评价

美国哥伦比亚大学技术中心,对从城市垃圾回收能量的不同方法进行了比较和评价,主要从对环境的影响、运转的可靠性和经济可行性几个方面进行了比较,项目费用比较如表9-6所示。以日处理1000t为基准,投资金额15年偿还,年息7%进行计算。从经济比较的结果来看,以Purox法处理费用最低,而Garret法处理费用最高。尽管从产生的液态燃料易于储存和运输来看,Garret法有其优点,但此法生产的焦油黏性大、辐射性强,在储藏时易聚合,不能混掺于油中,而且回收的气体热值低,使用受到限制,Torrax也有同样的缺点。比较而言,在这些方法中,以Purox方法最好,对环境影响小、运转简单、产品适应面广、净处理费用也不高。

表9-6 城市垃圾回收能量方法的项目费用比较 单位:日元/t

项目费用	Landgard法	Garret法	Torrax法	Purox法
投资额	645	687	485	687
偿还费	2151	2184	1644	2280
运转费	3606	3683	3273	3576
运转费总额	5757	5877	4917	5856
回收资源折价	3930	2835	2070	4668
净处理费用	1827	3042	2847	1188

9.2.4.2 废塑料的热解

塑料热解是近年来国内外非常注重的一种能源回收方法,目前被认为是一种最有效、最科学的回收废塑料的途径。

1)塑料热解的特点

塑料热解的原理类似于城市垃圾的热解。与城市垃圾相比,区别在于塑料的加工性能以及加工中得到的产品形式。对城市垃圾,具有商业利用价值的产品主要是低热值的燃气,而塑料热解的主要产物则是燃料油或化工原料等。

2)热解温度和催化剂

塑料种类繁多,热解过程和生成物因塑料的种类不同而有较大差异。如图9-4所示为不同塑料的热解情况。从图中可以看出,当塑料种类不同时,其热解温度并不相同。

有研究发现,对PE、PP、PS、PVC四种塑料进行直接热解,在500℃左右可获得较高产率的液态烃或苯乙烯单体,而低于或高于该温度都会发生分解不完全或液态烃产生率低的现象。

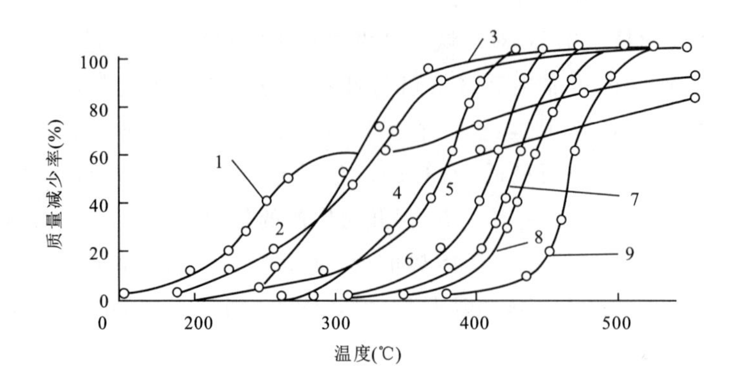

图 9-4 不同塑料的热解图

1—聚氯乙烯；2—尿素树脂；3—聚氨酯；4—酚醛树脂；5—聚甲基丙烯酸甲酯；6—聚苯乙烯；7—ABS树脂；8—聚丙烯；9—聚乙烯

催化剂也是影响热解的关键因素，绝大多数废塑料的热解过程均加入了催化剂。目前使用的催化剂种类主要有硅铝类化合物和 H-Y、ZSM-5、REY、Ni/REY 等各种沸石催化剂。

3)热解设备

目前国内外废塑料热解反应器种类较多，主要有槽式(聚合浴、分解槽)、管式(管式蒸馏、螺旋式)、流化床式等。

槽式反应器的特点是在槽内的分解过程中进行混合搅拌，物料混合均匀，采用外部加热，靠温度来控制成油形状。该法物料的停留时间较长，加热管表面析出炭后会造成传热不良，需定期清理排出。

管式反应器也采用外加热方式。管式蒸馏先用重油溶解或分解废塑料，然后再进入分解炉；螺旋式反应器则采用螺旋搅拌，传热均匀，分解速率快，但对分解速率较慢的聚合物不能完全实现轻质化。

流化床反应器一般是通过螺旋加料器定量加入废塑料，使其与固体小颗粒热载体(如石英砂)和下部进入的流化气体(如空气)混合在一起形成流态化，分解成分与上升气流一起导出反应器，经除尘冷却后制成燃料油。此类反应器采用部分塑料燃烧的内部加热方式，具有原料不需熔融、热效率高、分解速率快等优点。

4)废塑料热解工艺

废塑料热解的基本工艺有两种，一种是将废塑料加热熔融，通过热解生成简单的碳氢化合物，然后在催化剂的作用下生成可燃油品；另一种则将热解与催化热解分为两段。

一般而言，废塑料热解工艺主要由前处理—熔融热分解—油品回收—残渣处理—中和处理—排气处理 6 道工序组成。其中合理确定废塑料热解温度范围是工艺设计的关键。

德国汉堡大学应用化学研究所在 20 世纪 70 年代就开始研究采用热解方法裂解聚苯乙

烯提取可燃油气，采用的反应器为流化床。只是这项研究仅限于实验室，一直未在工程中投入使用。日本则后来居上，研究了多种不同的塑料热解方法，且多数已商业化。

9.2.4.3 污泥的热解

1)污泥热解的特点

与目前常用的污泥焚烧工艺相比，污泥热解的主要优点是操作系统封闭，污泥减容率高，无污染气体排放，几乎所有的重金属颗粒都残留在固体剩余物中，在热解的同时还可实现能量的自给和资源的回收，因而是一种非常有前途的污泥处理方法和资源化技术。

将干燥污泥放入保持一定温度的反应管中，最终可得到可燃性气体、常温下为液态的燃料油、焦油以及包括炭黑在内的残渣等。随着热解温度的提高，污泥转化为气态物质的比率在上升，而固态残渣则相应降低。实验表明，在无氧状态下将污泥加热至800℃以上的高温后其中的可燃成分几乎可以完全分解气化，这对于污泥的能量回收和减量化非常有利。

2)污泥热解工艺

污泥热解的炉型通常采用整式多段炉。为了提高热解炉的热效率，在能够控制二次污染物(Cr^{6+}、NO_x)产生的范围内，尽可能采用较高的燃烧率(空燃比为0.6～0.8)。此外，热解产生的可燃气体及NH_3、HCN等有害气体组分必须经过二次燃烧以实现无害化。对二燃室排放的高温气体还应进行余热回收，回收的热量应主要用于脱水泥饼的干燥。

污泥热解的主要工序包括：污泥脱水—干燥—热解—炭灰分离—油气冷凝—热量回收—二次污染防治等过程。在该系统中，泥饼首先通过蒸汽干燥装置将含水率降至30%，然后直接投入竖式多段热解炉内，通过控制助燃空气量(部分采用燃烧方式)，使污泥发生热解反应。将热解产生的可燃气体和干燥器排气混合后进入二燃室高温燃烧，使二燃室后部的余热锅炉产生蒸汽，作为泥饼干燥的热源。该系统的处理能力为5t/d(含水率75%的泥饼)。

3)污泥的低温热解

目前正在发展一种新的热能利用技术——低温热解。即在小于500℃、常压和缺氧条件下，借助污泥中所含的硅酸铝和重金属(尤其是铜)的催化作用，将污泥中的脂类和蛋白质转变成碳氢化合物，最终产物为燃料油、气和炭。热解生成的油还可用来发电。第一座工业规模的污泥炼油厂建于澳大利亚的柏斯，处理干污泥量可达25t/d。

4)污泥与垃圾联合热解

将污泥与城市垃圾和工业废物混合起来进行热解，充分利用其热能，是固体废物热处理的另外一个发展方向。

20世纪70年代以来，西欧各国相继建成了一些联合处理装置。在德国建设的两套工业规模的综合废水处理厂联合热解处理设施，其处理规模已分别达到了3170t/d和1680t/d。该系统采用水墙式焚烧炉，脱水污泥用焚烧炉烟道气在干燥室进行干燥，将污泥含水率降至10%左右。干燥后的污泥被烟道气吹入焚烧炉进行焚烧。产生的蒸汽除用于污泥处理外，还可供局部加热使用。

除此之外，法国和美国也相继建成了类似的联合热解处理装置。

9.2.4.4 废橡胶的高温热解

1)废橡胶热解的基本过程

废橡胶的热解依靠外部加热打开化学键，使有机物分解、气化和液化。橡胶的热解温度一般在250～500℃之间。当温度高于250℃后，废橡胶分解出的液态油和气体随温度的升高而增加。温度超过400℃后，根据热解方法的不同，液态油逐步减少，而气体和固态碳则逐步增加。

典型废轮胎的热解工艺如下：

轮胎破碎—分(磁)选—干燥预热—橡胶热解—油气冷凝—热量回收—废气净化。

2)废橡胶的热解产物

废橡胶(如废轮胎)的热解产物非常复杂，根据德国汉堡大学的研究，轮胎热解得到的产物中，气体占22%(质量分数)、液体占27%、炭灰占39%、钢丝占12%。

气体组成主要为甲烷(15.13%)、乙烷(2.95%)、乙烯(3.99%)、丙烯(2.5%)、一氧化碳(3.8%)，水、二氧化碳、氢气和丁二烯也占一定比例。液体组成主要是苯(4.75%)、甲苯(3.62%)和其他芳香族化合物(8.5%)。在气体和液体中还有微量的硫化氢和噻吩，但硫含量都低于相关标准值。

热解产品组成随热解温度的不同而略有变化，如图9-5所示，温度增加时，气体和固态碳含量增加，而油品则在逐步减少。

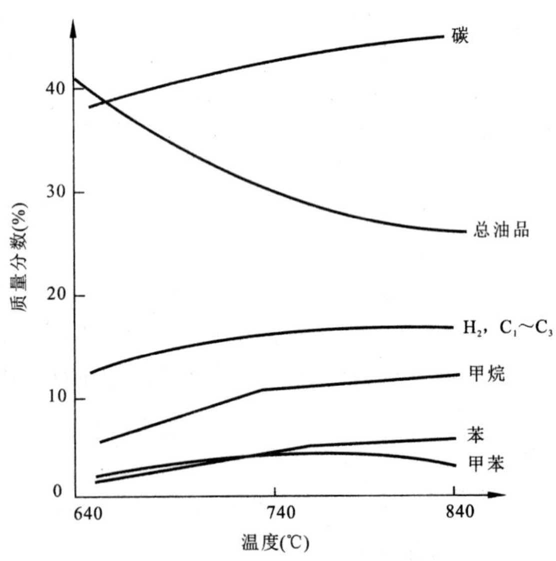

图9-5 橡胶热解产品组成与温度关系

3)废橡胶热解的工艺流程

目前各国在废橡胶热解方面的研究很多，也取得了一定的进展，但真正有可靠的工艺流程、完善的技术装备、可观的经济效益的示范工程却很少见，大多仍处于实验室研究阶段。下面介绍部分国外的研究进展。

日本NIS公司先将废轮胎切割成粒度为几十毫米的小块，然后置于浓度为4%的苛性碱溶液中，在40个标准大气压(1个标准大气压为101 325Pa)下加热至400℃，15min后，轮胎橡胶就转化为油状高分子碳氢化合物溶液，从中可提炼出化工产品。

美国ECO公司首先把旧轮胎粉碎成粒度为25mm左右的颗粒，用磁铁除钢，再用其他技术萃取废金属增强纤维，最后剩下一种叫作粒状生胶的产物，然后将其送入热解管中，在194.4℃且无空气、氧气的条件下热解，得到高质量的炭黑和清纯的油。由于此法不使用烟道，故在理论上不产生空气污染。

目前，一般采用流化床热解炉对废轮胎热解。废轮胎首先用剪切破碎机破碎成粒度小于5mm的小块，轮缘及钢丝帘子布绝大部分被分离出来，并用磁选去除金属丝。轮胎颗粒经螺旋加料机进入直径为50mm、流化区为80mm、底铺石英砂的电加热反应器中进行热解。流化床的气体流量为500L/h，流化气体由氮及循环热解气组成。热解气流在除尘器中气固分离，再由除尘器除去炭灰，在深度冷却器和旋分器中将热解所得的油品冷凝下来，未冷凝的气体作为燃料气为热解提供热能或作为流化气体用。

9.2.4.5 农林废物的热解

1)农林废物的成分与性质

我国是一个农业大国，每年有大量的农林废物产生，仅秸秆一项每年就有约7亿t。这些物质目前主要具有作为农家燃料、畜禽饲料、田间堆肥等的初级用途，仅有少量用于造纸草编等深加工。

由于农作物的品种和产值不同，所以农业废料的物质组成、理化性质和工艺技术特性存在着很大的差异。

表9-7是几种农作物秸秆中的有机成分。农业废料的组成主要是糖类，其中C、O、H的质量分数达70%～90%，其次是N、P、S、Si等常量元素，以及多种微量元素，属于典型的有机物质。从化合物组成来看，这类有机物均不同程度地含有纤维素、木质素、淀粉、蛋白质、戊聚糖等营养成分，以及生物碱、单宁质、胶质和蜡质、酚基和醛基化合物等生物有机体，在灰分中含有大量无机矿物。干燥后的农业废料具有较好的可燃性，热值一般为12 000～16 000kJ/kg。

表9-7 几种农作物秸秆中的有机成分[质量分数(%)]

种类	灰分	纤维素	脂肪	蛋白质	木质素
水稻	17.8	35.0	3.82	3.28	7.95
冬小麦	4.3	34.3	0.67	3.00	21.2
燕麦	4.8	35.4	2.02	4.70	20.4

2)农林废物热解生产草煤气

(1)热解原理。

在空气供应不足的情况下，在较低温度下燃烧农林废物，可生成以一氧化碳和氢气为主要成分的可燃气体，俗称草煤气。

草煤气生成原理如图9-6所示。当空气从炉栅进入炉内后，首先与有机废物燃烧生成CO_2，CO_2随气流进入还原层被还原成CO，所含的水分也被还原成H_2和CO。在热解层，有机废物被热气体热解，分解为 CH_4、C_2H_4 等气体，与 H_2 和 CO 一道进入干燥层，最终形成由 CO、H_2、CH_4、C_2H_4 与水蒸气、N_2 组成的混合气体，其热值一般为 6281～7118kJ/m³。

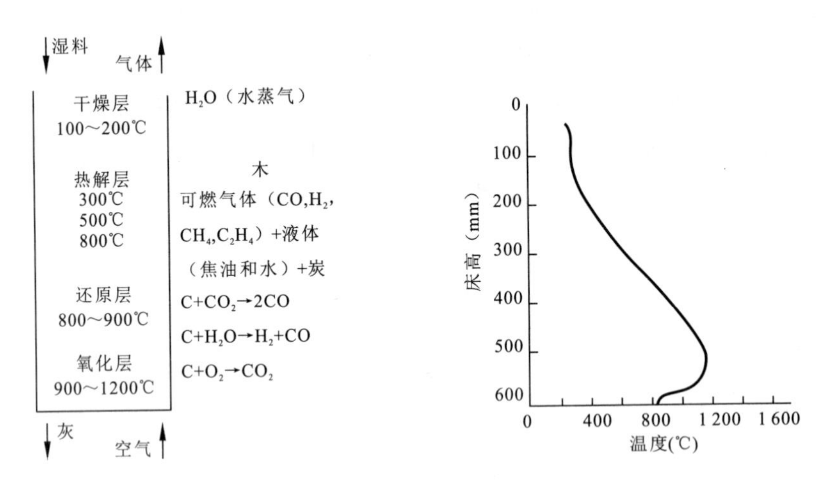

图 9-6　草煤气发生炉工作原理示意图

(2)常用气化炉的结构和性能特点。

目前常用的气化炉主要有固定床(上吸式、下吸式、层式下吸式等)气化炉及循环流化床气化炉等。

①上吸式气化炉：上吸式气化炉在运行过程中，湿物料从顶部加入后，被上升热气流干燥并将水蒸气排出，干燥后的物料下降时被热气流加热并热解，释放出挥发组分。剩余的炭继续下降，并与上升的 CO_2 和水蒸气反应，还原成 CO、H_2 及有机可燃气体，剩余的炭继续下行，在炉底被进入的空气氧化，产生的燃烧热为整个气化过程提供热量。

上吸式气化炉的优点是炭转换率高、原料适应性强、炉体结构简单、制造容易等。缺点是原料中的水分不能参加反应，减少了产品气水和碳氢化合物的含量；原料热解温度低(250～400℃)，气体质量差(CO_2 含量高)，焦油含量高。

为了改进普通上吸式气化炉的缺点，后出现了改进型上吸式气化炉，这种气化炉将干燥区和热解区分开，原料中的水分蒸发后被专用管道随空气引入炉内参加还原反应，从而提高了产品气中 H_2 和碳氢化合物的含量，气体热值也相应提高了约 25%。

改进型上吸式气化炉热解气的热值在 5000kJ/m³ 左右，气化效率约 75%，气体中焦油含量小于 25g/m³，炭转换率达 99%，原料适应性广，含水率在 15%～45%之间均可稳定运行。

②下吸式气化炉：其特点是物料与气体同向流动。物料由上部储料仓向下移动，同时进行干燥与热解过程；空气由喷嘴进入，与下移的物料发生燃烧反应；生成的气体与炭一起经缩口排出。

该炉型的特点是焦油经高温区裂解，使气体中的焦油含量减少。同时由于原料中的水分参加了还原反应，使气体中的 H_2 含量增加。这种炉型要求原料中的水分含量不大于20%，否则会使炉温降低，气体质量变差。

下吸式气化炉一般用于农村供气系统，利用当地的农作物废物（如玉米秆、麦秆、稻壳等）为原料，热解气则作为当地居民生活用气。

③层式下吸式气化炉：层式下吸式气化炉的特点是上部敞口，加料操作简单，容易实现连续加料；炉身为筒状，使结构大为简化。其性能特点是：空气从敞口顶部均匀流过反应区整个截面，使截面温度分布均匀；氧化与热解在同一区域内同时进行，是整个反应过程的最高温度区，所以气体中焦油含量较低。该炉在固定床气化炉中生产强度最高。

层式下吸式气化炉已成功应用于小规模生物质气化发电系统，装机有 2.5kW、60kW 和160kW 等，特别适用于稻壳气化发电装置。

④循环流化床气化炉：气化过程由燃烧、还原和热解三个过程组成，而热解是其中最主要的一个反应过程。70%～75%的物料在热解过程转换为气体燃料，15%左右的炭在燃烧过程被烧掉，放出的燃烧热为气化过程供热，10%左右的炭在还原过程被气化。在三个反应过程中，热解过程最快，燃烧过程其次，而还原过程最慢。

循环流化床系统采用较细粒度的物料，较高的流化速度（为颗粒自由沉降速度的 3～5 倍），使炭在气化炉中不断循环，从而强化了颗粒的传热和传质，提高了气化炉的生产能力，延长了炭在炉内的停留时间，满足了物料还原反应速率低的需要。

循环流化床是一种较为理想的气化反应器，其生产强度约为固定式气化床的 8 倍，气体热值可达 7000kJ/m^3 左右，比固定式气化床提高了约 40%。

(3)秸秆气化集中供气系统。

秸秆气化集中供气系统主要由秸秆气化机组、燃气输配系统和用户燃气系统等部分组成。

①秸秆气化机组：秸秆气化机组是把农林废物中的有机质转换成气体燃料的设备，主要由加料器、气化炉、净化装置、罗茨风机和电控部分等组成。该系统的工艺流程为：首先将秸秆自然风干至含水率达 20%以下，然后用铡草机处理至长度 5～20mm，送入加料器在气化炉中经热解气化和还原反应，转换成可燃气体，生成的可燃气进入净化装置，除去其中的灰尘和焦油，并冷却到常温；经风机加压后送入输配系统。

②燃气输配系统：燃气输配系统由贮气柜、附属设备和输气管网组成。贮气柜用于贮存燃气以平衡系统负荷的波动，提供恒定压力保证居民灶具在稳定燃烧时气柜压力一般为3000～4000Pa，可满足小于 1km 距离的输送要求。

③用户燃气系统：用户燃气系统包括煤气表滤清器、专用燃气灶具等设备。在滤清器中装入活性炭，以过滤燃气中的残余杂质，保证燃气的正常使用。

3)农林废物热解生产化工原料

在隔绝空气的条件下，农林废物加热至 270～400℃，可分解形成固体的草炭、液态的糠醛、乙酸、焦油和草煤气等多种燃料与化工原料。

热解系统主要设备由热解炉、冷凝器和分离器三部分组成。在热解釜中装入草屑后，用吊车吊入热解炉内，加热到一定温度后，釜内物质开始分解，分解出的气体经过冷凝器，部分冷凝为液体，通过分离器，进入分液罐。静止 24h 后分为三层，上层为清油，中层为醋液，下层为焦油。从分离器排出的气体，经净化器继续分离出残液后，用作燃料或应用于其他用途。

将分液罐的醋液导出后，加入 5%～6%的饱和石灰水进行中和，在搅拌下加热至 609℃可得到醋酸钙沉淀，过滤后再用硫酸处理残液得到乙酸。对滤液进行蒸馏，在 56～64℃得到丙酮，66℃左右得到甲醛，158～160℃得到糠醛。清油和焦油可用作燃料和木材防腐剂，也可进行分馏，在不同温度下得到糠醛和高级酚油，剩下的为重油和沥青。热解釜内的残留物为草炭，可作为燃料使用，也可经蒸汽处理和盐酸活化制成活性炭。

9.3 固体废物的其他热处理方法

9.3.1 焙烧

9.3.1.1 焙烧方法

焙烧是在低于熔点的温度下热处理废物的过程，目的是改变废物的化学性质和物理性质，以便于后续的资源化利用。焙烧后的产品称为焙砂。根据焙烧过程主要化学反应的性质，固体废物的焙烧有烧结焙烧、分解焙烧、氧化焙烧、还原焙烧、硫酸化焙烧、氯化焙烧、离析焙烧、钠化焙烧等。

1)烧结焙烧

烧结焙烧的目的是将粉末或粒状物料在高温下烧成块状或球团状物料，目的是为了提高致密度和机械强度，便于下一步作业的进行。有时需加入石灰石等其他辅助原料一起烧结。烧结过程也会发生某些物理化学变化，但烧结成块是主要目的，化学反应往往伴随发生。

2)分解焙烧

物料在高温下发生分解反应，也称为煅烧，如：

$$CaCO_3 \xrightarrow{\Delta} CaO + CO_2 \uparrow$$

$$Al_2O_2 \cdot 2SiO_2 \cdot 2H_2O \xrightarrow{\Delta} Al_2O_3 + 2SiO_2 + 2H_2O_{气} \uparrow$$

$$3FeCO_2 \xrightarrow{\Delta} Fe_3O_4 + 2CO_2 \uparrow + CO \uparrow$$

煅烧主要是为了脱除 CO_2 及结合水，使物料某些成分发生分解。

3)氧化焙烧

氧化焙烧主要用于脱硫，适用于对硫化物的氧化，它必须在氧化气氛下进行，如硫铁矿的氧化焙烧：

$$7FeS_2+6O_2\xrightarrow{\Delta}Fe_7S_8+6SO_2$$

此时硫铁矿变成磁黄铁矿，Fe_7S_8带磁性。

延长焙烧时间，继续脱硫，则磁黄铁矿变成磁铁矿：

$$3Fe_7S_8+38O_2\xrightarrow{\Delta}7Fe_3O_4+24SO_2$$

焙烧的产物中，SO_2 可以转化为 SO_3，回收可制取硫酸，Fe_3O_4通过磁选可获得铁精矿，为冶炼厂提供原料。

4)还原焙烧

还原焙烧必须在还原气氛中进行，还原剂有 C、CO、H_2 等，被还原的物质常有焦炭、重油、煤气、水煤气等。典型的例子是 Fe_3O_4的还原焙烧：

$$3Fe_2O_3+C\xrightarrow{\Delta}2Fe_3O_4+CO\uparrow$$

$$3Fe_2O_3+CO\xrightarrow{\Delta}2Fe_3O_4+CO_2$$

$$3Fe_2O_3+H_2\xrightarrow{\Delta}2Fe_2O_4+H_2O$$

焙烧产物如果放入水中冷却，可获得人工磁选矿 Fe_3O_4。如果放在 350℃下的空气中冷却，则可以生成强磁性 $\gamma-Fe_2O_3$：

$$4Fe_3O_4+O_2\xrightarrow{350℃}6\gamma-Fe_2O_3+4397J$$

$\gamma-Fe_2O_3$ 比 Fe_3O_4磁性更强，更易于用磁性分离获得铁精矿。

将上述氧化焙烧和还原焙烧中能产生磁性氧化铁的焙烧叫作磁化焙烧。

磁化焙烧不仅对氧化铁回收有意义，对那些 Fe_2O_3 共生或吸附在 Fe_2O_3 晶格中的某些难以分离和富集的重金属 Cu、Ni、Co 及稀有金属 Au、Ag 等，可通过磁化焙烧，使 Fe_2O_3 具有磁性；再用磁选分离，对这些难以分离的金属通过间接富集将它们分离。

5)硫酸化焙烧

在工业中，往往用沸腾炉对 CuS 矿进行硫酸化焙烧，获得可溶性的 $CuSO_4$，然后用水浸出回收 $CuSO_4$。其反应机理有两种观点：

(1)CuS 直接转化为 $CuSO_4$：

$$CuS+2O_2\rightarrow CuSO_4$$

(2)先氧化脱硫，SO_2 转化成 SO_3，再与 CuO 作用生成 $CuSO_4$，反应如下：

$$CuS+O_2\rightarrow CuO+SO_2$$

$$SO_2+\frac{1}{2}O_2\rightarrow SO_3$$

$$CuO+SO_3\rightarrow CuSO_4$$

对于上述两种观点，哪种真实反映了硫酸化焙烧的反应机理，尚无定论。

6)氯化焙烧

一些熔点较高的金属，如 Ti、Mg 等，较难分离，但它们的氯化物都具有较高的挥发性，工业上采用氯化焙烧,使其生成氯化物挥发,然后从烟囱里加以回收富集。

一般采用 Cl_2、NaCl、$CaCl_2$ 等作为氯化剂,最常用的是 NaCl,其氯化反应由两阶段构成:

(1)在有水分存在时,氯化剂与 SiO_2 或 $Al_2O_3 \cdot 2SiO_2 \cdot 2H_2O$ 反应生成 HCl:

$$2NaCl + SiO_2 + H_2O \rightarrow Na_2SiO_3 + 2HCl$$

$$4NaCl + Al_2O_3 \cdot 2SiO_2 \cdot 2H_2O \rightarrow 4HCl + 2Na_2O \cdot Al_2O_3 \cdot 2SiO_2$$

(2)生成的 HCl 与废渣中的金属氧化物反应生成氯化物:

$$TiO_2 + 4HCl \rightarrow TiCl_4 + 2H_2O$$

$$MgO + 2HCl \rightarrow MgCl_2 + H_2O$$

挥发物在烟道中冷却,即可从烟尘中回收 $TiCl_4$ 和 $MgCl_2$,对得到的较纯净的 $TiCl_4$、$MgCl_2$ 等可以用熔融电解法直接获得金属 Ti 或 Mg。

7)离析焙烧

离析焙烧是氯化焙烧的发展,它是在有还原剂存在时,在高于氯化焙烧温度下进行的,生成的挥发性氯化物再被还原剂还原成金属,离析到还原剂表面上,然后用浮选的方法回收金属。离析焙烧在 Cu、Ni、Au 等金属的工业生产中得到了应用。

离析焙烧按 3 个步骤进行(以 CuO 为例):

(1)$2NaCl + SiO_2 + H_2O \rightarrow 2HCl + Na_2SiO_3$

(2)$2CuO + 2HCl \rightarrow \frac{2}{3}Cu_3Cl_3 + H_2O + \frac{1}{2}O_2$

或:$Cu_2O + 2HCl \rightarrow \frac{2}{3}Cu_3Cl_3 + H_2O$

由于 CuCl 的蒸气压很低,在 750℃和 825℃时,其蒸气压分别为 2266Pa 和 5332Pa,在高温下,它不是呈单聚化合物状态,而是如上两式所示,以三聚状态(Cu_3Cl_3)存在。

(3)氧化亚铜的还原:实践表明,最有效的还原剂为炭粒,但 Cu_3Cl_3 并不是被炭粒直接还原,而是在有水蒸气存在时被炭粒周围的 H_2 还原,被还原的金属覆盖在炭粒表面上。

$$Cu_3Cl_3 + \frac{3}{2}H_2 \rightarrow 3Cu + 3HCl$$

炭粒表面被一层金属 Cu 的薄膜包围,炭粒较轻,再用浮选法分离出炭粒,则金属铜也被富集或直接回收了。

虽然 H_2 是 Cu_3Cl_3 有效的还原剂,但是,如果直接用 H_2 还原 Cu_3Cl_3,则生成的 Cu 呈细粒状遍布于脉石或路壁上,难以回收,达不到富集目的。所以铜的离析需要一种固体还原剂,作为金属 Cu 沉积和发育的核心,沉积的铜生成一种薄膜包围炭粒。

多数酸性氧化物如 V_2O_5、Cr_2O_3、WO_3、MoO_3 等在高温下与 Na_2CO_3 能形成溶于水或能水解成钠盐,然后加以回收:

$$V_2O_5 + Na_2CO_3 \rightarrow Na_2O \cdot V_2O_5 + CO_2 \uparrow$$

生成的 $Na_2O \cdot V_2O_5$ 溶于水,再用水浸出,水解转变成焦钒酸钠:

$$2Na_3VO_4 + H_2O \rightarrow Na_4V_2O_7 + 2NaOH$$

然后用 NH_4Cl 沉淀出无色结晶的偏钒酸铵：

$$Na_4V_2O_7 + 4NH_4Cl \rightarrow 2NH_4VO_3 \downarrow + 2NH_3 \uparrow + H_2O + 4NaCl$$

偏钒酸铵焙烧即得 V_2O_5：

$$2NH_4VO_3 \xrightarrow{\Delta} 2NH_3 \uparrow + V_2O_5 + H_2O$$

值得注意的是，在离析焙烧中，SiO_2 是必不可少的，因为有它才能有 HCl 发生，而在钠化焙烧中 SiO_2 是有害成分：

$$Na_2CO_3 + SiO_2 \rightarrow Na_2O \cdot SiO_2 + CO_2 \uparrow$$

这样白白消耗了 Na_2CO_3，所以一般在较低温度下进行钠化焙烧，以减少 $Na_2O \cdot SiO_2$ 的生成。

9.3.1.2 焙烧工艺与设备

常用的焙烧设备有沸腾焙烧炉竖炉、回转窑等。硫铁矿烧渣磁化焙烧通常采用沸腾焙烧炉。不同的焙烧方法有不同的焙烧工艺，但大致可分为以下步骤：配料混合→焙烧→冷却→浸出→净化。如果是挥发性焙烧，则是挥发气体收集→洗涤+净化。图 9-7 是含钴烧渣中温氯化焙烧工艺流程。焙烧冷却后喷水预浸是为了润湿焙烧产物，使部分硫酸盐结晶。焙烧形成的颗粒及颗粒间的空隙，可以提高透气性，加快浸出液通过焙烧产物的速度。

9.3.2 固体废物的干燥脱水

干燥脱水是排除固体废物中的自由水和吸附水的过程，主要用于城市垃圾经破碎、分选后的轻物料或经脱水处理后的污泥。当这些废物的后续资源化对废物干燥程度要求较高时，通常需要进行干燥脱水。如垃圾焚烧回收能源，常通过干燥脱水以提高焚烧效率。干燥脱水的关键是干燥方法和设备。固体废物的干燥常用的干燥器有转筒干燥器、流化床干燥器、喷洒干燥器、隧道干燥器和循环履带干燥器等。

9.3.3 固体废物的热分解和烧成

固体废物的热分解是指晶体状的固体废物在较高温度下脱除其中吸附水及结合水或同时脱除其他易挥发物质的过程。它是无机固体废物资源化的重要技术。目前，热分解包括热分解脱水、氧化分解脱除挥发组分、分解熔融及熔融等技术。

固体废物烧成是指在远高于废物热分解温度下进行的高温煅烧，也称重烧。目的是为稳定废物中氧化物或硅酸盐矿物的物理状态，使其变为稳定的固相材料（惰性材料）。为了促进变化的进行，有时也使用矿化剂或稳定剂。这个稳定化过程，从现象上来看有再结晶作用，使之变为稳定型变体以及使高密度矿物高压稳定化等作用。

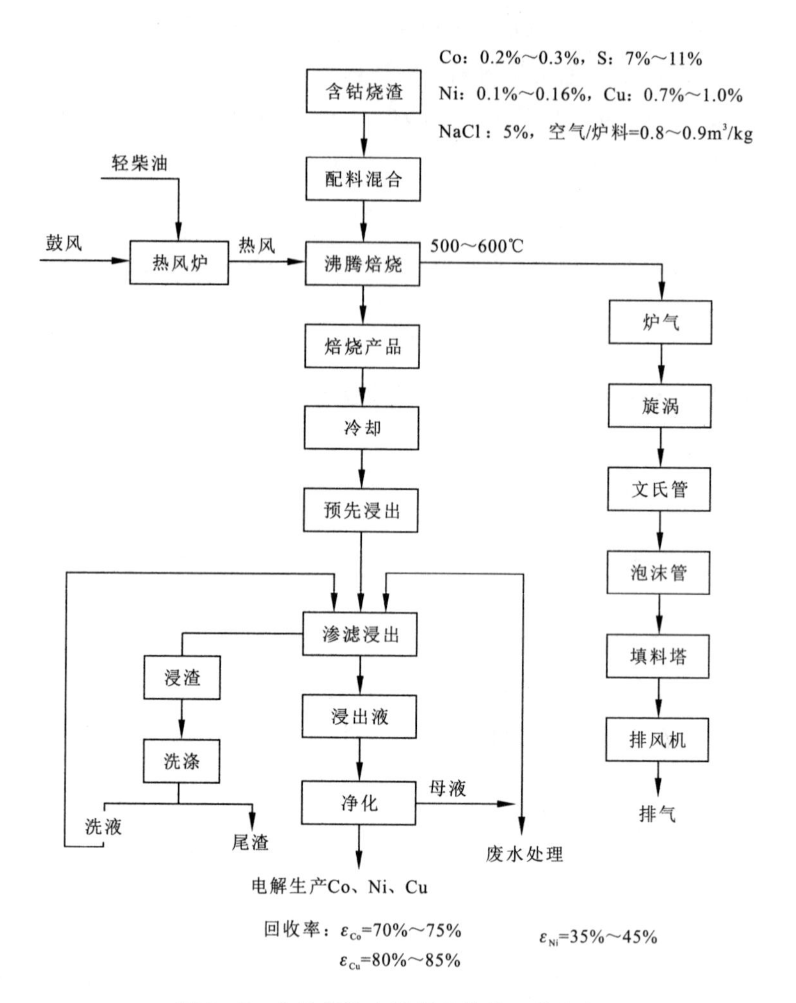

图 9－7　含钴烧渣中温氯化焙烧工艺流程

10 危险废物及放射性固体废物的管理

危险废物是指列入《国家危险废物名录》或者根据国家规定的危险废物鉴别标准和鉴别方法认定的具有危险特性的废物。危险废物具有毒性、腐蚀性、易燃性、反应性和感染性等一种或几种危害特性，对生态环境和人类健康构成严重危害，已成为世界各国共同面临的重大环境问题。

危险废物和放射性固体废物管理是以具体的废物为管理对象，运用法律、行政、经济、技术等手段防止危险废物污染环境。将危险废物共分为47类，并规定凡《国家危险废物名录》中所列废物类别高于鉴别标准的属危险废物，列入国家危险废物管理范围；低于鉴别标准的，不列入国家危险废物管理范围。

危险废物常用的处理方法包括物理处理技术、物理化学处理技术、生物处理技术等，而固化/稳定化技术是最常用的物理化学处理技术之一，安全填埋是危险废物的陆地最终处置方式。

放射性固体废物是含有放射性核素，其放射性比活度或污染水平超过国家审管部门规定的清洁解控水平的固态废物。根据放射性固体废物的放射水平，在保证安全地与生物圈隔离的条件下，应给予恰当的处理，从而使放射性固体废物的体积、质量以及废物中所含的放射性核素合理地达到最少化和安全化，不给后代带来不适当的负担或潜在影响，并做好长期的管理和监测工作，不得影响工作人员和公众的健康安全。因而，放射性固体废物无论是处理或是处置都是复杂、严格而且费用高昂的。

10.1 危险废物的安全处置

危险废物进行填埋处置是实现危险废物安全处置的方法。安全填埋是危险废物的最终处置方式，适用于不能回收利用其组分和能量的危险废物，包括焚烧过程的残渣和飞灰等。

10.1.1 安全填埋场的结构形式

安全填埋场是处置危险废物的一种陆地处置方法，由若干个处置单元和构筑物组成。处置场有界限规定，主要包括废物预处理设施、废物填埋设施和渗滤液收集处理设施。它可将危险废物和渗滤液与环境隔离，将废物安全保存相当一段时间(数十年甚至上百年)。填埋场必须有足够大的可使用容积，以保证填埋场建成后具有10年或更长的使用期。

全封闭型危险废物安全填埋场剖面图如图10-1所示。安全填埋场必须设置满足要求的防渗层，防止造成二次污染；一般要求防渗层最底层应高于地下水位；要严格按照作业规程进行单元式作业，做好压实和覆盖；必须做好清污水分流，减少渗滤液产生量，设置渗滤液集排水系统、监测系统和处理系统；对易产生气体的危险废物填埋场，应设置一定数量的排气孔、气体收集系统、净化系统和报警系统；填埋场运行管理单位应自行或委托其他单位对填埋场地下水、地表水、大气进行定期监测；还要认真执行封场及其管理，从而达到使处置的危险废物与环境隔绝的目的。

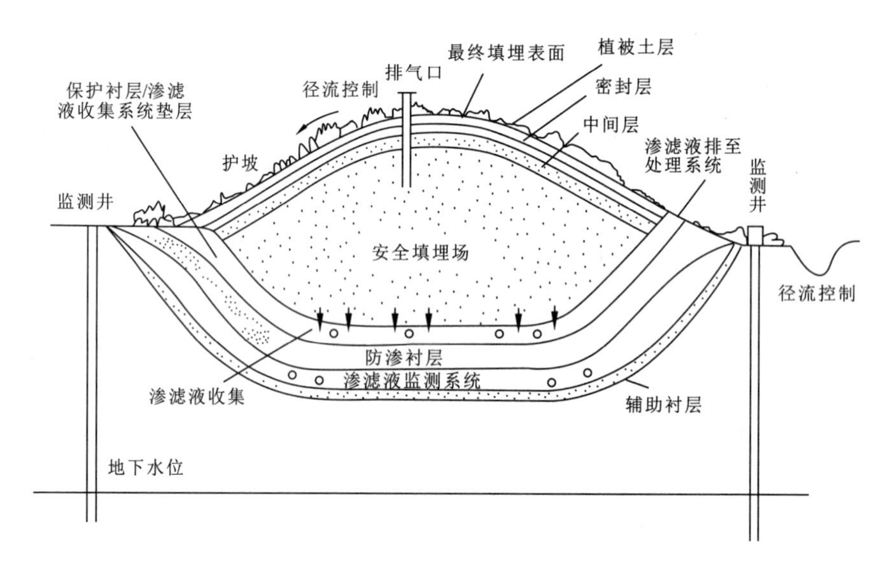

图10-1 全封闭型危险废物安全填埋场剖面图

填埋场按其场地特征，可分为平地型填埋场和山谷型填埋场；按其填埋坑基底标高，又可分为地上填埋场和凹坑填埋场。填埋场的类型应根据当地特点，优先选择渗滤液可以根据天然坡度排出、填埋量足够大的填埋场类型。

10.1.2 危险废物的填埋处置技术

目前常用的危险废物填埋处置技术主要包括共处置、单组分处置、多组分处置和预处理后再处置四种。

1)共处置

共处置就是将难以处置的危险废物有意识地与生活垃圾或同类废物一起填埋。主要目的就是利用生活垃圾或同类废物的特性以减弱所处置危险废物的组分所具有的污染性和潜在危害性,达到环境可承受的程度。但是,目前在城市垃圾填埋场,生活垃圾或同类废物与危险废物共同处置已被许多国家禁止。我国城市垃圾卫生填埋标准中也明确规定危险废物不能进入生活垃圾之中。

2)单组分处置

单组分处置是指采用填埋场处置物理、化学形态相同的危险废物。废物处置后可以不保持原有的物理形态。

3)多组分处置

多组分处置是指在处置混合危险废物时,应确保废物之间不发生反应,从而不会产生毒性更强的危险废物,或造成更严重的污染。其类型有:①将被处置的混合危险废物转化成较为单一的无毒废物,一般用于化学性质相异而物理状态相似的危险废物处置;②将难以处置的危险废物混在惰性工业固体废物中处置;③将所接受的各种危险废物在各自区域内进行填埋处置。

4)预处理后再处置

预处理后再处置就是将某些物理、化学性质不适于直接填埋处置的危险废物,先进行预处理,使其达到入场要求后再进行填埋处置。目前的预处理的方法有脱水、固化、稳定化技术等。

10.1.3 安全填埋场的基本要求

10.1.3.1 安全填埋场场址选择要求

安全填埋场场址应选在交通方便,运输距离较短,建造和运行费用低,不会因自然或人为的因素而受到破坏,保证填埋场正常运行的一个相对稳定的区域。

填埋场场址的地质条件应符合的要求有:①能充分满足填埋场基础层的要求;②现场或其附近有充足的黏土资源以满足构筑防渗层的需要;③位于地下水和饮用水水源地主要补给区范围之外,且下游无集中供水井;④地下水位应在不透水层 3m 以下;⑤天然地层岩性相对均匀、面积广、厚度大、渗透率低;⑥地质构造相对简单、稳定,没有活动性断层,非活动性断层应进行工程安全性分析论证,并提出确保工程安全性的处理措施。此外,填埋场场址应避开区域有破坏性地震及活动构造区,湿地和低洼汇水处,滑坡区、山洪、泥石流地区,尚未稳定的冲积扇及冲沟地区，高压缩性淤泥、泥炭及软土区，以及其他可能危及填埋场安全的区域。

填埋场场址距飞机场、军事基地的距离应在3000m以上，距地表水域的距离应大于150m，其场界应位于居民区800m以外，并保证在当地气象条件下对附近居民区大气环境不产生影响。填埋场场址应位于百年一遇的洪水标高线以上，并在长远规划中的水库等人工蓄水设施淹没区和保护区之外。若确实难以选到百年一遇洪水标高线以上的场址，则必须在填埋场周围构建可抵挡百年一遇洪水的防洪工程。填埋场场址不应选在城市工农业发展规划区、农业保护区、自然保护区、风景名胜区、文物（考古）保护区、生活饮用水源保护区和其他需要特别保护的区域内。填埋场作为永久性的处置设施，封场后除绿化以外不能作他用。

10.1.3.2 危险废物入场要求

1）可直接入场填埋的废物

（1）根据《固体废物鉴别标准通则》（GB 34330—2017）、《危险废物鉴别标准　浸出毒性鉴别》（GB 5085.3—2007）、《固体废物镍和铜的测定　火焰原子吸收分光光度法》（HJ 751—2015）、《固体废物铅锌和镉的测定　火焰原子吸收分光光度法》（HJ 786—2016）、《固体废物汞、砷、硒、铋、锑的测定微波消解/原子荧光法》（HJ 702—2014）测得的废物浸出液中有一种或一种以上有害成分浓度超过表10-1中浸出毒性鉴别标准值[《危险废物鉴别标准　浸出毒性鉴别》（GB 5085.3—1996）]并低于表10-1中稳定化控制限值的废物。

表10-1　危险废物允许进入填埋区的控制限值

序号	项目	浸出毒性鉴别标准值(mg/L)	稳定化控制限值(mg/L)
1	有机汞	不得检出	0.01
2	汞及其化合物（以总汞计算）	0.05	0.25
3	铅（以总铅计算）	3	5
4	镉（以总镉计算）	0.3	0.50
5	总铬	10	12
6	六价铬	1.5	2.50
7	铜及其化合物（以总铜计）	50	75
8	锌及其化合物（以总锌计）	50	75
9	铍及其化合物（以总铍计）	0.1	0.20
10	钡及其化合物（以总钡计）	100	150
11	镍及其化合物（以总镍计）	10	15
12	砷及其化合物（以总砷计）	1.5	2.5
13	无机氟化物（不包括氟化钙）	50	100
14	氰化物（以CN计）	1.0	5

(2)根据《固体废物鉴定标准　通则》(GB 34330—2017)和《危险废物鉴别标准　浸出毒性鉴别》(GB 50085.3—2017)测得的废物浸出液 pH 值在 7.0～12.0 之间的废物。

2)需经预处理后方能入场填埋的废物

(1)根据《固体废物鉴定标准　通则》(GB 34330—2017)和《危险废物鉴别标准　浸出毒性鉴别》(GB 50085.3—2017)测得的废物浸出液中任何一种有害成分浓度超过表 10-1 中稳定化控制限值的废物。

(2)根据《固体废物鉴定标准　通则》(GB 34330—2017)和《危险废物鉴别标准　浸出毒性鉴别》(GB 50085.3—2017)测得的废物浸出液 pH 值小于 7.0 或大于 12.0 的废物。

(3)本身具有反应性、易燃性的废物。

(4)含水率高于 85%的废物。

(5)液体废物。

3)禁止填埋的废物

(1)医疗废物。

(2)与衬层具有不相容性反应的废物。

10.1.3.3　填埋场运行管理要求

在填埋场投入运行之前，要制定一套简明的运行计划，这是确保填埋场运行成功的关键。运行计划不仅要满足常规运行，还要提出应急措施，以保证填埋场能够被有效利用和环境安全。填埋场运行应满足的基本要求包括：①入场的危险废物必须符合填埋物入场要求，或须进行预处理达到填埋场入场要求；②填埋场运行中应进行每日覆盖，避免在填埋场边缘倾倒废物，散状废物入场后要进行分层碾压，每层厚度视填埋容量和场地情况而定；③在不同季节气候条件下，应保证填埋场进出口道路通畅，并且通向填埋场的道路应设栏杆和大门加以控制；④填埋工作面应尽可能小，使其能够得到及时覆盖；⑤废物堆填表面要维护最小坡度，一般为 1∶3(垂直∶水平)；⑥必须设有醒目的标志牌，应满足《环境保护图形标志——固体废物贮存(处置)场》(GB 15562.2—1995)的要求，以指示正确的交通路线；⑦每个工作日都应有填埋场运行情况的记录，内容包括设备工艺控制参数，入场废物来源、种类、数量，废物填埋位置及环境监测数据等；⑧运行机械的功能要适应废物压实的要求，必须有备用机械；⑨填埋场不能露天运行，必须有遮雨设备，以防止雨水与未进行最终覆盖的废物接触；⑩填埋场运行管理人员应参加环保管理部门的岗位培训，合格后上岗。

10.1.3.4　填埋场污染控制要求

严禁将集排水系统收集的渗滤液直接排放，必须对其进行处理并达到《污水综合排放标准》(GB 8978—1996)中第一类污染物最高允许排放浓度的要求及第二类污染物最高允许排放浓度标准要求后方可排放。渗滤液第二类污染物排放控制项目常有 pH 值、悬浮物、五日生化需氧量、化学需氧量氨氮、磷酸盐(以 P 计),并且必须防止渗滤液对地下水造成污染,对于填埋场地下水污染评价指标及其限值按照《地下水质量标准》(GB/T 14848—2017)执行。

地下水监测因子应根据填埋废物特性由当地环境保护行政主管部门确定,必须具有代表性,能表示废物特性的参数。常规测定项目为浊度、pH 值、可溶性固体、氯化物、硝酸盐(以 N 计)、亚硝酸盐(以 N 计)、氨氮、大肠杆菌总数。

填埋场排出的气体应按照《大气污染物综合排放标准》(GB 16297—2017)中无组织排放的规定执行,监测因子应根据填埋废物特性由当地环境保护行政主管部门确定,必须具有代表性,能表示废物特性的参数。在作业期间,噪声控制应按照《工业企业厂界噪声标准》(GB 12348—2008)的规定执行。

10.1.3.5 封场及封场后维护管理

当填埋场处置的废物数量达到填埋场设计容量时,无法再填入危险固体废物,应实行填埋封场,并一定要在场地铺设覆盖层。其主要作用是防止地面降水或地表径流入渗,同时也可以阻止填埋场中有毒有害气体等的释放。

填埋场的最终覆盖层为多层结构,包括以下几条。

(1)底层(兼作导气层):厚度不应小于 20cm,倾斜度不小于 2%,由透气性好的颗粒物质组成。

(2)防渗层:天然材料防渗层厚度不应小于 50cm,渗透系数不大于 10^{-7} cm/s;若采用复合防渗层,人工合成材料层厚度不应小于 1mm,天然材料层厚度不应小于 30cm。

(3)排水层及排水管网:排水层和排水管网的要求与底部渗滤液集排水系统相同,设计时采用的暴雨重现期不得低于 50 年。

(4)保护层:保护层厚度不应小于 20cm,由坚硬鹅卵石组成。

(5)植被恢复层:植被层厚度一般不应小于 60cm,其土质应有利于植物生长和场地恢复;同时植被层的坡度不应超过 33%,在坡度超过 10%的地方,必须建造水平台阶;坡度小于 20%时,标高每升高 3m,建造一个台阶;坡度大于 20%时,每升高 2m,建造一个台阶。台阶应有足够的宽度和坡度,要能经受暴雨的冲刷。

封场后管理主要是为了完成废物稳定化过程,防止场内发生难以预见的反应。封场后管理阶段一般规定要延续到 30 年,期间应进行的维护管理工作包括:①维护最终覆盖层的完整性和有效性;②维护和监测检漏系统;③继续进行渗滤液的收集和处理;④继续进行填埋场产出气体的处置;⑤继续监测地下水水质的变化。

封场后例行检查项目、频率和可能遇到的问题如表 10－2 所示。在封场后的长时间内,填埋场运行期间建立的,封场后仍然保留的设施应得到维护。

表 10-2 封场后例行检查项目、频率和可能遇到的问题

检查项目	检查频率	可能遇到的问题
覆盖层	每年一次，每次大雨后	合成膜衬层因腐蚀而裸露，塌方
植被	每年四次	植物死亡
边坡	每年两次	长期积水
地表水控制系统	每年四次，每次大雨之后	排水管破裂或被垃圾堵塞
气体监测系统	按填埋场后期管理计划规定连续进行	出现异味，压实机和放空设备故障，气体浓度异常，监测井管道破裂
地下水监测系统	按设备要求和填埋场后期管理计划进行	监测井破坏，采样设施故障
渗滤液收集处理系统	按填埋场后期管理计划规定进行	渗滤液收集泵故障，渗滤液收集管道堵塞

10.1.4 安全填埋场的系统组成

危险废物安全填埋场主要包括接收与贮存系统、分析与鉴别系统、预处理系统、防渗系统、渗滤液控制系统、监测系统、应急系统等。

10.1.4.1 危险废物接收与贮存系统

危险废物接收应认真执行《危险废物转移联单制度》。在现场交接时，要认真核对危险废物的名称、来源、数量、种类、标识等，确认与危险废物转移联单是否相符，并对接收的废物及时登记。废物接收区应放置放射性废物快速检测报警系统，避免放射性废物入场。设初检室，对废物进行物理化学分类。填埋场计量设施宜置于填埋场入口附近，以满足运输废物计量要求。

危险废物贮存设施是指按规定设计、建造或改建的用于专门存放危险废物的设施。其建设应符合《危险废物贮存污染控制标准》(GB 18597—2001)的要求。并应在贮存设施内分区设置，将已经过检测和未经过检测的废物分区存放，其中经过检测的废物应按物理、化学性质分区存放，而不相容危险废物应分区并相互远离存放。盛装危险废物的容器应当符合标准，完好无损，其材质和衬里要与危险废物相容，且容器及其材质要满足相应的强度要求。装载液体、半固体危险废物的容器内要留足够空间，容器顶部与液体表面之间保留 100mm 以上的距离。无法装入常用容器的危险废物可用防漏胶袋等盛装。另外，填埋场应设包装容器专用的清洗设施，单独设置剧毒危险废物贮存设施及酸、碱、表面处理废液等废物的储罐，并且贮存设施应有抗震、消防、防盗换气、空气净化等措施，并配备相应的应急安全设备。

10.1.4.2 分析与鉴别系统

填埋场必须自设分析实验室，对入场的危险废物进行分析和鉴别。填埋场自设的分析实验室按有毒化学品分析实验室的建设标准建设，分析项目应满足填埋场运行要求，至少应具备Cr、Zn、Hg、Co、Pb、Ni等重金属及银化物等项目的检测能力，并且具有进行废物间相容性实验的能力。除了配备主要设备和仪器外，还需配备快速定性或半定量的分析手段。超出自设分析实验室检测能力以外的分析项目可采用社会化协作方式解决。另外，还应建立危险废物数据库对有关数据进行系统管理。

10.1.4.3 预处理系统

填埋场应设预处理站，预处理站包括废物临时堆放、分拣破碎、减容减量处理和稳定化养护等设施。对不能直接入场填埋的危险废物必须在填埋前进行固化/稳定化处理。焚烧飞灰可采用重金属稳定剂或水泥进行固化/稳定化处理；重金属类废物在确定重金属的种类后，采用硫代硫酸钠、硫化钠或重金属稳定剂进行稳定化处理，并酌情加入一定比例的水泥进行固化；酸碱污泥可采用中和方法进行稳定化处理；含氰污泥可采用稳定化剂或氧化剂进行稳定化处理；散落的石棉废物可采用水泥进行固化；大量的有包装的石棉废物可采用聚合物的包裹方法进行处理。

10.1.4.4 防渗系统

填埋场防渗系统是填埋场必不可少的设施，包括衬层材料、衬层设计和相配套的系统。它能将填埋场内外隔绝，防止渗滤液渗漏进入土壤和地下水，阻止外界水进入废物填埋层而增大渗滤液的产生量，是实现危险废物与环境隔离的必要部分。

填埋场所选用的材料应与所接触的废物相容，并考虑其抗腐蚀特性。填埋场天然基础层的饱和渗透系数不应大于1.0×10^{-5}cm/s，且其厚度不应小于2m。应根据天然基础层的地质情况分别采用天然材料衬层、复合衬层或双人工衬层作为其防渗层。一般选择双衬层系统就能满足防渗要求。第二衬层是由合成膜与黏土层构成的复合衬层。这种双衬层系统的上衬层之上应设有渗滤液收集系统，两个衬层之间应设有第二渗滤液收集泄漏监测系统。衬层之下的地基或基础必须能够为衬层提供足够的承载力，使衬层在沉降、受压或上扬的情况下能够抵抗其上下的压力梯度而不发生破坏。另外，衬层材料的稳定性对填埋是极为重要的。衬层材料可以采用黏土和人工合成材料。

10.1.4.5 渗滤液控制系统

渗滤液控制系统具有与防渗衬层系统同等的重要性，包括渗滤液集排水系统、地下水集排水系统和雨水集排水系统等。各个系统在设计时采用的暴雨重现期不得低于50年，管网坡度不应小于2%，填埋场底部坡度不小于2%。

渗滤液集排水系统是渗滤液控制系统的主要组成部分。此系统的主要作用是排除产生的渗滤液以减小渗滤液对衬层的压力。根据其所处衬层系统的位置分为初级集排水系统、次级集排水系统和排出水系统。初级集排水系统位于上衬层表面，废物下面，它收集全部渗滤液，并将其排出；次级集排水系统位于上衬层和下衬层之间，它的作用包括收集和排除初级衬层的渗漏液，还包括监测初级衬层的运行状况，以作为初级衬层渗漏的应急对策；排出水系统主要包括集水井(槽)、泵、阀、排水管道和带孔的竖井，其中集水井的作用是收集来自集水管道的渗滤液，带孔竖井的作用是用于集排水管道的日常维护操作。

地下水集排水系统是为防止由于衬层破裂而导致地下水涌入填埋场，使所需处理渗滤液量增加，从而给渗滤液集排水系统造成巨大的压力；同时也防止渗滤液渗漏进入地下水，从而造成地下水污染。另外，它还具有一定的衬层渗漏监测的功能。但由于维护和清洗管道的次数频繁，所以应尽可能避免安装地下水排水系统，在选址时应尽可能选择地下水位低的地方，以减少地下水污染的风险。

雨水集排水系统就是收集、排出汇水区内可能流向填埋区的雨水、上游雨水以及未填埋区域内未与废物接触的雨水，以减轻渗滤液处理设施的负荷。此系统包括场地周围雨水的集排水沟、上游雨水的排水沟和未填埋场区的集排水管沟。

渗滤液处理系统属于填埋场必须自设的系统，以便处理集排水系统排出的渗滤液，严禁将其送至其他污水处理厂处理。渗滤液的处理方法和工艺取决于其数量和特性。一般来说，对新近形成的渗滤液，最好的处理方法是好氧和厌氧生物处理方法；对于已稳定的填埋场产生的渗滤液，最好的处理方法为物理-化学处理法；此外，还可选择回灌法、土地法、超滤方式、渗滤液再循环、渗滤液蒸发等方法处理渗滤液。

10.1.4.6 监测系统

填埋场应设置监测系统，以满足运行期和封场期对渗滤液、地下水、地表水和大气等的监测要求，以反馈填埋场设计和运行中的问题，并可以根据监测数据来判断填埋场是否按设计要求正常运行，是否需要修正设计和运行参数，以确保填埋场符合所有管理标准。

1)接纳废物分析

填埋场对所接纳的废物应进行检查和分析，以保证执行废物处置许可证的要求，保障作业人员的健康和安全，证实所选用的处置方法是否适用。一般对所接纳的废物应按规定进行监测和取样，分析项目有废物来源、数量物理性质、化学成分和生物毒性等。为防止废物之间发生化学反应，以免发生火灾和爆炸、产生有毒或易燃气体、重金属再溶解等现象，必须采取一定的具体措施：对所接纳废物进行现场分析；不相容的废物必须分开处置；严格监测废物的排放等。另外，还必须对负荷量进行监测和控制。对于接收限定范围的难处置废物(如尘状废物、废石棉恶臭性废物和桶装废物等)，要在进行外观、气味、pH 值、可燃性、爆炸性和相对密度等测试，经预处理后方能入场填埋。

2)渗滤液监测

渗滤液监测主要是测定填埋场渗滤液的初始水质和经污水处理设施处理后的排放水质,目的是为了掌握渗滤液水质与填埋年份的关系,以及检查污水处理设施的处理效果和排放水质是否符合排放要求。主要是利用填埋场的每个集水井进行水位和水质监测,采样频率应根据填埋物特性、覆盖层和降水等条件确定,以充分反映填埋场渗滤液变化情况。渗滤液水质和水位监测频率至少每月一次。

3)地下水监测

危险废物安全填埋场的渗滤液渗漏会对地下水造成巨大的危害。因此,对地下水进行监测是十分必要的。

通常地下水监测系统由三种监测井组成:①本底监测井,该监测井抽取的水样要代表该地区不受填埋场运行操作影响的地下水的背景值,并以此作为确定有害物质是否从场地渗漏并影响地下水的基准。本底监测井要安置在填埋场以外的地下水上游。②污染监视井,在填埋场内沿着静水头降低的方向,至少要设置三个污染监测井。③污染扩散井,一般设在水力梯度较大的地区,用于监测污染扩散的状况。

地下水监测井布设应满足以下基本要求:①在填埋场上游应设置一眼本底监测井,以取得背景水源数值。在下游至少设置三眼井,组成三维监测点,以适应下游地下水的羽流几何型流向。②监测井应设置在填埋场的实际最近距离上,且位于地下水上下游相同水力坡度上。③监测井深度应保证足以采取具有代表性的样品。一般在填埋场运行的第一年,应每月至少取样一次;在正常情况下,取样频率为每季度至少一次。当发现地下水水质出现变坏现象时,应加大取样频率,并根据实际情况增加监测项目,查出原因以便进行补救。

4)大气监测

填埋场的气体监测包括填埋场场区大气监测和填体内的气体浓度,目的是检验大气中是否存在有毒有害的气体污染物,以防对填埋场工作人员和周围居民的健康造成不利影响。其采样布点及采样方法应按照《大气污染物综合排放标准》(GB 16297—2017)规定执行,场区内、场区上风向、场区下风向、集水池、导气井应各设一个采样点。污染源下风向应为主要监测范围。超标地区、人口密度大和距离工业区近的地区应加大采样点密度。监测项目应根据填埋危险废物的主要有害成分及稳定化处理结果来确定。填埋场运行期间,每月取样一次,如出现异常,取样频率应适当增加。监测指标主要有甲烷浓度、气压和静止压力等。

5)其他监测

地表水监测:由于危险废物填埋场中的地表水排放方式不同,地表水的取样和监测方法也不同。连续式排放的监测可采用流量堰和自动取样器,非连续排放可用混合水样进行测定。地表水应从排洪沟和雨水管取样后与地下水同时监测,监测项目应与地下水相同;每年丰水期、平水期、枯水期各监测一次。

土壤监测:主要是对土壤的 pH 值和可能进入食物链的有毒成分的浓度进行监测。

植被监测:主要是针对进入食物链的植物而言,监测内容主要是考查重金属和其他有害物质是否已在植物体内或体表富集。

最终覆盖层稳定性监测：针对最终覆盖层坡度较大的填埋场，以防过度的沉降导致合成膜的剪切断裂。

填埋场环境卫生监测：主要是针对填埋场场区周围的臭味、蝇、蛹指数，招引飞禽的种类和数量，以及对啮齿类动物孳生数进行监测。具体监测方法、监测指标参考相应的标准。

10.1.4.7　应急系统

填埋场应设置事故报警装置和紧急情况下的气体、液体快速检测设备；设置渗滤液渗漏应急池等应急预留场所，还应设置危险废物泄漏处置设备；设置全身防护、呼吸道防护等安全防护装备，并配备常见的救护急用物品和中毒急救药品等。

10.2　放射性固体废物及其安全处置

环境中的放射性污染源主要来自核武器试验、核设施事故、放射性“三废”泄出、城市放射性废物等。放射性固体废物可通过不同途径进入人体造成放射性污染，这种污染效应是隐蔽和潜在的，只能靠其自然衰变而减弱。

10.2.1　放射性固体废物分类

目前国内外对放射性固体废物尚无统一的分类方案。根据环境保护部、工业和信息化部、国家国防科技工业局2017年第65号公告，《放射性废物分类》文件，放射性固体废物首先按其所含核素的半衰期长短和发射类型分为五种，然后按其放射性比活度水平分为不同的等级。

(1)α废物是指放射性固体废物中半衰期大于30年的α发射体核素，其放射性比活度在单个包装中大于4×10^6 Bq/kg(对近地表处置设施，多个包装的平均α比活度大于4×10^5 Bq/kg)。

(2)含有半衰期小于或等于60d(包括核素碘-125)的放射性核素的废物。按其放射性比活度水平分为两级，即第Ⅰ级(低放废物)：比活度小于或等于4×10^6 Bq/kg；第Ⅱ级(中放废物)：比活度大于4×10^6 Bq/kg。

(3)含有半衰期大于60d、小于或等于5年(包括核素钴-60)的放射性核素的废物。按其放射性比活度水平分为两级，即第Ⅰ级(低放废物)：比活度小于或等于4×10^6 Bq/kg；第Ⅱ级(中放废物)：比活度大于4×10^6 Bq/kg。

(4)含有半衰期大于5年、小于或等于30年(包括核素铯-137)的放射性核素的废物。按其放射性比活度水平分为三级，即第Ⅰ级(低放废物)：比活度小于或等于4×10^6 Bq/kg；

第Ⅱ级(中放废物):比活度大于 4×10^{6} Bq/kg、小于或等于 4×10^{11} Bq/kg,且释热率小于或等于 $2kW/m^{3}$;第Ⅲ级(高放废物):释热率大于 $2kW/m^{3}$,比活度大于 4×10^{11} Bq/kg。

(5)含有半衰期大于 30 年的放射性核素的废物(不包括 α 废物)。按其放射性比活度水平分为三级,即第Ⅰ级(低放废物):比活度小于或等于 4×10^{6} Bq/kg;第Ⅱ级(中放废物):比活度大于 4×10^{6} Bq/kg,且释热率小于或等于 $2kW/m^{3}$;第Ⅲ级(高放废物):比活度大于 4×10^{10} Bq/kg,且释热率大于 $2kW/m^{3}$。

10.2.2 放射性固体废物处置的目标和基本要求

放射性固体废物处置的目标,是以妥善方式将废物与人类及其环境长期、安全地隔离,使其对人类环境的影响减少到可合理达到的尽量低的水平。其基本要求是:①被处置的废物应是适宜处置的稳定的废物;②废物的处置不应给后代增加负担;③长期安全性不应依赖于人为的、能动的管理;④对后代个人的防护水平不应低于目前的规定;⑤处置设施的设计应贯彻多重屏障原则,并把多重屏障作为一个整体系统来看待,既不应因有其他屏障的存在而降低任意屏障的功能要求,又不应将整体安全性寄希望于某一屏障的功能;⑥中、低放废物可采用浅埋方式或在岩洞中进行处置,也可采用其他具有等效功能的处置方式,应采取区域处置方针,使其得到相对集中的处置;⑦高放废物(包括不经后处理而直接处置的乏燃料)和超铀废物,应在地下深度合适的地质体中建库处置,全国的高放废物应集中处置。另外,由于废物隔离的长期性和不确定性,废物处置系统的设计应留有较大的安全裕度。废物处置系统应能提供足够长的安全隔离期,不应少于 300 年;高放废物和超铀废物的隔离期,不应少于 10 000 年。

10.2.3 低、中水平放射性固体废物的处置

10.2.3.1 低、中水平放射性固体废物的近地表处置

低、中水平放射性固体废物近地表处置的任务是在废物可能对人类造成不可接受的危险的时间范围内(一般应考虑 400～500 年),将废物中的放射性核素限制在处置场范围内,以防止放射性核素以不可接受的浓度或数量向环境扩散而危及人类安全。处置场在正常运行和事故情况下,对操作人员和公众的辐射防护应符合我国辐射防护规定的要求,并应遵循“可合理做到的尽可能低”的原则。

所谓近地表处置是指地表或地下、半地下的,具有防护覆盖层的、有工程屏障或没有工程屏障的浅埋处置,深度一般在地面下 50m 以内。

1)场址选择

近地表处置场的选址既可从候选区域中筛选,也可有目的地对一个指定的可能场址进行评价。场址选择通常由规划选址阶段、区域调查阶段、场址特征评价阶段和场址确定阶段

四个阶段组成。

(1)规划选址阶段:提出一个总体的选址计划,建立选址的原则,并确定能作为区域调查阶段依据的场址性能要求。

(2)区域调查阶段:确定一处或几处可能场址,并对这些区域的稳定性、地震、地质构造、工程地质、水文地质、气象条件和社会经济因素进行初步评价,包括绘制区域地图(找出可能含有合适场址的地区)和筛选(选出供进一步评价的可能场址)两个阶段。

(3)场址特征评价阶段:在区域调查的基础上通过现场踏勘、勘察和资料的分析研究,确定各个候选场址的具体场址特征,进行初步评价和对比评价,以证明它能够满足安全和环境保护的要求,在这一阶段也应确定与具体场址有关的设计基准。

(4)场址确定阶段:在推荐场址上进行详细的场址勘测,从而支持和确认所作的选择,提供详细设计、环境影响评价以及申请许可证所需要的补充场址资料。

选址过程中所需的数据或资料包括地质、水文地质、地球化学、构造和地震、地表过程气象、人为事件、废物运输、土地利用、人口分布和环境保护等,具体选址准则和所需的数据或资料详细内容见《低、中水平放射性废物近地表处置设施的选址》(HJ/T 23—1998)。

2)入场废物条件

放射性固体废物的近地表处置需要有严格的控制和管理措施,以确保其不会对人类健康和环境造成较大的危害。在处置场设计和运行中必须对入场的废物加以严格的限制(入场要求见表 10-3),并进行必要的监督和制度管理,做记录,以备查询。

近地表处置方式不适合处置含有腐烂成分的物质;携带生物的、致病的、传染性细菌或病毒的物质;自燃物质、易爆物质;接近环境温度的低沸点或低闪点的有机易燃物。

表 10-3 中、低水平放射性废物进地表处置场的入场条件要求

项目	入场要求
放射性条件(满足条件之一即可)	半衰期大于 5a、小于或等于 30a,比活度不大 3.7×10^{10} Bq/kg 的废物; 半衰期小于或等于 5a,任何比活度的废物; 在 300~500a 内,比活度能降到非放射性固体废物水平的其他废物
废物性质	固体形态(游离液体体积不得超过废物体积的 1%); 足够的化学生物、热和辐射稳定性; 比表面积小,弥散性低,且放射性核素的浸出效率低; 不得产生有毒气体
包装体	必须进行包装,具足够的机械强度,质量、体积、形状和尺寸都应与装卸、运输和处置操作相适应,并符合放射性物质安全运输的有关规定; 表面的计量当量率应小于 2mSv/h(200mrem/h),在距表面 1m 远处的计量当量率应小于 2mSv/h(10mrem/h),若超过此标准,操作和运输过程中应外加屏蔽容器

3)处置场的运行

处置场运行应保证其操作人员所受辐照剂量低于国家标准,其他安全性也应符合国家规定。废物运到处置场后,必须确认废物包装体是否符合包装要求,在运输过程中有无损坏,是否与所填写的废物卡片内容完全相符。废物的减容和固化等加工处理,原则上应在送到处置场之前完成,必要时可在场内进行。

废物处置运行必须遵守运行许可证中的规定,按规定制定相应的运行操作规程。在整个废物处置操作(废物的搬运、安放和处置单元的封闭)过程中,均应保证操作人员和公众的安全。废物的安放应有利于安全隔离和处置单元的封闭,并建立完整的废物处置运行档案,在废物处置场区和处置单元附近的适当位置设立永久性标志。

处置场运行单位应负责运行场内环境的日常监测,包括表面沾污的测量、地下水样品的分析测量、地表及一定深度岩土样品的分析测量、植物样品和空气样品的分析测量、辐射监测和处置单元顶部覆盖层完整性的定期检查。环境监测结果和评价应定期地报告国家和地方环保部门,如发现不正常情况立即如实上报。

一旦处置场发生可能引起污染的事故,其运行单位应尽快确定污染的地点、核素、水平、范围及其发生过程,以决定应采取的补救措施。另外,处置场应有应急措施和补救手段,以处理废物包装不合格或破裂、废物散落和放射性物质非正常释放等非正常情况,以阻止或尽量减小污染的扩散。

4)处置场的关闭

处置场的关闭包括正常关闭和非正常关闭。前者是指处置场已经达到运行许可证允许处置的废物数量或总放射性限值时所进行的关闭;后者是指发现处置系统的设计或场址不再适合处置放射性废物时所进行的关闭。对于非正常关闭,应预先作出相应的计划,其实施必须得到国家环保部门的批准。

处置场关闭之后一般经历三个阶段:①封闭阶段,刚关闭的处置场应保持封闭状态,只有进行监督工作时才能进入场内。②半封闭阶段,当证明废物的危害已经很小,而且废物的覆盖层完好时,允许进入场区,但不允许进行挖掘或钻探等作业。③开放阶段,在达到所规定的场区控制期后,废物的放射性已降到不需辐射防护的水平,场区方可完全开放。

处置场关闭后,在国家和地方环保部门参与下进行环境监测、限制出入、设施维护档案保存以及可能的应急行动等工作。

另外,在处置场选择方案、确定场址、设计、运行和关闭时,都必须进行安全分析和环境影响评价,提供相应的安全分析报告书、环境影响报告书及审批手续。

10.2.3.2 低、中水平放射性固体废物的岩洞处置

低、中水平放射性固体废物岩洞处置是指废物在地表以下不同深度、不同地质情况下的不同类型的岩洞(废矿井、现有人工洞室、天然洞、专为处置废物而挖掘的岩洞)中的处置。

岩洞处置的废物必须具有固定的形态,足够的化学、生物、热和辐射稳定性,于地下水中

应具有低的溶解性和浸出性，不得含有自燃、易爆物质。下面主要介绍废物岩洞处置的场址选择和关闭。

1)场址选择

场址选择分为计划和一般研究阶段、区域调查阶段、场址初选阶段和场址确定阶段四个阶段。

(1)计划和一般研究阶段:包括制定总体计划，确定区域调查大纲，收集区域调查资料。

(2)区域调查阶段:通过区测图件和矿山岩洞地质资料分析，确定可能作为合格场址的候选区域。

(3)场址初选阶段:要对候选区域进行地球科学(地质学、水文地质学、水文学和地球化学)研究，包括现场踏勘、钻探、采样以及实验室研究。对采掘和工程技术方面的问题进行调查，对有意义的现有洞穴和废矿井进行详细调查。对各个场址的容量以及现有洞穴和矿井的扩展前景作出估计。根据所得的地球科学资料和处置场概念设计，建立放射性核素迁移模型。同时进行一般的生态学和社会学研究。最后，对研究的场址进行一般的安全分析和环境影响评价，推荐一个或几个候选场址。

(4)场址确定阶段:要对初选推荐的候选场址及其环境进行详细研究，包括补充钻探、现场水文地质、岩土力学、地球化学研究、核素迁移试验以及实验室研究，从而对处置场的工程提出详细的技术要求，同时进行详细的生态学和社会学研究。根据所取得的资料及处置场设计资料，对场址的安全和环境影响进行初步评价，推荐一个最优场址提交管理机构审批。

2)处置场的关闭

(1)处置场关闭的条件。

处置场的关闭包括完成处置岩洞剩余空间的回填、所有岩洞入口的封闭、地面沾污建筑物和设备的去污或拆除。在处置运行停止以后，关闭可立即进行，也可在废物最终安放后经过一段时间再进行。主要有以下四种情况。

①设计预见的关闭:处置场的处置容量已达到许可证规定的限值。

②设计允许的关闭:废物产生量少于原设计处置量，在较长时间内没有废物可处置或已有更经济、更安全方便的处置方法。

③推迟关闭;原设计在运行期间经成功修改，可增加废物处置量并得到管理机构的许可。

④设计中没有预料的关闭:由于一系列事故或天灾使处置活动不能再持续所进行的关闭。

(2)处置场的关闭的主要步骤如下。

①回填:废物处置后的剩余空间必须加以回填，以减少或延缓地下水侵入，阻滞放射性核素的迁移，并防止坍塌。

②入口封闭:从处置场停止接受废物起，到处置场移交给指定的监督机构为止，监测表明没有不可接受的放射性核素迁入人类环境，即可对处置场的所有巷道、竖井或斜井的入口

进行封闭。

③退役：处置场封闭活动完成后应对沾污的建筑物和设备进行去污，对长期不用的建筑物和辅助设施进行推移和拆除，遗留的任务和责任应从营运部门移交给政府部门指定的监督机构。

④记录保存：处置场关闭后营运单位应提交详细描述封闭设施情况的报告，并整理选址、设计、建造、调试、运行期间的所有文件资料，至少一式两份，由国家管理机构和监督机构分别保存。

10.2.4 高放射性废物的安全处置

高放射性废物(HLW)简称为高放废物，一般指乏燃料在后处置过程中产生的高放射性废液及其固化体(其中含有99%以上的裂变产物和超铀元素)。另外，未经过处理而在冷却后直接贮存的乏燃料有时也被视作高放射性废物。高放射性污染物属于特殊的污染物，具有放射性水平高、半衰期长、生物毒性大和释热量大等特点，如处置不当，将严重危及人类的生命和健康，制约核能事业的发展，所以高放射性废物的安全处置问题已受到有核国家的高度重视。

高放射性废物安全处置的目的就是通过某种技术措施使高放射性废物与人类生物圈长期隔离，或使其放射性降低到对生物无害的程度，因而一般又称之为安全最终处置。世界各国对高放射性废物处置曾提出多种方案和设想，主要有宇宙处置、冰川处置、海洋处置、岩石熔融处置、分离与嬗变(P—T)、深地质处置。目前深地质处置是国际上公认的处置高放射性废物的合适方案，我国也在《中华人民共和国放射性污染防治法》中提出“高水平放射性固体废物实行集中的深地质处置”。下面仅介绍高放射性废物深地质处置的基本概念。

高放射性废物深地质处置一般采用“多重屏障系统”设计原理，即设置一系列天然和工程屏障于高放射性废物和生物圈之间，以增强处置的可靠性和安全性。要求处置库的寿命至少为10 000年。

10.2.4.1 工程屏障

工程屏障是指处置库的废物固化体、废物容器及回填材料，与周围的地质介质一起阻止核素迁移。工程屏障的作用和功能为：①使大部分裂变产物在衰变到较低水平的相当长的时期内能够得到有效包容；②防止地下水接近废物，减少核素的衰变热对周围岩石的影响，防止和减缓玻璃固化体岩石和地下水的相互作用；③尽可能延迟有害核素随地下水向周围岩体渗透和迁移。

高放射性废物固化目的是将废液转化成固体或将固体废物与某些固化基材一起转化成稳定的固化体，封闭隔离在稳定介质中，阻止核素泄漏和迁移，使之适于处置，提供限制核素释放的直接屏障。固化体形式主要有玻璃固化体、陶瓷固化体、金属固化体和复合固化体。

废物容器的主要作用是阻滞水的穿透、侵蚀及提供合适的防止受蚀条件，是防止放射性核素从工程屏障中释放出去的第一道防线。其形状多为圆柱体，选用材料多为耐热性、抗腐蚀性能良好的不锈钢材料，对于陶瓷材料(如氧化锆)和其他合金材料的应用也都在研究中。

回填材料对地下处置系统的安全起着保护作用。将它充填于废物容器和围岩之间，也可用于封闭处置库，充填岩石的裂隙。

10.2.4.2 天然屏障

天然屏障主要指地质介质，包括库区的围岩和周围地质环境。深部地质介质具有长期圈闭的功能，它本身就构成了阻止核素迁移的天然屏障，既可有效地限制核素的迁移，又可避免人类的闯入；不仅是良好的物理屏障，也是有效的化学屏障，可通过吸附、沉淀作用等，对高放射性废物向生物圈迁移起滞留和稀释作用。深部地质介质的演化十分缓慢，但要避开现代火山地区和强烈构造活动地区等。另外，建造处置库所开凿的岩体体积只占整个岩体体积的很小部分，不会严重影响围岩的整体圈闭功能。

处置库的围岩类型是关系到处置库能否长期安全运行及有效隔离核素物质的重要条件。选择高放射性废物处置库围岩要考虑的主要因素包括：①围岩的矿物组成化学成分和物理特征必须有利于放射性核素的隔离，对放射性核素的吸附与离子交换能力较强；②要求围岩应具有低孔隙和低渗透特征，以降低核素对地下水的迁移速度；③岩石的力学性质决定了处置库的稳定性，其热学性能主要由热导率表示，因高放射性废物核素在衰变过程中产生辐射热，而热应力的作用能使围岩产生破裂而降低处置库系统的稳定性，因此围岩要具有一定的导热能力。

经过多年的努力，许多国家已在高放射性废物深地质处置方面做了大量的研究工作，但迄今为止世界范围内尚未建成一座高放射性废物深地质处置库。美国和德国在处置库的选址和场址评价工作方面进展较快，美国内华达州尤卡山的处置库和德国戈莱本的处置库在2010年建成。我国已初步提出“高放废物深地质处置研究发展计划”，计划目标是于2030—2040年前后建成国家处置库。深地质处置不是高放射性废物的唯一出路，分离—嬗变技术也可能解决高放射性废物的出路问题，尚处于探索阶段，目前已有小规模试验。

11 生态工业园

生态工业园作为工业领域的新生事物，体现了一系列环境保护领域的最新研究成果。生态工业园作为可持续发展战略的具体实践手段，显示出了强大的生命力。

11.1 生态工业园理论基础

生态工业是指模仿自然生态过程的物质循环的方式来规划工业生产系统的一种工业模式。在生态工业系统中，各成员之间的副产物和废物充分交换，能量和废水逐级利用，基础设施实现共享，经济效益和环境效益协调发展，达到了资源、能源、投资的最优利用。

生态工业园区理论是在实践中形成的理论。Suren(2002)提出借助工业生态学原理建设生态工业园区实现工业化社会的可持续发展。Baas 等(2010)通过考察荷兰 60 个生态工业园区发展政策及经验证实了上述的观点。在世界上首次提出生态工业园区概念的 Ernest 等(2003)认为生态工业园区概念是建立在工业生态学、清洁生产和可持续城市规划、可持续建筑及建设等理论上的。近年来，我国学者认为，生态工业园区是基于循环经济理念、工业生态学原理和清洁生产要求而设计建立的一种新型工业园区。笔者认为，生态工业园区理论应该包含可持续发展理论、清洁生产、循环经济理论、工业生态学、生态学理论、系统工程理论和景观生态学等七大理论体系。生态工业园的发展以可持续发展理论为导向，以清洁生产理论为基础并为此积累实践经验，最终形成循环经济的发展理念，而在设计规划生态工业园中生态学理论具有综合指导作用，而工业生态学则为生态工业园区的展开和阐述提供了理论框架，景观生态学则为生态工业园如何恢复及保障当地的生态良性发展提供了依据。因此，生态工业园的规划建设本身就是一项复杂的系统工程。

11.2 生态工业园区的实践模式

生态工业园区在推进循环经济的各个层面上有不同的重点：社会层面侧重回收再生，园区层面侧重集成共享，企业层面侧重绿色制造，产品层面侧重绿色消费。不仅实现园区内的生态小循环，而且要实现区际间的生态大循环，形成基于园区的内循环和基于园区的外循环的“两大闭路资源循环系统”。按照当前生态工业园区的建设状态和园区企业间产业关联程度的不同，我国工业园区的生态化建设可以按产业共生型工业园模式、产业链主导型工业园模式、产业同构型工业园区模式、产业异生型工业园区模式等不同类型特征来进行有效推进。

11.3 钢渣生态工业园的设计

为了实现钢渣资源化开发利用与生态环境保护协调发展，提高钢渣开发利用效率，避免和减少钢渣对生态环境破坏和污染，钢渣资源化利用开发应贯彻“污染防治与生态环境保护并重，生态环境保护与生态环境建设并举”“预防为主、防治结合、过程控制、综合治理”的指导方针和“污染物减量、资源再利用和循环利用”的技术原则。根据生态工业园理论，钢渣生态工业园的建设不仅仅是当前企业只对钢渣的综合利用，还必须考虑到渣山的生态环境修复与重建。其核心是：①尽量减少钢渣尾渣的排放；②对钢渣尾渣等进行全面系统的治理；③渣山的生态恢复。

因此，在设计时要紧紧围绕以上三个环节，分门别类地进行分析。一般而言，要减少钢渣尾渣的产出，以清洁生产及循环经济的理念从液态钢渣处理方案的选择与工艺过程进行系统的、完整的、科学的优化设计，从工艺环节与资源的角度予以控制。而要全面系统地治理钢渣处理和加工过程产出的“三废”，实现钢渣物流的闭路循环，则可根据钢渣物料的特性，依照生态学中生态链的原则，建立生态工业群落体进行综合的治理。最后对渣山生态进行恢复，则要以景观生态学的理念对渣山土壤恢复、渣山植被恢复以及渣山景观的恢复。

11.4 实例研究

针对冶金渣分公司钢渣综合利用的运行现状，钢渣生态工业园的发展模式是联合企业型，即以冶金渣分公司为核心企业，相关社会企业为辅助部分，冶金渣分公司的清洁生产、渣山的生态工业群落体的建立及渣山的生态恢复等途径，通过延伸资源产业链，建材业、道路工程、冶金铸造等联合发展的钢渣生态工业园。具体的步骤是从冶金渣分公司的钢渣处理、加工入手，在冶金渣分公司内部进行清洁生产运动，达到降低或减少废弃物的排放；以冶金渣分公司的渣钢与尾渣进行生态工业群落体的设计；通过对渣山进行治理绿化，与景观重建，最终建立绿化造林类型的渣山景观模式。

11.4.1 清洁生产

在企业内部实施清洁生产也就是鼓励企业开展清洁生产审核，优先选用热泼焖渣的生产工艺，帮助企业对现有产品做生态设计、生命周期评价工作，从源头抓起，实现企业内部的物耗、能耗削减，减少有毒材料使用和减少废弃物和污染物的产生，提高资源回收利用，真正做到企业生态化。由于冶金渣分公司是质量管理体系和健康安全环保双认证企业，其生产管理完全达到清洁生产要求。

11.4.2 生态工业群落体的设计

冶金渣分公司产出的废料主要为渣钢、钢渣尾渣与废水，根据对各废料的特点和企业生产情况，以及企业的周边状况深入分析表明，可将企业生产产出的废料，逐一形成合适的群落体和群落体对，能较好地消化和利用企业产出的全部废料。总体规划如下：以冶金渣分公司为核心企业，社会企业和武钢主业为辅助部分。通过钢渣运输车将液态钢渣输送至冶金渣分公司的热泼渣车间进行打水处理，生产出固态钢渣送至冶金渣分公司厂内的钢渣加工生产线进行磁选破碎加工生产，产生的渣钢及废钢送至武钢金资公司返回武钢主业生产钢材，部分渣钢及废钢由社会企业生产铸造成汽车零部件等产品，大颗粒钢渣尾渣生产筑路材料，细颗粒钢渣尾渣用于建筑材料，水洗尾泥用于生产土壤改良剂和磷肥，钢渣处理和生产产出的废水经过预处理后返回生产系统循环再使用。共形成六条产业链：冶金渣分公司废钢→武钢金资公司废钢分公司→炼钢厂→钢渣→冶金渣分公司；冶金渣分公司渣钢→铸造公司→汽车企业；冶金渣分公司粗钢渣→混凝土搅拌站→道路材料；冶金渣分公司粗钢渣→砖厂→建筑材料；冶金渣分公司水洗尾泥→化肥厂化肥→冶金渣分公司渣山绿化；冶金渣分公司→废水→冶金渣分公司。其总体规划如图 11－1 所示。

该群落体主要分为六个群落对，分别为：

(1)废钢群落对。

主要是指钢渣中磁选出的废钢，运送到武钢金资公司废钢分公司进行打包后再配送到武钢炼钢厂生产各种钢材，炼钢厂在生产钢材的同时又产生新的钢渣再输送给冶金渣分公司进行处理，从而形成一个物质的内部循环，与炼钢厂形成一个闭路循环。

(2)渣钢群落对。

钢渣经过磁选筛分后所得的含有一部分渣的含铁资源，我们称之为渣钢，渣钢一般含铁量在 50%左右，返回炼钢系统又由于磷、硫超标而不能使用，但是可将其用于铸造生产汽车零部件，武钢周边有些企业将其用于铸造生产汽车底盘、刹车鼓等，供应给汽车生产企业，提高含铁资源的利用率。

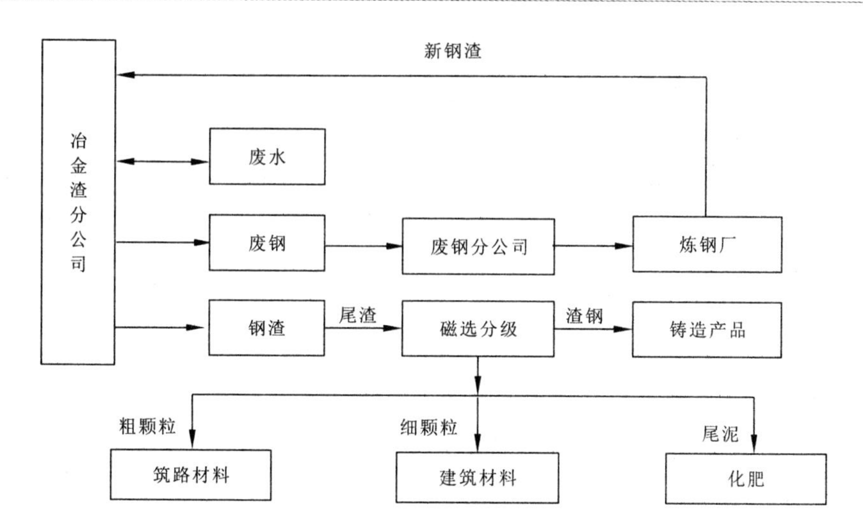

图 11-1 钢渣生态工业园总体规划图

(3)废水利用群落对。

钢渣热泼和钢渣水洗球磨产生大量的废水,该废水中含有许多细钢渣尘泥,直接对外排放对环境破坏很大,环保部门对此监督也较严,必须认真处理。然而,从另一方面来看,废水中富含的尘泥的化学成分主要是钙、磷,是很好的化肥养料,循环利用可降低化肥厂的成本。因此,钢渣废水与冶金渣分公司可配对成较好的群落对。其流程如图 11-2 所示。

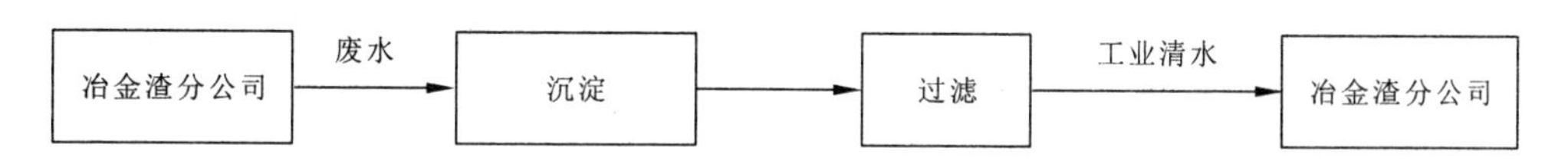

图 11-2 废水处理回收群落对示意图

(4)细钢渣尾渣利用群落对。

钢渣由于其物理化学性能特别是矿物组成与水泥很相似,因此经过磁选后所得的粒径小于 5mm 的细钢渣尾渣可以作为建筑材料使用,代替黄砂生产钢渣砖,代替水泥熟料生产钢渣水泥,代替水泥生产干粉砂浆。其群落对设计如图 11-3 所示。

(5)粗钢渣群落对。

粗钢渣是指钢渣经破碎磁选后所得的粒径在 10～31.5mm 之间的钢渣。由于其表面硬度与石灰石相当,而且有耐磨的性能,因此可以作为沥青混凝土路面骨料,可销售给混凝土搅拌站企业作道路材料生产钢渣沥青混凝土路面骨料用。

(6)尾泥群落对。

含铁较高的渣钢经过水洗球磨后能提高渣钢的含铁品位,同时也产生大量的水洗尘泥。这种尘泥富含钙、磷等土壤所需的养料成分,因此可以用于化肥厂生产改良土壤的肥料。其群落对设计如图 11-4 所示。

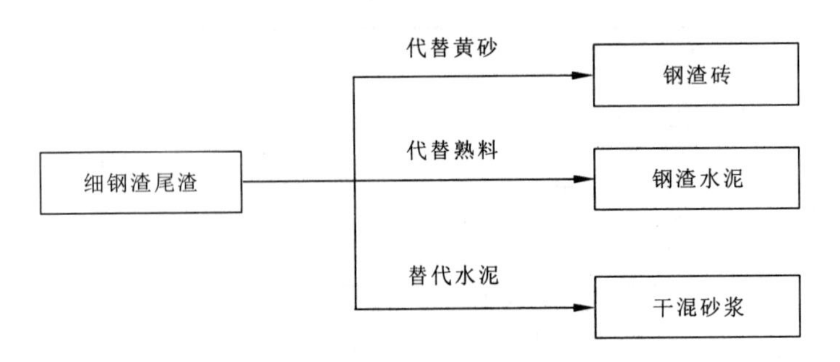

图 11-3　细钢渣尾渣利用群落对示意图

图 11-4　钢渣水洗尘泥利用群落体对示意图

11.4.3　渣山的景观设计

冶金渣分公司位于武汉市青山区工人村，是经济技术开发区环保工业园的核心企业，同时冶金渣分公司毗邻青山区棚户改造工程，一方面肩负着为武钢保产增效的任务，另一方面肩负着为青山改善环境的使命。为此，冶金渣分公司钢渣工业园的渣山景观恢复采取的是绿化造林类型。渣山绿化是在研究适应武汉气候条件和钢渣粉尘与碱性环境的绿色植物的基础上开展的，将渣山进行新土覆盖后再植树造林，同时利用大块钢渣进行景观雕塑设计，用自产钢渣砖、瓦进行亭、桥等设计，这样不仅改善了渣山的空气、土壤及水质污染并达到一定的植被覆盖率，同时使人文景观与自然景观和谐搭配，寓花园于工厂。

11.5　结论

生态工业园既经济又高效地解决钢渣利用难题，开辟了新的思路和新的途径，是钢渣综合治理的一种新兴方法。它可以从更深的层次系统消化和利用钢渣企业排出的废料，并尽可能将其资源化。在钢渣综合利用企业中建立钢渣生态工业园，不仅可以使钢渣生产企业提高经济效益、提高钢渣综合利用的附加值，还可使钢渣生产企业特别是渣山周边地区生活环境得到进一步的改善，更为重要的是，在钢渣综合利用企业的发展模式及渣山的管理模式上可起到示范作用，具有很大的推广价值。

主要参考文献

北京市环境卫生科学研究所.国外城市垃圾收集与处理[M].北京:中国环境科学出版社,1990.

编委会.浸矿技术[M].北京:原子能出版社,1994.

蔡霞.铁尾矿用建筑材料的进展[J].金属矿山,2000(10):45-48.

曹本善.垃圾焚化厂兴建与操作务实[M].北京:中国建筑工业出版社,2002.

陈从喜,顾微娜.国内外绿色建材开发研究进展[J].岩石矿物学杂志,1999(4):370-376.

陈海滨.城市环境卫生管理[M].武汉:武汉大学出版社,2000.

陈吉春.矿业尾矿微晶玻璃制品的开发利用[J].中国矿业,2005,14(5):83-85.

陈森发,王义宏.试论江苏省生态工业的发展模式[J].南京林业大学学报(人文社会科学版),2003,3(1):9-12.

陈勇.固体废物能源利用[M].广州:华南理工大学出版社,2002.

陈运璞,张永春.变压吸附空分制氮吸附剂进展[J].低温与特气,2002,28(6):4-7.

戴维斯,康韦尔.环境工程导论[M].北京:清华大学出版社,2000.

段希祥.选择性磨矿及其应用[M].北京:冶金工业出版社,1991.

高春梅,邹继兴.镁质矽卡岩型矿尾免烧砖[J].河北理工学院学报,2003,25(4):1-7.

高艳玲.固体废物处理处置与工程实例[M].北京:中国建筑工业出版社,2004.

郭永梅.高放废物深地质处置及国内研究进展[J].工程地质学报,2000,8(1):63-67.

郭永梅.世界高放废物地质处置选址研究及国内进展[J].地学前缘.2001,8(2):327-332.

国家安全生产监督管理局.金属非金属矿山排土场安全生产规则[M].北京:煤炭工业出版社,2005.

国家安全生产监督管理总局.尾矿库安全技术规程[M].北京:煤炭工业出版社,2006.

国家环保总局.HJ/T 23—1998 低、中水平放射性废物近地表处置设施的选址[S].北京:中国环境科学出版社,1998.

国家环境保护局.GB 9132—88 低中水平放射性固体废物的浅地层处置规定[S].北京:中国标准出版社,1990.

国家环境保护总局,国家质量监督检验检疫总局.GB 18484—2001 危险废物焚烧污染控制标准[S].北京:中国环境科学出版社,2001.

国家环境保护总局,国家质量监督检验检疫总局.GB 18598—2001 危险废物填埋污染控制标准[S]. 北京:中国环境科学出版社,2001.

国家环境保护总局危险废物管理培训与技术转让中心. 危险废物管理与处理处置技术[M]. 北京:化学工业出版社,2003.

国家监督总局. GB 13600—92 低中水平放射性固体废物的岩洞处置规定[S]. 北京:中国标准出版社,1992.

国家经贸委安全生产局. 尾矿工——全国特种作业人员安全技术培训考核统编教材[M]. 北京:气象出版社,2002.

胡为柏. 浮选[M]. 北京:冶金工业出版社,1983.

华振明,高忠爱. 固体废物的处理与处置[M]. 北京:高等教育出版社,1993.

黄英,李博文,何明生,等. 利用珍珠岩尾矿合成多孔硅灰石陶瓷的实验研究[J]. 硅酸盐通报,2003(3):85－87.

姜建军. 矿山环境管理使用指南[M]. 北京: 地震出版社,2003.

蒋承崧. 矿产资源管理导论[M]. 北京:地质出版社,2001.

蒋冬青. 尾矿在建材中的应用[J]. 金属矿山,2000(增刊):330－312.

蒋建国. 固体废物处理处置过程[M]. 北京:化学工业出版社,2005.

金英豪,邢万芳, 姚香. 黄金尾矿综合利用技术[J]. 有色矿冶,2006(5): 16－19＋62.

金涌,李有润,冯久田. 生态工业:原理与应用[M]. 北京:清华大学出版社,2003.

李彬,隋智勇. 铁尾矿和钛渣为主要原料微晶玻璃的研究[J]. 中国玻璃,1997(2):22－25.

李昌静. 地下水水质及其污染[M]. 北京:中国建筑工业出版社,1983.

李国建,赵爱华,张益. 城市垃圾处理工程[M]. 北京:科学出版社,2003.

李国学,张福锁. 固体废物堆肥化与有机复混肥生产[M]. 北京:化学工业出版社,2000.

李慧强,杜婷. 建筑垃圾资源化循环再生骨料混凝土研究[J]. 华中科技大学学报,2001,29(6):83－84.

李金秀. 固体废物工程[M]. 北京:中国环境科学出版社,2003.

李启衡. 碎矿与磨矿[M]. 北京:冶金工业出版社,1980.

李惕川. 工业污染源控制[M]. 北京:化学工业出版社,1987.

李同宣, 刘福运. 尾矿免烧砖生产工艺实践[J]. 1999(5):119－120.

李卫. 黄金选矿厂尾矿的二次回收与开发利用[J]. 金属矿山, 2000 (增刊):26－28.

李秀金. 固体废物工程[M]. 北京:中国环境科学出版社,2003.

李艳,王恩德,沈彩霞. 矿山环境影响评价内容和程序探讨[J]. 环境保护科学,2005(31):67－70.

刘均科. 塑料废弃物的回收与利用技术[M]. 北京:中国石化出版社,2001.

刘维平,邱定番,苍大强. 铜尾矿在装饰材料中的应用[J]. 中国矿业,2003(9):18－19.

刘维平,袁剑雄. 尾矿在硅酸盐材料中的应用[J]. 粉煤灰综合利用,2004(6): 43－45.

刘远彬. 昆山市循环型工业发展规划研究[J]. 环境保护科学,2004(8):56.

娄性义.固体废物处理与利用[M].北京:冶金工业出版社,1996.

罗仙平,严群,卢凌,等.江西有色金属矿山固体废物处理与处置存在的问题与对策[J].中国矿业,2005, 14(2):24-26.

罗嗣海.高放废物深地质处置及其研究概况[J].岩石力学与工程学报,2004,23(5):834-838.

猛祥金.利用铅锌尾矿代替部分原料生产水泥[J].水泥, 1998(3):10-11.

闵茂中.放射性废物处置原理[M].北京:原子能出版社,1998.

聂永丰.三废处理工程技术手册——固体废物卷[M].北京:化学工业出版社,2000.

彭长琪.固体废物处理工程[M].武汉:武汉理工大学出版社,2004.

沙德昌,厉维.尾矿质彩色道板砖的研制和应用[J].鞍钢技术,1999(7):49-52.

沈海非,等.双快型砂水泥——特种水泥[M].北京:中国建材工业出版社,1995.

沈威,黄文熙.水泥工艺学[M].武汉:武汉工业大学出版社,1999.

施正伦, 施正展, 骆仲泱,等.尾矿代粘土在干法回转窑水泥生产中的应用研究[J].环境科学学报,2007(2):348-352.

宋守志,项阳.利用矿山废弃物生产烧结砖[J].墙材革新与建筑节能,2003(8):25-27.

孙恒虎, 刘文存.高水固结充填采矿[M].北京: 机械工业出版社,1998.

孙恒虎,黄玉诚, 杨宝贵.当代胶结充填技术[M].北京:冶金工业出版社,2002.

孙明湖.环境保护设备选用手册:固体废物处理、噪声控制及节能设备[M].北京:化学工业出版社,2002.

孙庆红.放射性废物技术的一些进展和趋势——LAEA 国际放射性废物技术第四次会议简介[J].辐射防护通讯,2004,24(6):35-38.

孙玉波.重力选矿[M].北京:冶金工业出版社,1982.

太汝恭.关于云锡尾矿的选矿问题[J].有色金属(选矿部分),1990(1):1-8.

唐鸿寿,王如松.城市生活垃圾处理与管理[M].北京:气象出版社,2002.

佚名 .铁矿尾矿砂生产水泥熟料新技术[J].矿业快报,2002,11(22):20.

汪宝华.《中华人民共和国固体废物污染环境防治法》实施手册[M].北京:中国环境保护出版社,2005.

汪慧群,叶暾旻,谷庆宝.固体废物处理与资源化[M].北京:化学工业出版社,2004.

汪群慧.固体废物处理与资源化[M].北京:化学工业出版社,2004.

王建立,王怀德, 黄健.选尾矿生产双快型砂水泥的研究[J].轻金属, 2002(3): 7-10.

王金忠,我国利用铁矿尾矿研制生产建筑材料的现状及展望[J].房产与应用,1998(4):16-21.

王驹.我国高放废物地质处置研究[J].原子能技术,2004,38(4):339-342.

王青,史维祥.采矿学[M].北京:冶金工业出版社,2001.

王少南.绿色建材在国内外的发展动向[J].广东建材,1999(5):119-120.

王绍文,梁富智,王纪曾.固体废物资源化技术与应用[M].北京:冶金工业出版社,2003.

王运敏.冶金矿山采矿技术的发展趋势及科技发展战略[J].金属矿山,2006(1):19-25.

王兆华,王国红,武春友.生态工业园:我国工业可持续发展的战略抉择[J].科技导报,2002,(12):29-32.

刑军,宋守志,徐小荷.金矿尾砂微晶玻璃的制备[J].中国有色金属学报,2001,11(2):319-322.

徐惠强.固体废物资源化技术[M].北京:化学工业出版社,2004.

徐志昌,张萍.从栾川浮选钼尾矿中综合利用白钨矿的过程研究[J].中国钼业,2002,26(5):5-9.

许发松.尾矿砂石在混凝土中的研究与应用[J].商品混凝土,2006(3):21-27.

许时.矿石可选性研究[M].北京:冶金工业出版社,1983.

薛红琴.垃圾填埋渗滤液的防渗措施和地下水的污染防护[J].安全与环境学报,2002,2(4):18-22.

杨国清,刘康怀.固体废物处理过程[M].北京:科学出版社,2000.

杨慧芳,张强.固体废物资源化[M].北京:化学工业出版社,2004.

杨慧芬.固体废物处理技术与工程应用[M].北京:机械工业出版社,2003.

杨绍兰,陈云裳.尾矿库复垦对人群健康影响的研究[J].矿冶,1998(2):91-97.

杨玉楠,熊运实,杨军,等.固体废物的处理处置工程与管理[M].北京:科学出版社,2004.

姚向君.生物质能资源清洁转化利用技术[M].北京:化学工业出版社,2005.

叶延琼,张信宝,冯明义,等.水土保持效益分析与社会进步[J].水土保持学报,2003(2):71-73、113.

殷兰友,唐庆华.利用铁矿尾砂研制黑玻制品的探索[J].江苏冶金,1996(3):15-16.

袁定华.稀土尾矿在陶瓷坯釉中的应用[J].江苏建材,1992(1):14-19.

袁剑雄,刘维平.国内尾矿在建筑材料中的应用现状及发展前景[J].中国非金属工业导刊,2005(1):13-16.

袁乃勤.露天矿排土[M].北京:煤炭工业出版社,1984.

袁世伦.金属矿山固体废物综合利用与处置的途径和任务[J].矿业快报,2004,9(9):1-4.

袁树云,等.振摆螺旋选矿机的研制及液流运动分析[J].云锡科技,1996(4):16-25.

袁树云,沈怀立,李正昌,等.振摆螺旋选矿机的研制及工业试验[J].有色金属(选矿部分),1997(5):18-23.

曾汉才.燃烧与污染[M].武汉:华中理工大学出版社,1992.

曾绍金.矿产、土地与环境[M].北京:地震出版社,2001.

张国良.矿区环境与土地复垦[M].徐州:中国矿业大学出版社,1997.

张会敏.利用铁尾矿生产卫生洁具[J].陶瓷,2002(1):28-30.

张杰.矿产资源的立体开发与综合利用[J].国外金属矿山,2001(4):55-58.

张锦瑞,王伟之,李富平,等.金属矿山尾矿综合利用与资源化[M].北京:冶金工业出版社,2002.

张克强,高怀友.畜禽养殖业污染处理与处置[M].北京:化学工业出版社,2004.

张淑会,薛向欣,金在峰,等.我国铁尾矿的资源现状及其综合利用[J].材料与冶金学报,2004,4(3):241-245.

张文朴.钨资源综合利用与再生研发进展评述[J].中国资源综合利用,2006(9):3-6.

张先禹.高钙镁型铁尾矿饰面砖的研制[J].金属矿山,2000(增刊):319-321.

张小平.固体废物污染控制工程[M].北京:化学工业出版社,2004.

张益,赵由才.生活垃圾焚烧技术[M].北京:化学工业出版社,2000.

张熠,那琼.铁尾矿制备彩色地面砖的技术探讨[J].矿业快报,2007,1(1):64-66.

张永波.地下水环境保护与污染控制[M].北京:中国环境科学出版社,2003.

赵庆祥.污泥资源化技术[M].北京:化学工业出版社,2002.

赵由才,蒲敏,黄仁华.危险废物处理技术[M].北京:化学工业出版社,2003.

赵由才,朱青山.城市生活垃圾卫生填埋场技术与管理手册[M].北京:化学工业出版社,1999.

赵由才.生活垃圾资源化原理与技术[M].北京:化学工业出版社,2002.

赵由才.实用环境工程手册:固体废物污染控制与资源化[M].北京:化学工业出版社,2002.

中国金属学会冶金安全学会.生产安全与劳动卫生知识问答[M].北京:冶金出版社,1992.

中国农业部,美国能源部项目专家组.中国生物质能转换技术发展与评价[M].北京:中国环境科学出版社,1998.

钟振祥,周启祥,阿世孺.环卫机械设备合理选择与经济使用[M].北京:中国建筑工业出版社,1999.

周中平,朱慎林,等.清洁生产工艺及应用实例[M].北京:化学工业出版社,2002.

朱春全.生态位态势理论与扩充假说[J].生态学报,1997,17(3):324-332.

朱胜元.尾矿综合利用是实现我国矿业可持续发展的重要途径[J].铜陵财经专科学校学报,2002(1):38-40.

庄伟强.固体废物处理与利用[M].北京:化学工业出版社,2001.

《三废治理与利用》编委会.三废治理与利用[M].北京:冶金工业出版社,1995.

Wang J L,Yang D X.选尾矿在复合吸水材料制备中的应用研究[J].河南冶金,2004,12(2):10-12.

Baas L W, Korevaar G. Eco-Industrial Parks in The Netherlands: The Rotterdam Harbor and Industry[J]. Sustainable Development in the Process Industries: Cases and

Impact, 2010(4):59－79.

Charles J K. Ecology [M]. Beijing: Science Press, 2003.

Colmer T D, Voesenek L A C J. Flooding tolerance:Suites of plant traits in variable environments[J]. Functional Plant Biology, 2009(36):665－681.

Donald L,et al. Biomass for renewable renewable energy,fuels and chemicals[M]. San Diego:Academie Press,1998.

Ernest L,耿勇.工业生态学和生态工业园[M].北京:化学工业出版社,2003.

Kaiser,Klaus L E Hites,Ronald A. Fates of organic compounds from niagara falls dumpsites in Lake ONTARIO[J]. Journal of Great Lakes Research,1982(9):183－189.

Keith A B,David H M. Exploitation of landfill gas: UK perspective[J]. Water Science and Technology,1994,30(2):143－151.

Lee C C,Lin S D.环境工程计算手册[M].北京:中国石化出版社,2003.

Qin W, Egolfopoulos F N. Fundamental and environmental aspects of landfill gas utilization for power generation[J]. Chemical Engineering Journal,2001(82):157－172.

Rautenbach R,Wwelsch K. Treatment of landfill gas by gas permeation-pilot plant results and comparision to alternatives [J]. Journal of Membrane Science, 1994 (87):107－118.

Ronald J S, Trocciola J C. Test results for full cell operation cn landfill gas[J]. Energy,1997,22(8):777－786.

Sandelli G J,Trocciola J C. Landfill gas pretreatment for full cell application[J]. Journal of Powet Application,1994(49):143－149.

Suren E, Ramesh R,夏光.工业生态学:一种新的清洁生产战略[J]. 产业与环境,2002(Z1):64－67.

Tchobanoglous C,Theisen H,Vigil S. Integrated solid waste management[M]. New York:McGraw Hill,2000.

图书在版编目(CIP)数据

固体废物处理、处置与利用/李灿华等编著．—武汉：中国地质大学出版社，2019.7
ISBN 978-7-5625-4546-0

Ⅰ.①固…
Ⅱ.①李…
Ⅲ.①固体废物处理
Ⅳ.①X705

中国版本图书馆 CIP 数据核字(2019)第 080133 号

固体废物处理、处置与利用		李灿华　黄贞益　朱书景　李权辉　**编著**
责任编辑：阎　娟	选题策划：阎　娟	责任校对：周　豪
出版发行：中国地质大学出版社(武汉市洪山区鲁磨路 388 号)		邮政编码：430074
电　　话：(027)67883511	传　　真：(027)67883580	E-mail：cbb@cug.edu.cn
经　　销：全国新华书店		http://cugp.cug.edu.cn
开本：787 毫米×1092 毫米 1/16		字数：397 千字　印张：15.5
版次：2019 年 7 月第 1 版		印次：2019 年 7 月第 1 次印刷
印刷：湖北睿智印务有限公司		
ISBN 978-7-5625-4546-0		定价：48.00 元

如有印装质量问题请与印刷厂联系调换